RAKETEN-
FLUGTECHNIK

VON

EUGEN SÄNGER

INGENIEUR, DR. TECHN., FLUGZEUGFÜHRER
ASSISTENT AN DER TECHNISCHEN
HOCHSCHULE WIEN

MIT 92 ABBILDUNGEN

MÜNCHEN UND BERLIN 1933

VERLAG VON R. OLDENBOURG

Druck von R. Oldenbourg, München.

FRAU MARIA SÄNGER

GEWIDMET

Vorwort.

Hauptzweck dieses Buches ist, das Problem des Raketenfluges in ernstzunehmende Bahnen zu lenken und es von jenen vorläufig phantastischen Vorstellungen loszuschälen, die den allzuvielversprechenden Stoff in menschlich verständlicher, aber technisch unerwünschter Weise dem nüchternen Blickfeld des schaffenden Ingenieurs entzogen haben.

Die hier zusammengetragenen Grundlagen des Raketenfluges stellen zum Teil an sich bekannte Tatsachen dar, die aber im Schrifttum weit verstreut sind und deren Zusammenhang mit dem Raketenflug oft gar nicht ohne weiteres in die Augen springt.

Die möglichste Sammlung dieses vorhandenen Gutes für den Konstrukteur war eine weitere, wesentliche Aufgabe des Buches. Die jeweils benützten Quellen sind gewissenhaft angegeben. Wo sich solche Hinweise nicht finden, handelt es sich um Gedankengänge, die entweder technisches Allgemeingut sind, oder die der Verfasser aus Eigenem beigetragen hat.

Da der Raketenflug vor allem ein technisches Problem ist, wendet sich das Buch zunächst an den Ingenieur und dessen Denkweise. Alle Untersuchungen sind daher weniger vom physikalischen als vom technischen Standpunkt dargestellt. Es wurden weitgehendst Tatsachen, deren mathematischer Beweis in der Sonderliteratur nachgeschlagen werden kann, oder die dem Ingenieur an sich klar sind, ohne tiefgehende Begründung bloß als solche im Zusammenhang erwähnt.

Wenn der Fachmann auf einem der zahllosen Sondergebiete, die im Zuge der Darstellung berührt wurden, die Behandlung des einen oder anderen Spezialgebietes zu oberflächlich findet, so möge er dies damit entschuldigen, daß die vollständige Beherrschung jeder der in die Raketenflugtechnik einschlägigen Disziplin eine ganz außerordentlich vielseitige technische Bildung voraussetzen würde, die sich sicher erst nach einer vieljährigen Befassung mit dem Stoff erwerben läßt.

Demgemäß und entsprechend dem vorgegebenen Umfang des Buches konnten aus dem unabsehbaren Stoffgebiet der Raketenflugtechnik nur die tatsächlich grundlegendsten Beziehungen erörtert werden. Vielleicht ist es in einer späteren Auflage möglich, besonders wesentliche Einzelfragen, wie etwa Einflüsse der Gasdissoziation auf die Gestaltung des Raketenmotors, Temperaturverhältnisse der Motorwandungen, Steuerung und Stabilität des Raketenflugzeuges, andersartige Flugbahnen, das Problem der Wanderwärmung infolge von Luftreibung und Luftstau, Verwendungsmöglichkeit von Hochdruckraketenmotoren usw. näher zu behandeln und vor allem Ergebnisse ausgeführter Versuche mitzuteilen.

Bauliche Einzelheiten allerdings brauchen vorläufig noch nicht Gegenstand öffentlicher Besprechung zu bilden.

Der Verfasser hat hier einer Reihe von Stellen für das bei der Abfassung und Herausgabe des Buches bewiesene Interesse zu danken.

In erster Linie seinem verehrten Lehrkanzelvorstand, Herrn Prof. Ing. Dr. F. Rinagl der Technischen Versuchsanstalt an der T. H.-Wien für weitgehendste Ermöglichung seiner Arbeiten. Ihm als werktätigen, unermüdlichen Förderer aller, wenngleich abseits vom technischen Alltag liegenden Probleme verdankt auch der Verfasser wirksamste Beratung und Unterstützung.

Weiters hat der Verfasser zu danken seinem verehrten Lehrer der Luftfahrtwissenschaften, Herrn Reg.-Oberbaurat Doz. Ing. R. Katzmayr des aeromechanischen Institutes der T. H.-Wien, ferner den Herren Prof. Dr. A. Lechner für freundlichste Begutachtung und Verbesserung der Handschrift, Prof. Dr.-Ing. E. Wist für liebenswürdige Mitteilung seiner Erfahrungen auf dem Gebiet höchstwärmebeanspruchter Düsen, Doz. Ing. Dr. F. Müller für weitgehendste Beratung, besonders chemischer Sonderfragen, Ing. W. Blauhut für Durchsicht von Handschrift und Korrektur.

Ferner ist sehr zu danken Herrn Generaldirektor Dr. von Linde der Deutschen Linde Eismaschinen A. G. und dem Verband der Freunde der Technischen Hochschule Wien, die trotz der Notlage der Zeit das Erscheinen des Werkes durch Subventionierung ermöglichten, und schließlich dem Verlag R. Oldenbourg-München für die der Ausstattung gewidmete Sorgfalt.

Wien, im Frühjahr 1933
Technische Versuchsanstalt der Techn. Hochschule

Dr. Eugen Sänger

Inhaltsübersicht.

0. Allgemeines.

Unter Raketenflug ist in diesem Buch die Bewegung solcher Flugzeuge im Bereich des gesamten Luftraumes verstanden, deren Triebkraft durch einen Raketenmotor erzeugt wird.

Im engeren Sinn wird jener Raketenflug behandelt, der sich in den oberen Schichten der Stratosphäre mit solcher Geschwindigkeit abspielt, daß die Trägheitskräfte der Bahnkrümmung zur Tragwirkung wesentlich beitragen.

Diese Art des Raketenfluges ist die nächste grundsätzliche Entwicklungsstufe des in den letzten dreißig Jahren geschaffenen Troposphärenfluges und die Vorstufe der Weltraumfahrt, des gewaltigsten technischen Problems der Gegenwart.

Diese Vorstufe und der Weg bis zur Außenstation[1]) der Erde zu sein, ist die vornehmste, aber vorerst noch nicht ohne weiteres zu verwirklichende Aufgabe des Raketenfluges.

Daneben hat er noch einer Reihe unmittelbar praktischer Aufgaben zu dienen. Insbesondere soll der Raketenflug:

1. Den zwischenkontinentalen Schnellverkehr um den ganzen Erdball mit der höchstmöglichen irdischen Reisegeschwindigkeit schaffen.

2. Die wissenschaftliche Forschung auf bestimmten, besonders geo- und astrophysikalischen Gebieten bedeutend fördern.

3. Notfalls eine Kriegswaffe von außerordentlicher Wirkung bilden.

Die drei letztgenannten Ziele können nach technischer Voraussicht schon heute teilweise verwirklicht werden. Mit den technischen Grundlagen der Verwirklichung dieses ersten Abschnittes des Raketenfluges beschäftigt sich das vorliegende Buch.

Im allgemeinen hätte sich eine Verkehrstechnik und daher auch eine Raketenflugtechnik mit allen drei grundlegenden Anforderungen an das Verkehrsmittel, mit Leistungsfähigkeit, Wirtschaftlichkeit und Sicherheit zu befassen.

Das Raketenflugzeug steht am allerersten Anfang seiner Entwicklung. Bei ihm spielen vorläufig Wirtschaftlichkeit und Sicherheit noch

---

[1]) Nach den Plänen der Kosmotechniker ein Bauwerk, das außerhalb des fühlbaren Luftraumes mit solcher Geschwindigkeit um die Erde kreist, daß Gewicht und Fliehkraft sich das Gleichgewicht halten. Die Außenstation würde als Stützpunkt für Flüge in noch größere Höhen dienen.

eine geringere Rolle gegenüber den Leistungen, die man von ihm erwartet.

Daher behandeln wir hier vorzüglich die Leistungsgrundlagen des
Raketenfluges, die zeitlich und im Hinblick auf sein fernes Ziel, den Vorstoß in die Höhen der Erdaußenstation, in allererster Reihe stehen.

Jene Leistungen des Raketenflugzeuges, die gegenüber denen des
üblichen Schraubenflugzeuges um ein Vielfaches gesteigert werden sollen,
sind vor allem: Fluggeschwindigkeit, Gipfelhöhe und Reichweite.

Die mechanischen Voraussetzungen der Flugleistungen sind die auf
das Flugzeug ausgeübten Kräfte.

Auf das Raketenflugzeug wirken dieselben äußeren Kräfte wie auf
das übliche Schraubenflugzeug, nämlich Triebkräfte, Luftkräfte, Gewichte und Trägheitskräfte.

Ihre Größenverhältnisse verschieben sich allerdings beträchtlich.

Ganz besonders gilt dies für die Triebkräfte und die Luftkräfte, die
wir daher in zwei von den drei Hauptabschnitten des Buches mit besonderer Gründlichkeit behandeln.

Da über die Erdanziehungskräfte weniger Neues zu sagen ist, und
die Trägheitskräfte als Folgen der anderen Kräfte auftreten, werden sie
bei der Behandlung der Flugleistungen im dritten Abschnitt mitbe-
sprochen.

In diesem dritten Hauptabschnitt werden ferner die Leistungen des
Raketenflugzeuges aus den Kräften errechnet und in Form der Flugbahnen zusammengestellt.

Diese Leistungsbetrachtungen ergeben unter anderem:

Mit den für die ersten Versuchsbauten verfügbaren technischen
Mitteln und theoretischen Erkenntnissen werden sich Raketenflugzeuge
bauen lassen, die Entfernungen bis zu etwa fünftausend Kilometer im
zwischenlandungslosen Reiseweg zurücklegen können. Bei diesen Fernflügen dringen die Raketenflugzeuge bis in etwa fünfzig Kilometer Flughöhe in die Stratosphäre vor. Ferner erreichen die Raketenflugzeuge bei
diesen Fernflügen eine größte Fluggeschwindigkeit von etwa 4000 m/sec
und eine durchschnittliche Reisegeschwindigkeit bis zu etwa 1000 m/sec.

Diese Werte stellen obere Grenzzahlen dar, die sich wegen der Unsicherheit vieler Rechenannahmen tatsächlich noch verschieben können.

Unter anderen, technisch gleichfalls möglichen Annahmen lassen
sich vielleicht noch größere Flughöhen auf Kosten der Flugweiten erreichen.

Erheblich größere Flugweiten oder Fluggeschwindigkeiten scheinen
dagegen erst nach wesentlich neuen Erkenntnissen, besonders auf dem
Gebiet der Kraftstoffe, oder unter wirtschaftlich kaum tragbaren Auf-
wänden denkbar.

Insbesondere erscheint die Erreichung der zirkulären Geschwindigkeit in den höchsten Schichten der Atmosphäre, also der Vorstoß in Außenstationshöhe, vorläufig mit den bekannten Mitteln noch nicht ohne weiteres möglich.

Es wird Aufgabe der weiteren Entwicklung sein, die erforderlichen Mittel zu finden.

Mit den vorerst zu verwirklichenden Flugleistungen ist das Raketenflugzeug dem üblichen Schraubenflugzeug hinsichtlich Höchstgeschwindigkeit und Reisegeschwindigkeit um das rund Zwanzigfache und hinsichtlich der Gipfelhöhe um das rund Fünffache überlegen.

Die zwischenlandungslosen Reichweiten halten sich einstweilen die Waage.

Bauliche Einzelheiten sind bei allen Erörterungen tunlichst vermieden. Trotzdem mußte natürlich den Berechnungen der Flugleistungen ein gewisser grundsätzlicher Allgemeinaufbau des Raketenflugzeuges unterlegt werden.

Als solcher wurde die Anordnung der heute üblichen Flugzeuge gewählt.

Die folgenden Leistungsberechnungen beziehen sich daher auf Raketenflugzeuge mit spindelförmigem Rumpf, daran festen, freitragenden Flügeln und üblichem Fahr- oder Schwimmwerk und Leitwerk. Die einzige Raketendüse wird im Rumpfheck vorausgesetzt.

Der Flugvorgang des Raketenflugzeuges ist äußerlich dem des üblichen Flugzeuges völlig angelehnt.

Zusammenfassend läßt sich sagen, daß die dem Raketenflug entgegenstehenden Schwierigkeiten nicht grundsätzlicher, sondern nur baulicher Natur sind.

Bauliche Schwierigkeiten sind dem modernen Ingenieur aber nichts Ungewöhnliches.

Die wesentlichsten theoretischen Baugrundlagen sind in den folgenden Blättern zusammengetragen.

1. Triebkräfte.

Literatur zum Abschnitt Triebkräfte.

A. Buchwerke.

Gaedicke, Der gefahrlose Menschenflug. Hephästos-Verlag, Hamburg 1911.

Pelterie, Considérations sur les résultats de l'allégement indéfini des moteurs. Journal de physique 1913.

Ziolkowsky, Erforschung der Welträume mittels Reaktionsraumschiffen. Kaluga-Leningrad 1914.

Goddard, A method of reaching extreme altitudes. Smithsonian Institution, Washington 1919.

Ziolkowsky, Eine Rakete in den kosmischen Raum. I. Reichsschriftsetzerei, Kaluga 1924.

Hohmann, Die Erreichbarkeit der Himmelskörper. R. Oldenbourg, München 1925.

Oberth, Die Rakete zu den Planetenräumen. R. Oldenbourg, München 1928.

Pelterie, L'exploration par fusées de la très haute atmosphère et la possibilité des voyages interplanétaires. Paris 1927.

Ley, Die Möglichkeit der Weltraumfahrt. Hachmeister und Thal, Leipzig 1928.

Ziolkowsky, Erste praktische Vorversuche mit Reaktionsraumschiffen. VI. Reichsschriftsetzerei Kaluga 1928.

Scherschefsky, Die Rakete für Fahrt und Flug. Volckmann, Berlin 1929.

Noordung, Das Problem der Befahrung des Weltraumes. R. C. Schmidt, Berlin 1929.

Oberth, Wege zur Raumschiffahrt. R. Oldenbourg, München 1929.

Rakete, Zeitschrift des Vereins für Raumschiffahrt. Breslau 1927/29.

Rynin, Weltraumfahrten, Träume, Legenden und Phantasien. Leningrad 1928.

Rynin, Die Raumschiffahrt in der zeitgenössischen Belletristik. Verlag Soikin, Leningrad 1928.

Kondratjuk, Die Eroberung der Planetenräume. Nowo-Sibirsk 1929.

Perelmann, Weltraumfahrten. VI. Aufl. Moskau 1929.

Rynin, Theorie der Bewegung durch direkten Rückstoß. T. H., Leningrad 1929.

Ziolkowsky, Fernflug- und Mehrfachraketen. Kaluga 1929.

Rynin, Raketen und Vortriebsmittel direkter Reaktion. Verlag Soikin, Leningrad 1929.

Ziolkowsky, Ziele der Raumschiffahrt. Kaluga 1929.

Ziolkowsky, Den Sternfahrern. Kaluga 1930.

Ziolkowsky, Das neue Flugzeug. Kaluga 1930.

Biermann, Weltraumschiffahrt? Bremen 1931.

Rynin, Sternnavigation, Zwischenplanetenverkehr. Verl. d. Akad. d. Wiss. der USSR., Leningrad 1932.

B. Aufsätze

in periodischen Druckschriften und Buchwerke, von denen nur einzelne Stellen in das Stoffgebiet einschlägig sind, finden sich jeweils an der betreffenden Stelle als Fußnote angeführt.

Einige neuere Zeitschriftenaufsätze allgemein einschlägigen Inhaltes sind im folgenden zusammengestellt:

Manigold, Der Vorstoß in den Weltraum. ZFM 1927, Heft 11.
Lademann, Zum Raketenproblem. ZFM 1927, Heft 8.
Semper, Die Rakete. ZFM 1928, Heft 14.
Lippisch, Raketenversuche mit Flugzeugen und Flugzeugmodellen. ZFM 1928, Heft 12.
Senftleben, Zur Mechanik der Weltraumraketen. ZFM 1928, Heft 14.
Senftleben, Zur Frage der Wirtschaftlichkeit des Raketenantriebes für irdische Fahrzeuge. ZFM 1928, Heft 16.
Lorenz, Die Möglichkeit der Weltraumfahrt. ZVDI 1927.
Hamel, Über eine mit dem Problem der Rakete zusammenhängende Aufgabe der Variationsrechnung. Z. f. angew. Math. u. Mech. 1927.
Lorenz, Der Raketenflug in der Stratosphäre. Jahrbuch der WGL 1928.
Schrenk-Schiller, Die Rakete als Kraftmaschine. DVL-Bericht 24, 1928.
Lorenz, Die Ausführbarkeit der Weltraumfahrt. Jahrbuch d. WGL 1928.
Everling-Lademann, Verkehrstechn. Woche 1929.
Dallwitz-Wegner, Über Raketenpropeller und die Unmöglichkeit der Weltraumschiffahrt mittels Raketenschiffen. Autotechnik 1929.
Oestrich, Die Aussichten des Strahlantriebes für Flugzeuge unter besonderer Berücksichtigung des Abgas-Strahlantriebes. Jahrbuch d. DVL 1931.
Crocco, Iperaviazione e Superaviazione. Rivista Aeronautica Bd. 7, 1931.

Bedeutung der wichtigsten, regelmäßig gebrauchten Formelzeichen im Abschnitt Triebkräfte [Einheiten.]

$p_0, T_0, \gamma_0, \varrho_0, a_0$ . . . . Druck[1]), Temperatur, Einheitsgewicht, Dichte und Schallgeschwindigkeit des ruhenden Gases im Ofen nach der Verbrennung [kg/m², °, kg/m³, kgsec²/m⁴, m/sec].

$p', T', \gamma', \varrho', a'$ . . . Die entsprechenden Werte, wenn das Gas eben mit Schallgeschwindigkeit strömt (kritischer Zustand).

p, T, γ, ϱ, a . . . . . Die entsprechenden Werte an beliebiger Stelle der Düse.

$p_m, T_m, \gamma_m, \varrho_m, a_m$ . . Die entsprechenden Werte an der Düsenmündung.

$p_a, T_a, \gamma_a, \varrho_a, a_a$ . . . Die entsprechenden Werte im Außenraum.

f' . . . . Engster Querschnitt der Düse in dem das Gas mit Schallgeschwindigkeit a' strömt [m²].

f, f_m . . . . Beliebiger Durchflußquerschnitt, Mündungsquerschnitt der Düse [m²].

V, V_0, V', V_m, V_a . . Spezifisches Gasvolumen, entsprechend wie oben [m³/kg].

c, c_0, c', c_m, c_a . . . . . Strömungsgeschwindigkeit entsprechend wie oben ($c_0 = c_a = 0$, $c' = a'$) [m/sec].

R . . . . Gaskonstante in der Zustandsgleichung der Gase $p \cdot V = R \cdot T$ [m/Grad].

---

[1]) In Anlehnung an die in der Aerodynamik und Gasdynamik übliche Schreibweise wurden die auf m² bezogenen Drücke mit kleinen Buchstaben bezeichnet.

T . . . . Absolute Temperatur [^{0}].

$g = 9{,}81$ m/sec^2 . . . . Schwerebeschleunigung [m/sec^2].

$\varkappa = c_p/c_v$ . . . . Adiabatenexponent $p \cdot V^\varkappa =$ konst.; Verhältnis der spezifischen Wärmen bei konstantem Druck und konstantem Volumen [reine Zahl].

μ . . . . Ausflußkoeffizient [reine Zahl].

G . . . . Die durch einen Düsenquerschnitt in einer Sekunde fließende Gasmenge [kg].

ν . . . . Molekulargewicht, an einigen Stellen die kinematische Gaszähigkeit [m^2/sec].

m . . . . Auspuffmasse $m = G/g$ [kg* = kgsec^2/m].

M . . . . Flugzeugmasse [kg*].

kg* . . . . Das Massenkilogramm (in Erdnähe: 1 kg* = 9,81 kg).

$A = 1/427$ . . . . Mechanisches Wärmeäquivalent, Wert eines mkg in [kcal].

E . . . . In der Regel der (chemisch-thermische) Energiegehalt der Gewichtseinheit unverbrannten Raketengases. An einigen Stellen der Heizwert der Brennstoffe allein [kgm/kg].

10. Triebkräfte. Allgemeines.

Für die Befliegung höherer Stratosphärenbereiche mit sehr großer Geschwindigkeit reicht das gegenwärtig übliche Triebwerk mit Verpuffungsmotor und Luftschraube nicht aus, da selbst bei zufriedenstellender Lösung des Vorverdichter- und Luftschraubenproblems für die in Frage kommenden Luftdichten, das Triebwerksgewicht bei den anwachsenden Fluggeschwindigkeiten überhand nimmt.

Bei einer Fluggeschwindigkeit von etwa 200 km/h in Bodennähe beträgt nämlich in den Flughöhen:

$$H = 0,\ 10,\ 20,\ 30,\ 40 \text{ und } 50 \text{ km}$$

die Fluggeschwindigkeit bei unverändertem Staudruck beziehungsweise:

$$v = 200,\ 366,\ 750,\ 1780,\ 2650 \text{ und } 5280 \text{ km/h}.$$

Setzt man dabei die Gleitzahl günstigstenfalls konstant und etwa gleich $\varepsilon = 1/10$ voraus, so wächst die je t Fluggewicht erforderliche Antriebsleistung mindestens geradlinig mit der Geschwindigkeit und beträgt beziehungsweise:

$$L/G = 74,\ 136,\ 278,\ 660,\ 985 \text{ und } 1970 \text{ PS/t}.$$

Treffen wir nochmals die günstigste Annahme, die Motorleistung bleibe bei allen Höhen konstant und betrage 2 PS effektiver Propellerzugleistung je kg Triebwerk, so ergeben sich die Anteile des Triebwerkgewichtes am Fluggewicht zu:

$$3{,}7,\ 6{,}8,\ 13{,}9,\ 33,\ 49{,}2 \text{ und } 98{,}4\%.$$

Mit Rücksicht auf die übrigen Anteile des Fluggewichtes hätte daher in etwa 30 km Höhe bei 1780 km/h Geschwindigkeit die absolute und in

etwa 20 km Höhe bei 750 km/h Geschwindigkeit die wirtschaftliche Flug-
fähigkeit aufgehört.

Tatsächlich werden diese Grenzen wegen der beschränkten Vor-
verdichtungsmöglichkeiten und Propellerdrehzahlen, weiters wegen der
schlechteren aerodynamischen Verhältnisse bei hohen Geschwindigkeiten
usw. noch niedriger liegen und dürften auch durch Verminderung
des Triebwerkgewichtes je Leistungseinheit kaum ernstlich verschieb-
bar sein.

Aus diesen und weiteren Gründen wird für die angestrebten sehr
hohen Fluggeschwindigkeiten das nach teilweise neuen Grundsätzen
wirkende Raketentriebwerk in Betrachtung gezogen, wodurch überdies
eine etwaige spätere Befliegung außeratmosphärischer Höhenbereiche
mitvorbereitet wird.

Soweit die Wirkungsweise des Raketenmotors theoretisch voraus-
zuschätzen ist, haben dies die zahlreichen einschlägigen, eingangs aufge-
zählten Werke bereits getan. Wirklich wertvolle Fortschritte können
nach dem augenblicklichen Stand der Dinge wohl nur mehr durch praktische Versuchsbauten erzielt werden, weshalb wir uns in diesem Abschnitte mit der knappen Zusammenfassung der vorhandenen theoretischen Erkenntnisse, besonders im Hinblick auf den uns hier beschäfti-
genden eigentlichen Raketenflug im Bereich des Luftraumes begnügen
und nur an einigen Stellen wesentlich Neues hinzufügen.

Es sind gegenwärtig an der Technischen Versuchsanstalt der Technischen Hochschule Wien umfangreiche Versuchsarbeiten über die in
den Abschnitt 1 einschlägigen Fragen im Gang. Nach deren Abschluß
werden sich voraussichtlich verschiedene, wesentlich neue Dinge auch
über die Triebkräfte sagen lassen.

Maschinenbaulich hat die Aufgabe des Baues von Raketenmotoren
gewisse Ähnlichkeiten mit der des Baues der Gasturbinen.

In Anlehnung an die dort übliche Einteilung können wir die grundsätzlichen Wege des Baues von Flüssigkeitsraketen unterscheiden in:

a) Explosionsraketen ohne Gemischvorverdichtung. (Das Gemisch besteht aus dem flüssigen oder verdampften Brennstoff
und dem gasförmigen Sauerstoff bzw. der Luft.)

b) Explosionsraketen mit Gemischvorverdichtung.

c) Explosionsraketen mit rein flüssiger Ladung (Brennstoff und
Sauerstoff werden in flüssiger Form eingebracht).

d) Gleichdruckraketen mit Gemischvorverdichtung.

e) Gleichdruckraketen mit rein flüssiger Ladung.

Die Bauwege a) und b) werden wegen des schon von den entsprechenden Gasturbinen her bekannten geringen Wirkungsgrades nicht in
Betrachtung gezogen.

Bauweg d) kommt für fliegerische Zwecke wegen der hohen erforderlichen Verdichtungsleistungen nicht in Frage.

Es bleiben für die Behandlung daher aus später noch näher erörterten Gründen lediglich Explosionsraketen und Gleichdruckraketen mit rein flüssiger Ladung übrig, von denen die ersteren geringere Feuerraumtemperaturen und die letzteren im allgemeinen höheren Wirkungsgrad aufweisen.

Pulverbetriebene Raketen werden aus später erläuterten Gründen gleichfalls nicht besprochen.

11. Theorie des Raketenmotors. Allgemeines.

Einleitend sei zunächst daran erinnert, daß alle in flüssigen oder gasförmigen Medien durch eigenen Antrieb bewegten Verkehrsmittel (Schiffe, Flugzeuge usw.) ihre Triebkräfte auf Grund des Reaktionsprinzipes erzeugen, da alle Schiffsschrauben, Luftschrauben, Wasserräder, Ruder usw. ihre Triebkraft als Reaktion der nach rückwärts beschleunigten Wasser- oder Luftmassen erhalten.

Der hier zu behandelnde eigentliche Raketenantrieb ist von diesem alten Grundsatz nur gradmäßig unterschieden insofern, als dort große Massen mit geringer Geschwindigkeit zurückgeschleudert werden, um einen bestimmten Antrieb

$$P \cdot dt = d(m\,c)$$

zu gewinnen, während beim Raketenantrieb verhältnismäßig geringe Gasmassen, die im reinsten Fall vollständig im Fahrzeug selbst mitgeführt werden, mit hoher Geschwindigkeit zur Abstoßung gelangen, um denselben Antrieb

$$P \cdot dt = d(m_1 c_1)$$

zu erzielen.

Das Raketenprinzip beruht auf dem mechanischen Impulssatz, demnach die zeitliche Änderung des Impulses $J = m \cdot c$ gleich der Resultierenden der äußeren Kraft ist:

$$d(m\,c)/dt = P$$

und weiters auf dem Newtonschen Prinzip von Aktion und Reaktion, demnach diese, der beschleunigten Masse m aufgeprägte Kraft P in gleicher Größe auf den beschleunigenden Körper zurückwirkt.

Wird also mit Hilfe irgendeiner Vorrichtung (Luftschraube, Wasserschraube, Schaufelrad, Ruder, Rakete usw.) eine Masse (Gas, Luft, Flüssigkeit usw.) beschleunigt, so daß deren Bewegungsimpuls in der Zeit dt eine Änderung von der Größe $d(m\,c)$ erfährt, so übt die beschleu-

nigte Masse auf die Vorrichtung ihrerseits eine Reaktionskraft von der
Größe

$$P = d\,(m\,c)/d\,t$$

aus, die als äußere Triebkraft zur Geltung kommt.

Die Erzeugung der Abstoßungsgeschwindigkeit von Stützmassen
erfolgt in den allermeisten Fällen durch Verbrennung von Kraftstoffen.
Die einer bestimmten Stützmasse m durch 1 kg Kraftstoff vom Heizwert E erteilbare Geschwindigkeit c_{th} ist theoretisch gleich

$$c_{th} = \sqrt{2\,E/m}$$

(aus $E = m c_{th}^2/2$). m ist ganz allgemein die Masse der beschleunigten
Körper, zu der natürlich unter Umständen auch die Masse der verbrannten Kraftstoffe selbst zählen kann, bzw. kann sie bei reinen Raketen nur aus der Masse dieser Kraftstoffe allein bestehen.

Diese theoretische Abstoßungsgeschwindigkeit ist zwar für theoretische Untersuchungen und nach ihrer Korrektur mittels des inneren
Wirkungsgrades des Motors auch für praktische Erwägungen wertvoll,
sonst aber hinsichtlich der Raketenwirkung wenig anschaulich.

Wir wählen als Grundlage für Vergleichsbetrachtungen daher außerdem den theoretischen Impuls

$$J_{th} = m \cdot c_{th} = \sqrt{2\,E\,m},$$

der in sehr anschaulicher Form angibt, mit welcher Kraft wir das Fahrzeug 1 sec hindurch antreiben können, wenn in dieser Sekunde 1 kg des
Kraftstoffes verbrennt und die Stützmasse m zur Abstoßung gelangt.

In Schaubild 1 ist dieser theoretische Impuls unter anderen für den
heute gebräuchlichsten Brennstoff Benzin in Abhängigkeit von der mit-
beschleunigten Masse m aufgetragen, wobei als untere Grenze die Verbrennung und Abstoßung von 1 kg C_8H_{18} mit 3,50 kg O_2 angenommen
ist. Weiters ist das m angegeben, das etwa dem Triebwerk eines üblichen
schnellen Rennflugzeuges entspricht und den zweiten Grenzfall der
m/J-Kurve darstellt. Bei langsameren Flugzeugen sind die beschleunigten Luftmassen noch weit größer. Es zeigt sich klar, daß bei Ausstoßung
größerer Massen m mit geringeren Geschwindigkeiten c aus derselben
Kraftstoffmenge größere Antriebe gewonnen werden können. Von ent-
scheidendem Einfluß ist dabei natürlich die höchstmögliche Ausnützung
der aus dem Kraftstoff verfügbaren Energie, d. h. höchstmöglicher gesamter Wirkungsgrad. Wie wir später noch näher erkennen werden, ist
eine Grundeigenschaft jeden Reaktionsantriebes die, daß die höchsten
äußeren Wirkungsgrade des ganzen Antriebes dann erzielt werden, wenn
die Abstoßungsgeschwindigkeit von ähnlicher Größenordnung wie die
Fluggeschwindigkeit ist. Damit erklären sich die guten Wirkungsgrade
des Luftschraubenantriebes bei den hierfür üblichen Geschwindigkeiten

(man beachte die c-Kurve des Benzins in Abb. 1), und es sind zugleich aus dem Schaubild die notwendigen Fluggeschwindigkeiten für die beim eigentlichen Raketenantrieb in Frage kommenden Stützmassenver-

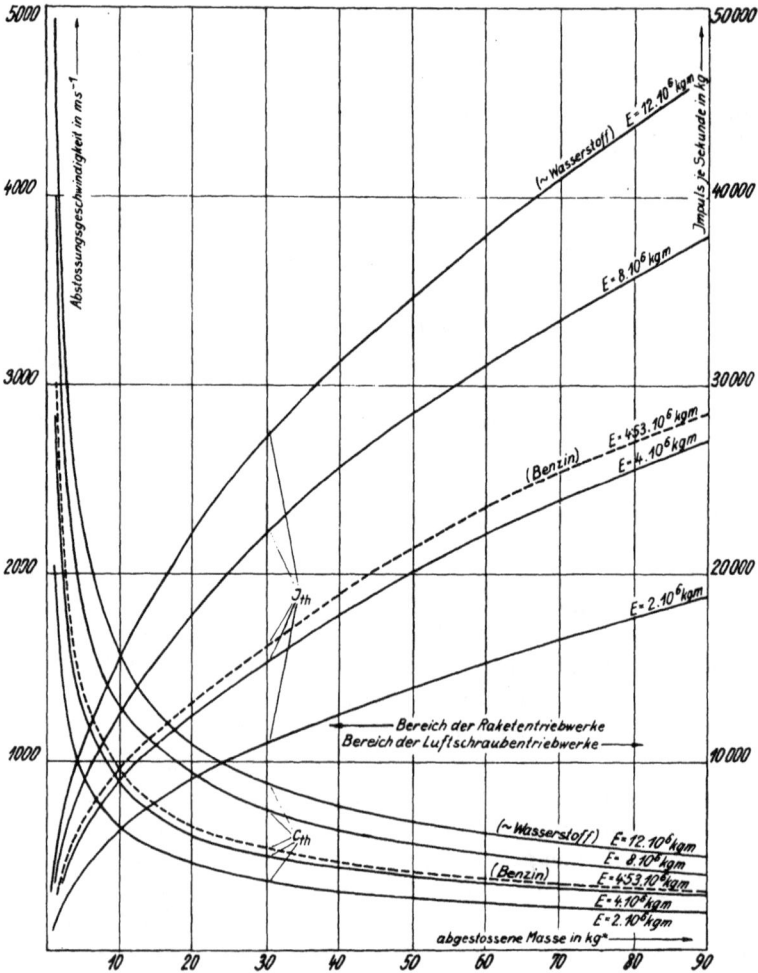

Abb. 1. Abhängigkeit der theoretischen Abstoßungsgeschwindigkeit $c_{th} = \sqrt{2\,E/m}$ und des theoretischen Impulses je Sekunde $J_{th} = \sqrt{2\,E m}$ von der je Kilogramm Brennstoff (vom Heizwert E) abgestoßenen Masse m.

hältnisse ersichtlich. Weiters ersieht man daraus schon hier, daß der reine Raketenantrieb das gegebene Triebwerk für sehr hohe außerirdische Geschwindigkeiten darstellt und erkennt zahlenmäßig, wie der Raketenantrieb sich vom Luftschraubenantrieb nicht grundsätzlich, sondern nur gradmäßig unterscheidet.

Dagegen unterscheidet sich jeder Reaktionsantrieb und also ganz besonders der Raketenantrieb vom Antrieb üblicher Landfahrzeuge (Eisenbahn, Kraftwagen usw.) grundsätzlich dadurch, daß bei letzterem die konstante Motorleistung L zu einer mit zunehmender Geschwindigkeit v abnehmenden Zugkraft P führt, gemäß der mechanischen Grundgleichung

$$L = P \cdot v.$$

Beim Reaktionsantrieb ist jedoch außer der inneren Motorleistung auch die Zugkraft konstant und von der Geschwindigkeit weitgehend unabhängig. Die auch hier erforderliche Einhaltung der Grundbeziehung zwischen diesen drei Größen wird durch eine eigenartige Abhängigkeit der Motorleistung von der Fluggeschwindigkeit, einen mit der Fluggeschwindigkeit sehr veränderlichen äußeren Wirkungsgrad erreicht. Auf diese, dem normalen Antrieb der Landfahrzeuge gänzlich fremden Begriffe kommen wir später noch näher zu sprechen.

Am Flugzeug liegen die Verhältnisse derart, daß die aus der chemisch-thermischen Energie eines Brennstoffes gewonnene Kraft des Gasdruckes im Zylinder über Kolbenboden, Pleuelstange, Kurbelwelle und allenfalls Vorgelege zur Luftschraube geleitet wird, um dort durch Beschleunigung der umgebenden Luftmasse in eine äußere Triebkraft verwandelt zu werden.

Das Schema des Raketenmotors kann man sich nach Abb. 2 erheblich einfacher so vorstellen, daß der wieder in einem Zylinder aus der chem.-therm. Energie eines verbrannten Kraftstoffes gewonnene Gasdruck die Verbrennungsgase selbst unmittelbar beschleunigt und durch eine Öffnung des Zylinders zum Ausströmen zwingt.

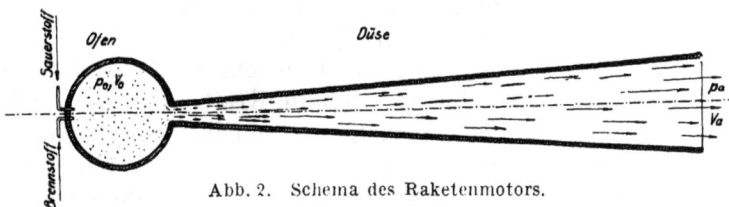

Abb. 2. Schema des Raketenmotors.

Die Reaktionskraft der beschleunigt ausströmenden Gase liefert ohne weitere Hilfsmittel die Triebkraft.

Der Raketenmotor besteht im Wesen sonach aus dem — in der Raketenliteratur oft als Ofen bezeichneten — Druckbehälter und einer an diesen angesetzten, geeignet geformten Düse, die das Ausströmen der im Ofen hochgespannten Gase ermöglicht.

Die uns hier zunächst beschäftigende Theorie dieses Raketenmotors, die »Innere Ballistik der Rakete«, zerfällt damit in zwei Teile:

1. Die Verbrennungsvorgänge im Ofen, wo die latente Energie des Kraftstoffes in Druck- und Wärmeenergie eines Gasgemisches umgewandelt und bereitgestellt wird.

2. Die Ausströmungsvorgänge in der Düse, wo die im Ofen bereitgestellte potentielle und Wärme-Energie in kinetische Energie möglichst verlustlos umgewandelt und damit sofort nutzbar gemacht wird.

Tatsächlich sind die Verbrennungs- und Ausströmungsvorgänge durchaus nicht so reinlich geschieden, vielmehr findet erwiesenermaßen in den engeren Teilen der Düse noch lebhafte Verbrennung statt und setzt sich natürlich auch im Ofen selbst die Druckenergie gegen den Düsenansatz zu schon teilweise in Bewegung um.

Die vor der Verbrennung liegenden Einbringungsvorgänge der Brennstoffe und der sauerstoffhaltigen Gase interessieren hier nicht weiter, da sie weitgehend Sache der jeweiligen Konstruktion sind.

Alle hierher gehörigen Betrachtungen, insbesondere über Geschwindigkeiten, Energien, Impulse usw. beziehen sich auf ein in der Rakete ruhendes Koordinatensystem, d. h. der Bewegungszustand der Rakete selbst ist uns hier völlig gleichgültig.

III. Die Vorgänge im Ofen.

Der Ofen hat den Zweck, die latente, chemisch-thermische Energie des Kraftstoffes in Druck- und Wärmeenergie eines Gasgemisches umzuwandeln. Die zu erwartenden Vorgänge haben manche Ähnlichkeit mit den entsprechenden Vorgängen der Explosionsmotore, doch wäre es im gegenwärtigen Entwicklungsstadium des Raketenmotors müßig, sich über Einzelheiten den Kopf zu zerbrechen, die vielfach noch nicht einmal am Explosionsmotor restlos geklärt sind. Dies um so mehr, als auch die grundlegenden Fragen der Zündung, ob »Gleichdruck«- oder »Wechseldruck«-Betrieb usw., noch nicht entschieden sind. Von letzterem Umstand wird z. B. abhängen, ob die Kraftstoffe und der Sauerstoffträger gegen den vollen, ständig gleichbleibenden Ofendruck in den Ofen gefördert werden müssen — was jedenfalls nur in flüssigem Zustand möglich ist — oder ob beim Wechseldruck-Raketenmotor der Druck im Ofen nach einer periodischen Beziehung schwankt und die Einbringung der Betriebsstoffe im Augenblicke des Druckminimums mit geringeren Schwierigkeiten erfolgen kann. Im letzteren Fall wären die Betriebsstoffe unter Umständen auch in gasförmigem Zustand (»Frischgas«) einbringbar.

Druck und Temperatur sollen im Ofen so gering als nur möglich gehalten werden, da damit thermische Verluste und konstruktive Schwierigkeiten klein bleiben. Insbesondere wird nur jener Druck anzustreben sein, der zur Erzeugung der theoretischen Auspuffgeschwindigkeit des jeweiligen Gases erforderlich ist. Durch Gleichsetzung der später[1]) noch näher zu erörternden Höchstausströmungsgeschwindigkeit $c_{max} = \sqrt{2 g\, p_0\, V_0\, \varkappa/(\varkappa - 1)}$ der Ofengase mit der theoretischen Auspuffgeschwindigkeit $c_{th} = \sqrt{2 g E}$ erhalten wir für den erforderlichen Ofendruck die einfache Beziehung:

$$p_0 = \frac{\varkappa - 1}{\varkappa} \cdot \frac{E}{V_0},$$

die sich natürlich auch aus der Grundbeziehung idealer Gasexpansion bei konstantem Volumen ergibt. Dabei ist unter p_0 der durch den gesamten Energiegehalt E je kg Gas im Ofen erzeugbare Enddruck zu ververstehen. Die Anfangsenergien, die durch Druck und Temperatur des einzubringenden Betriebsstoffes, evtl. Frischgases gegeben sind, einerseits und allfällige Verdampfungswärmen anderseits werden dabei vernachlässigt. Dagegen sind die zum Einbringen erforderlichen Energien bereits inbegriffen, da sie ja durch entsprechende Pumpen von der chemisch-thermischen Energie der Kraftgase selbst geleistet werden müssen. Durch die Verbrennung wird die Drucksteigerung auf p_0 geleistet, wobei ein Teil der Energie zum Einbringen des Betriebsstoffes, der im Tank unter normalem Druck steht, abgespalten wird.

Der vorhandene Enddruck ist außer von der Natur des Gases ($\varkappa$) vor allem von der Gasdichte im Ofen abhängig und steigt mit deren Vergrößerung bei gegebenem Energiegehalt E. Die bei gegebenem, höchst erreichbarem c zur Erzielung eines bestimmten, verlangten Impulses $J = m \cdot c$ erforderliche sekundliche Gasmenge m ergibt also einen um so geringeren Ofendruck p_0, je größer der für sie verfügbare Ofenraum ist. Wenn daher aus technischen Gründen der höchstzulässige Ofendruck p_0 und der Fassungsraum des Ofens V_{ofen} vorgegeben sind, läßt sich das im Ofen unterbringbare Gasgewicht angeben nach der Beziehung:

$$G = \frac{p_0\, V_{ofen}\, \varkappa}{(\varkappa - 1)\, E}.$$

Die Größe des Ofens selbst ist daher theoretisch belanglos und wird sich nur nach anderen Gesichtspunkten bestimmen lassen.

Die Steigerungen der Gastemperaturen verhalten sich etwa wie die Drucksteigerungen, können unter Vernachlässigung der geringen Verdampfungswärme und unter Voraussetzung normaler Druck- und Temperaturverhältnisse im Anfangszustand also näherungsweise bestimmt werden nach der Beziehung:

$$T_0 \approx 0{,}03\, p_0.$$

---

[1]) Siehe S. 23.

Reichen diese Temperaturen ins Gebiet erheblicher Dissoziation der Feuergase, so ist die Veränderlichkeit des $\varkappa$ und die Tatsache zu beachten, daß im Ofen noch nicht die volle Heizwertenergie E tatsächlich in Gasdruck und Gastemperatur umgewandelt wird, vielmehr der letzte Teil der Verbrennung erst in der Düse erfolgt.

112. Die Vorgänge in der Düse.

Die Düse hat den Zweck, die im Ofen in Form von Gasdruck und hoher Gastemperatur bereitgestellte Energie möglichst verlustlos in kinetische Energie des ausströmenden Gases umzuwandeln und dadurch unmittelbar nutzbar zu machen.

Ihren Zweck hat sie daher allgemein dann vollkommen erfüllt, wenn

$$c = c_{\mathrm{th}} = \sqrt{2\,E/m}$$

ist. Eine Abkühlung oder Entspannung der Gase unter den Ausgangszustand wird im allgemeinen nur geringe Bedeutung haben, so daß wir uns um den daraus möglichen Mehrgewinn an Energie nicht näher zu kümmern brauchen. Tatsächlich wird die höchsterreichte Ausströmungsgeschwindigkeit wegen der unvermeidlichen Verluste sogar kleiner ausfallen.

1121. Düsenvorgänge unter Voraussetzung idealer Gase.

Die Strömungsvorgänge der Gase in Düsen sind meist nicht mehr nach den Gesetzen der Hydrodynamik zu berechnen.

Die klassische Hydrodynamik setzt die von ihr behandelten Flüssigkeiten zähigkeitsfrei und unzusammendrückbar voraus.

Die unter diesen Annahmen gefundenen Beziehungen für das Verhalten der Flüssigkeiten decken sich vielfach nicht mit deren wirklichem, in der Natur beobachtetem Verhalten.

Erst nach Annahme einer Zähigkeit in gewissen Teilen der bewegten Flüssigkeit gelangt man zu praktisch brauchbaren Rechenergebnissen. Bei diesen ist also zunächst noch Unzusammendrückbarkeit der Flüssigkeit vorausgesetzt.

Flüssigkeiten und Gase unterscheiden sich dadurch, daß erstere unter äußerem Druck ihr Volumen nur verhältnismäßig sehr wenig ändern, während für Gase das Mariottesche Gesetz ($pV =$ konst.) gilt.

Bei der Bewegung von Flüssigkeiten kann man daher die Zusammendrückbarkeit fast stets mit voller Berechtigung vernachlässigen. Aber auch bei Gasen sind häufig die Volumsänderungen so klein, daß sie vernachlässigt werden dürfen. (Übliche Aerodynamik.) In diesem Falle sind die Bewegungsgesetze dieselben wie für Flüssigkeiten.

Wenn das Verhältnis des Staudruckes q der Strömung zum Elastizitätsmodul E des Mediums jedoch größer wird, können die Volumsänderungen von wesentlichem Einfluß auf die Strömung werden und müssen berücksichtigt werden. Wir gelangen damit zu einer Erweiterung der Aerodynamik für den Fall, daß das strömende Medium zusammendrückbar ist, zur Gasdynamik, der Lehre von der Bewegung gasförmiger Körper.

Statt des genannten Verhältnisses verwendet man praktisch das Verhältnis der Strömungsgeschwindigkeit v [m/sec] zur Schallgeschwindigkeit a, die Machsche Zahl v/a.

Praktisch können die Gase als unzusammendrückbar bis zu Geschwindigkeiten von etwa $v = 0,2\ a$ betrachtet werden. Bei größeren Strömungsgeschwindigkeiten ist die Zusammendrückbarkeit zu beachten und die Gasströmung ist nicht nach den Gesetzen der Hydrodynamik, sondern nach denen der Gasdynamik zu untersuchen.

Ins Gebiet der Gasdynamik gehören weiters auch stetige Bewegungen von Flüssigkeiten, wenn deren Strömungsgeschwindigkeit mit ihrer Schallgeschwindigkeit vergleichbar wird, was praktisch allerdings nicht vorkommt (z. B. Wasser: $a = 1400$ m/sec).

Strömungsvorgänge von Gasen unter solchem Einfluß eines Kraftfeldes, daß daraus erhebliche Druckunterschiede folgen, gehören dagegen ins Gebiet der Meteorologie, nichtstationäre Bewegungsvorgänge mit starker Volumsänderung ins Gebiet der Akustik.

Technische Bedeutung erlangte die Gasdynamik in zeitlicher Reihenfolge hauptsächlich auf folgenden Gebieten:

Ballistik, Dampfturbinenbau, Luftschraubenbau, Bau von Schnellverkehrsmitteln (bisher insbesondere Rennflugzeuge, Rennkraftwagen usw.) und schließlich im Raketenflugzeugbau.

In der Raketenflugtechnik ist die Gasdynamik von Bedeutung für die Ermittlung der Strömungsverhältnisse von Feuergasen in der Düse des Raketenmotors und für die Feststellung der äußeren Luftströmungsverhältnisse um das Flugzeug.

Wir gehen daher hier etwas näher auf die Grundlagen der Gasdynamik ein, da sie auch für die weiteren raketenflugtechnischen Betrachtungen, besonders der Luftkräfte, weitgehend als Grundlagen dienen.

Wir sehen in den weiteren Überlegungen zunächst von der Gaszähigkeit ab und besprechen diese, soweit sie in den Grenzschichtvorgängen von Bedeutung ist, im Abschnitt Luftkräfte.

Weiter sehen wir bei der Schnelligkeit gasdynamischer Zustandsänderungen von der Wärmeleitfähigkeit in jeder Form ab, setzen also voraus, daß Volums- und Druckänderungen infolge Temperaturausgleich durch Leitung und Strahlung vernachlässigbar sind. Wesentliche Abweichungen von dieser Annahme dürften gleichfalls nur in den räumlich außerordentlich engen, langsamen Grenzschichtströmungen, besonders an der Außenwand des Flugzeuges, auftreten.

Für die Feuergasströmung und die sehr hohen Raketenfluggeschwindigkeiten müßte streng genommen noch eine Erweiterung der grundlegenden Gaseigenschaften eingeführt werden, die sich auf die Bindung und Entbindung von Energie im strömenden Gas durch die Dissoziationseigenschaften der sehr heißen Gase bezieht. Wir werden diese Sonderverhältnisse in einem besonderen Abschnitt streifen.

Hier bleibt also zunächst die Zusammendrückbarkeit der Gase näher zu betrachten.

Jede Druckänderung hat eine Volumsänderung des Gases zur Folge. Mit jeder Volumsänderung ist zugleich auch eine Temperaturänderung verbunden. Aus der Thermodynamik[1]) sind zur Erfassung dieser Verhältnisse folgende Sätze bekannt:

Der erste Wärmehauptsatz, demnach Wärme und Arbeit gleichwertig sind. Er stellt das Prinzip der Energieerhaltung für Vorgänge, bei denen Wärmeerscheinungen auftreten, dar.

$$1 \text{ kcal} = 427 \text{ mkg}; \quad A = 1/427 \ \ldots \ldots \ldots \quad (1)$$

Die Gesamtenergie E in kgm der Gewichtseinheit eines Körpers (Flüssigkeit, Dampf, Gas) besteht aus:

der »inneren Energie« (Wärmeinhalt bei konstantem Volumen) in kcal

$$U = c_v \, T = Q - A \int p \, d \, V \ \text{»Wärmegleichung«} \ \ldots \ \ldots \quad (2)$$

(darin ist Q die während der Zustandsänderung zugeführte Wärmemenge in kcal),

der »äußeren Arbeit« (zur Überwindung des äußeren Oberflächendruckes) in kgm

$$L = \int p \, d \, V, \ \ldots \ldots \ldots \ldots \quad (3)$$

der »Druckenergie«[2])

$$L_p = \int V \, d \, p \ \ldots \ldots \ldots \ldots \quad (4)$$

(äußere Arbeit und Druckenergie zusammen ergeben die Expansionsenergie

$$L + L_p = p \, V, \ \ldots \ldots \ldots \ldots \quad (5))$$

der »kinetischen Energie« $v^2/2 \, g$ und
der »potentiellen Energie« h

$$E = U/A + \int p \, d \, p + \int V \, d \, p + v^2/2 \, g + h \ \text{»thermodynamische}$$
$$\text{Energiegleichung«} \ \ldots \ldots \ldots \ldots \quad (6)$$

[1]) U. A.: H. Mache, Einführung in die Theorie der Wärme. Berlin 1921. — Schüle, Technische Thermodynamik. Berlin 1923. — Hütte I, 26. Aufl., S. 508 ff.

[2]) Oder »technische Arbeit« nach Zerkowitz; Thermodynamik der Turbomaschinen 1912.

Die Gesamtenergie eines im schwerefreien Raum ruhenden Körpers nennt man »Wärmeinhalt J« (Wärmeinhalt bei konstantem Druck, in kcal):

$$J = c_p T = U + A p V \quad \ldots \ldots \ldots \quad (7)$$

Mit der Wärmegleichung läßt sich daher zur Berechnung von Zustandsänderungen ruhender Gase zweckmäßig schreiben:

$$A \cdot \Delta E = \Delta J = Q + A \int V \, dp \quad \ldots \ldots \ldots \quad (8)$$

Dabei ist unter Δ immer die endliche Änderung einer Größe bei der Zustandsänderung zu verstehen.

Die Energiegleichung läßt sich für gasdynamische Anwendung zweckmäßig schreiben:

$$A (v_2{}^2 - v_1{}^2)/2 \, g + \Delta J = Q \quad \text{»gasdynamische Energiegleichung«} \quad (9)$$

Der zweite Wärmehauptsatz, demnach es keine periodisch arbeitende Maschine von solcher Art gibt, daß infolge ihrer Tätigkeit dauernd mechanische Arbeit erzeugt und dafür ein Wärmebehälter abgekühlt wird, sich sonst aber nichts ändert.

Bei umkehrbaren Zustandsänderungen (d. s. stetige, Gleichgewichtsprozesse) beträgt die gewinnbare Energie

$$dQ = T \, dS, \quad \ldots \ldots \ldots \ldots \quad (10)$$

worin die Entropie $S = \int dQ/T$ eine formale Zustandsgröße des Körpers ist, die aus den übrigen Zustandsgrößen p, V, T, U und J mittels der Wärmegleichung berechnet werden kann. Bei umkehrbaren Prozessen bleibt die Summe der Entropie aller beteiligten Körper konstant. Bei nicht umkehrbaren Prozessen (z. B. Drosselung, Verdichungsstöße, Reibung, Wärmeleitung usw.) wächst die Entropiesumme. Die Entropie eines isolierten Systems kann niemals abnehmen.

Die Zustandsgleichung, derzufolge der Zustand eines Körpers durch zwei Zustandsgrößen völlig bestimmt ist, und alle anderen Zustandsgrößen aus diesen beiden berechenbar sind. Die wichtigste Zustandsgleichung ist die zwischen p, V und T. Sie läßt sich im allgemeinen nicht analytisch ausdrücken und wird daher in Zustandsdiagrammen angegeben, z. B. Molliediagramm ($J—S$) oder Wärmediagramm ($T—S$).

Nur im Sonderfall idealer Gase, der in den folgenden Überlegungen zunächst vorausgesetzt werden soll, gilt als Grenzbeziehung:

$$p V = R T \quad \text{»Gasgleichung«} \ldots \ldots \ldots \quad (11)$$

R, die Gaskonstante, ist unter Normalverhältnissen für Luft 29,27, für Kohlendioxyd 19,27.

Für die spezifischen Wärmen gilt unabhängig von der Temperatur:

$$c_p - c_v = A R \quad \ldots \ldots \ldots \ldots \quad (12)$$

c_p und c_v wachsen mit der Temperatur, ihr Verhältnis

$$\varkappa = c_p/c_v \quad \ldots \ldots \ldots \ldots \quad (13)$$

ist für einatomige Gase konstant gleich $\varkappa = 1,666$, für zweiatomige Gase fast unveränderlich $\varkappa = 1,40$, für mehratomige Gase ändert sich $\varkappa$ stärker mit der Temperatur.

Der Gesamtenergiegehalt eines Gases vom Zustand $p\,V$ im schwerefreien Raum ruhend ist:

$$J = \frac{\varkappa}{\varkappa - 1} \; A\,p\,V \quad \text{(aus 7, 12, 11)} \ldots \ldots \quad (14)$$

Mit Hilfe der Gasgleichung und der beiden Wärmehauptsätze lassen sich eine Reihe besonderer Zustandsänderungen idealer Gase rechnerisch verfolgen, z. B.:

(Die Zeiger 1 und 2 bedeuten die betreffende Größe vor und nach der Zustandsänderung.)

Volumen unveränderlich ($V = $ konst., $\varDelta p$, $\varDelta T$)

$p_1/p_2 = T_1/T_2$ (aus 11) $\qquad Q = \varDelta U = c_v\varDelta T$ (aus 2)

$\qquad\qquad\qquad\qquad\qquad\qquad = 1/(\varkappa - 1) \cdot A\,V\varDelta p$ (aus 11, 12)

$\qquad\qquad\qquad\qquad\qquad L = 0$ (aus 3)

$\qquad\qquad\qquad\qquad\qquad \varDelta J = \varkappa/(\varkappa - 1) \cdot A\,V\varDelta p$ (aus 8).

Druck unveränderlich ($p = $ konst., $\varDelta T$, $\varDelta V$) (z. B. Verbrennung im Ofen)

$V_1/V_2 = T_1/T_2$ (aus 11) $\qquad Q = \varDelta J = c_p\varDelta T$ (aus 8)

$\qquad\qquad\qquad\qquad\qquad\qquad = \varkappa/(\varkappa - 1) \cdot A\,p\varDelta V$ (aus 14)

$\qquad\qquad\qquad\qquad\qquad L = p\varDelta V$ (aus 3)

$\qquad\qquad\qquad\qquad\qquad \varDelta J = Q = \varkappa/(\varkappa - 1) \cdot A\,p\varDelta V$ (aus 8).

Temperatur unveränderlich (Isotherme, $T = $ konst., $\varDelta V$, $\varDelta p$) (z. B. isotherme Düsenströmung)

$p_1/p_2 = V_2/V_1$ (aus 11) $\qquad Q = A\,T\,R \ln V_2/V_1$ (aus 2, 11)

$\quad p\,V = $ konst. (aus 11) $\qquad L = Q/A$ (aus 3, 2)

$\quad \varDelta U = 0$ (aus 2) $\qquad\qquad \varDelta J = 0$ (aus 7).

Entropie unveränderlich (Adiabate, $S = $ konst., $\varDelta p$, $\varDelta V$, $\varDelta T$) (z. B. adiabatische Düsenströmung)

$$p\,V^\varkappa = \text{konst}; \; p_1/p_2 = (V_2/V_1)^\varkappa \quad \text{(aus 2,6,12,11)}$$
$$T\,V^{\varkappa-1} = \text{konst}; \; T_1/T_2 = (V_2/V_1)^{\varkappa-1} \quad \text{(aus 2,6,12,11)}$$
$$T\,p^{(1-\varkappa)/\varkappa} = \text{konst}; \; T_1/T_2 = (p_2/p_1)^{(1-\varkappa)/\varkappa} \quad \text{(aus 2,6,12,11)}$$
$$Q = 0 \quad \text{(aus 10)}$$

$$L = \Delta U/A \text{ (aus 2,3)}$$
$$= p_1 V_1/(\varkappa - 1) \cdot (1 - T_2/T_1) =$$
$$= p_1 V_1/(\varkappa - 1) \cdot [1 - (p_2/p_1)^{(\varkappa - 1)/\varkappa}] \text{ (aus 2,3,12,11)}$$
$$\Delta J = - \varkappa A L \text{ (aus 8)}.$$

Die Auswertung der Beziehungen adiabatischer Expansion kann mit Hilfe der Tafel 1 erfolgen.

Zahlentafel 1.

p_1/p_2	$\varkappa = 1,4$		$\varkappa = 1,3$	
	V_2/V_1	T_1/T_2	V_2/V_1	T_1/T_2
1,1	1,070	1,028	1,076	1,022
1,5	1,336	1,123	1,366	1,098
2,0	1,641	1,219	1,705	1,174
5	3,156	1,583	3,449	1,449
10	5,188	1,931	5,885	1,701
15	6,919	2,168	8,030	1,868
20	8,498	2,354	10,02	1,996
25	9,967	2,508	11,89	2,102
30	11,35	2,643	13,68	2,192
35	12,67	2,761	15,41	2,272
40	13,94	2,869	17,07	2,343
50	16,34	3,055	20,24	2,467
70	20,75	3,366	26,31	2,667
100	26,85	3,733	34,6	2,898
150	35,90	4,188	47,0	3,163
200	43,96	4,550	58,9	3,405
300	58,6	5,094	80,0	3,733
500	84,7	5,889	119	4,188
1000	139	7,178	203	4,921

In der Regel erfolgen gasdynamische Strömungen derart, daß dem Gas während der Bewegung weder Wärme zugeführt, noch entzogen wird, also $Q = 0$ ist. Es liegt dann eine

Adiabatische Düsenströmung vor.

Aus der gasdynamischen Energiegleichung

$$A (v^2 - v_0^2)/2 g + \Delta J = Q$$

und den Beziehungen für adiabatische Gaszustandsänderung

$$Q = 0,$$
$$\Delta J = - A p_1 V_1 \frac{\varkappa}{\varkappa - 1} [1 - (p_2/p_1)^{(\varkappa - 1)/\varkappa}]$$

erhält man die Strömungsgeschwindigkeit c an jeder Stelle der Düse in Abhängigkeit vom Gasdruck p an dieser Stelle und dem Anfangszustand p_0, V_0, $v_0 = 0$ im Ofen zu:

$$c = \sqrt{2 g \frac{\varkappa}{\varkappa - 1} p_0 V_0 [1 - (p/p_0)^{(\varkappa - 1)/\varkappa}]} = \sqrt{\frac{2 \varkappa}{\varkappa - 1} p_0/\varrho_0 \cdot [1 - (p/p_0)^{(\varkappa - 1)/\varkappa}]}.$$

2*

Aus der Kontinuitätsbedingung für die Stetigkeit der Bewegung

$$G = f_1 v_1 / V_1 = f_2 v_2 / V_2$$

folgt der zur sekundlich ausfließenden Gasmenge G gehörige Durchfluß-querschnitt f an jeder Stelle:

$$f = G \Big/ \sqrt{2g \frac{\varkappa}{\varkappa - 1} p_0 / V_0 \cdot [(p/p_0)^{2/\varkappa} - (p/p_0)^{(\varkappa + 1)/\varkappa}]}.$$

Die Auswertung dieser Gleichung ergibt ein Minimum des Durch-flußquerschnittes beim sog. »kritischen« Druck p':

$$p'/p_0 = \left(\frac{2}{\varkappa + 1} \right)^{\varkappa/(\varkappa - 1)}$$

(z. B. für zweiatomige Gase — etwa Luft — mit $\varkappa = 1{,}4$ bei $p' = 0{,}528\, p_0$) zu:

$$f' = G \left(\frac{2}{\varkappa + 1} \right)^{1/(\varkappa - 1)} \sqrt{2g \frac{\varkappa}{\varkappa + 1} p_0 / V_0}.$$

Die richtig geformte Düse verengt sich also zunächst auf den Hals-querschnitt f', worauf eine allmähliche Erweiterung bis zum Mündungs-querschnitt f_m folgt (sog. Lavaldüse, Abb. 3).

Der eigentliche Grund dieser Düsenform ist die Tatsache, daß in der Kontinuitätsbeziehung

$$f/G = V/v$$

das V mit abnehmendem p zunächst langsamer wächst als v, so daß V/v kleiner wird, bis der kritische Druck erreicht ist. Nach dessen Unter-schreitung wächst V rascher als v, also wird V/v und damit f/G mit ab-nehmendem p wieder größer, die Düse erweitert sich.

Nur wenn der Mündungsdruck p_m größer als der kritische Druck p' bleibt, ist eine erweiterte Düse zur Erzielung höchstmöglicher Aus-strömungsgeschwindigkeit nicht nötig. Dieser Fall ist für die raketen-flugtechnische Anwendung bedeutungslos.

Sobald an der engsten Stelle der Düse der kritische Druck unter-schritten ist, hängen Strömungsgeschwindigkeit und Düsendruck vom Außendruck p_a nicht mehr ab, daher ist der Mündungsdruck im allge-meinen nicht gleich dem Außendruck p_a, sondern ergibt sich lediglich aus dem Ofenzustand des Gases und dem Öffnungsverhältnis f_m/f' der Düse.

Fällt der Gasdruck in der Düse unter den Außendruck, ergäbe sich also $p_m < p_a$, so treten im Düseninnern Verdichtungsstöße auf, durch die der Gasdruck auf den Außendruck ansteigt. Die Verdichtungsstöße sind mit Energieverlusten verbunden.

Bei zu großem Überdruckverhältnis (zu hohem Ofendruck oder zu kleinem Außendruck) wird der Außendruck in der Düse überhaupt nicht erreicht, der Düsenmündungsdruck bleibt größer als der Außendruck und der Strahl zersprüht nach Verlassen der Düsenmündung, wodurch der axiale Impuls infolge der stark divergierenden Gasteilchen erhebliche Einbuße erleidet. Dieser Fall tritt bei allen zu wenig erweiterten, besonders also bei gar nicht erweiterten Düsen auf (Abb. 3).

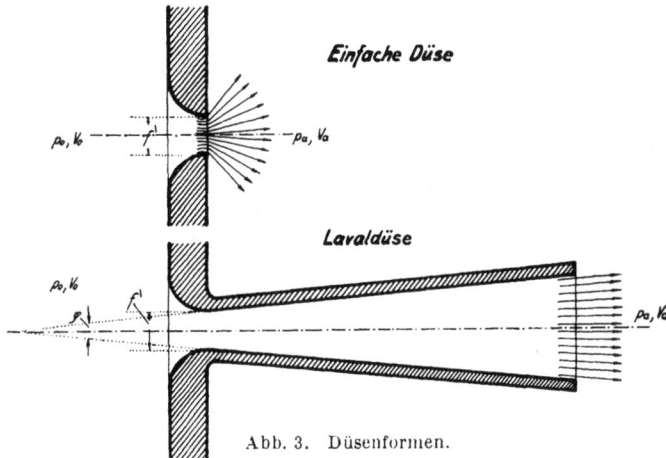

Abb. 3. Düsenformen.

Daraus folgt, daß eine bestimmte Düse nur mit dem ihr zugedachten Gas (wegen $\varkappa$) und dem vorgeschriebenen Überdruckverhältnis p_0/p_a betrieben werden darf, um in theoretisch günstigster Weise zu arbeiten.

Praktisch liegen die Verhältnisse beim Raketenantrieb so, daß die Rakete immer im Fahrtwindschatten eines Rumpfes od. dgl. arbeitet, so daß der Außendruck hinter der Düse von der Fahrtgeschwindigkeit abhängt. Bei Stillstand oder Start des Flugzeuges ist er also gleich dem Atmosphärendruck und fällt mit zunehmender Fluggeschwindigkeit zunächst langsam ab, bis zur Erreichung der Schallgeschwindigkeit um wenige Prozent, dann jedoch sehr rasch, um bei wenig über der doppelten Schallgeschwindigkeit auf das absolute Vakuum zu sinken (siehe Abschnitt »Luftkräfte«). Da ein erheblicher Teil des Fluges sich, wie wir noch sehen werden, mit Fluggeschwindigkeiten weit über der Schallgeschwindigkeit, ja sogar teilweise über der Auspuffgeschwindigkeit der Raketengase in Höhen abspielt, wo selbst der ungestörte äußere Luftdruck nur mehr einen sehr kleinen Bruchteil des Bodenluftdruckes beträgt, so arbeitet der Raketenmotor praktisch größtenteils gegen den Außendruck $p_a = 0$, wozu unendlich große Düsenaustrittsquerschnitte nötig wären. Tatsächlich werden wir uns daher bei konstruktiv möglichen Abmessungen mit gewissen Impulsverlusten des zersprühenden Strahles abfinden müssen.

Für die Form der Düse folgt aus der Bedingung, daß der Druck stetig von p_0 bis p_m abnehmen muß:

$$f_x/f_m = c_m/c_x \cdot V_x/V_m = \sqrt{\frac{\varkappa-1}{\varkappa+1}\left(\frac{2}{\varkappa+1}\right)^{2/(\varkappa-1)}} \Big/ \sqrt{(p_x/p_0)^{2/\varkappa} - (p_x/p_0)^{(\varkappa+1)/\varkappa}}.$$

Die Strömungsgeschwindigkeit an der engsten Stelle jeder Düse, also beim kritischen Druck p', ergibt sich zu

$$a' = \sqrt{2g\frac{\varkappa}{\varkappa+1}p_0 V_0} = \sqrt{\frac{2\varkappa}{\varkappa+1}p_0/\varrho_0} = \sqrt{\frac{2\varkappa}{\varkappa+1}gRT_0}.$$

Diese Geschwindigkeit stellt die Schallgeschwindigkeit (kritische Geschwindigkeit) im kritischen Gaszustand dar, wie man durch Einsetzen der Beziehungen adiabatischer Zustandsänderungen in die Grundgleichung für die Schallgeschwindigkeit in jedem Körper $a = \sqrt{dp/d\varrho}$ erkennt.

Da die Temperatur mit zunehmender Geschwindigkeit bzw. abnehmendem Druck nach der Beziehung

$$T/T_0 = 1 - (\varkappa-1)/(\varkappa+1) \cdot c^2/a'^2 = 1 - (\varkappa-1)/2 \cdot c^2/a_0^2;$$
$$\varDelta T = T_0(\varkappa-1)/2 \cdot c^2/a_0^2$$

sinkt, ist die kritische Schallgeschwindigkeit kleiner als die Schallgeschwindigkeit des ruhenden Gases a_0:

$$a_0 = \sqrt{\varkappa gRT_0} = \sqrt{\varkappa p_0/\varrho_0}.$$

Allgemein ist die Schallgeschwindigkeit in einem mit der Geschwindigkeit c fließenden Gas[1]):

$$a = \sqrt{a_0^2 - c^2(\varkappa-1)/2}; \quad a' = \sqrt{2/(\varkappa+1)}\sqrt{a^2 + c^2(\varkappa-1)/2}.$$

An der Mündung von prismatischen oder konvergierenden Düsen kann das Gas also höchstens seine Schallgeschwindigkeit erreichen, ein Großteil der in ihm enthaltenen Druck- und Wärmeenergie bleibt als solche unverwandelt.

Höhere, also Überschallgeschwindigkeiten, treten erst außerhalb der Düse im zersprühenden Strahl oder im erweiterten Teil der Lavaldüse auf.

Mit $\varkappa = 1,4$ folgt z. B. für zweiatomige Gase: $a' = 3,38\sqrt{RT_0}$, also für kalte Luft mit $R = 29,27$ und $T_0 = 273^0$: $a' = 302$ m/sec, oder für Wasserstoff mit $R = 421,6$ und $T_0 = 273^0$: $a' = 1150$ m/sec.

Für höhere Temperaturen ergeben sich entsprechend höhere Schallgeschwindigkeiten.

Die beim Austritt ins Freie erreichte Geschwindigkeit ist vom Erweiterungsverhältnis der Düse f_m/f' abhängig, aber wieder unabhängig

[1]) Hütte I, 26. Aufl., S. 415.

vom Außendruck p_a. Das Erweiterungsverhältnis läßt sich so bemessen, daß das Gas bis zu jedem beliebigen Außendruck expandiert. Da sich der Strahl bei zu rascher Erweiterung von der Düsenwand ablöst, muß der Kegelwinkel φ in Abb. 3 entsprechend klein gewählt werden (etwa $\varphi < 10^0$). Dadurch ergeben sich für hohe Expansionsgrade sehr lange Düsen. Die Reibung spielt in solchen Düsen natürlich eine größere Rolle als in einfachen Mündungen.

Die Grenzgeschwindigkeit bei der Expansion auf den Druck Null ergibt sich zu

$$c_{max} = \sqrt{\frac{2\varkappa}{\varkappa - 1}\, p_0/\varrho_0}.$$

Es verhält sich also die größterreichbare Strömungsgeschwindigkeit zu den Schallgeschwindigkeiten wie

$$c_{max} : a' : a_0 = \sqrt{(\varkappa + 1)/(\varkappa - 1)} : 1 : \sqrt{(\varkappa + 1)/2}$$

oder für $\varkappa = 1,3$ . . . . $c_{max} : a' : a_0 = 2,77 : 1 : 1,073$

für $\varkappa = 1,4$ . . . . $c_{max} : a' : a_0 = 2,45 : 1 : 1,095$.

Die aus dem Heizwert E und der Auspuffmasse m errechnete theoretische Auspuffgeschwindigkeit

$$c_{th} = \sqrt{2\,E/m}$$

bezieht sich auf solche Druck- und Temperaturverhältnisse der Auspuffgase, wie sie vor der Verbrennung in den eingebrachten Gasen herrschten. Könnte man das Gas jedoch unter diese Anfangszustände entspannen bzw. abkühlen, im Grenzfall also bis auf den Druck Null und die absolute Nulltemperatur, so würden über den Heizwert des Gases hinaus noch beträchtliche Energiemengen zur Umwandlung in Auspuffgeschwindigkeit verfügbar. Unter diesen Verhältnissen könnte also die theoretische Auspuffgeschwindigkeit c_{th} noch überboten werden, wie die Formel für c_{max} ja auch lehrt. In p_0 ist dort eben außer der Heizwertenergie auch die anfängliche Wärme- und Druckenergie mit enthalten. Praktisch ist die unbegrenzte Expansion außer aus konstruktiven Gründen durch den Wechsel des Aggregatzustandes bei bedeutender Abkühlung und durch die überhandnehmenden Reibungseinflüsse begrenzt.

Die Zustandsgrößen des Auspuffgases in Abhängigkeit von den Querschnittsverhältnissen einer Lavaldüse sind für zweiatomige Gase in Abb. 4 übersichtlich zusammengestellt.

Weiters ist dort der Düsenwirkungsgrad η_d eingetragen, der angibt, wieviel von der gesamten inneren Energie des Gases jeweils schon in kinetische Energie umgewandelt ist. Er ist dementsprechend definiert als:

$$\eta_d = c^2/c_{max}^2.$$

Bei den in der Raketenflugtechnik zur Verwendung gelangenden sehr hochwertigen Kraftstoffen treten im Ofen Dissoziationserscheinungen auf (siehe 1123), die ein Nachbrennen der Feuergase während der Strömungsvorgänge in der Düse bewirken. Dadurch wird dem strömenden Feuergas Wärme zugeführt, so daß die Strömung nicht mehr als adiabatisch betrachtet werden darf. Das Maß der Dissoziation ist in erster Linie durch die Feuergastemperatur bestimmt, die bei der Strömung dissozierten Gases näherungsweise aufrechterhalten wird.

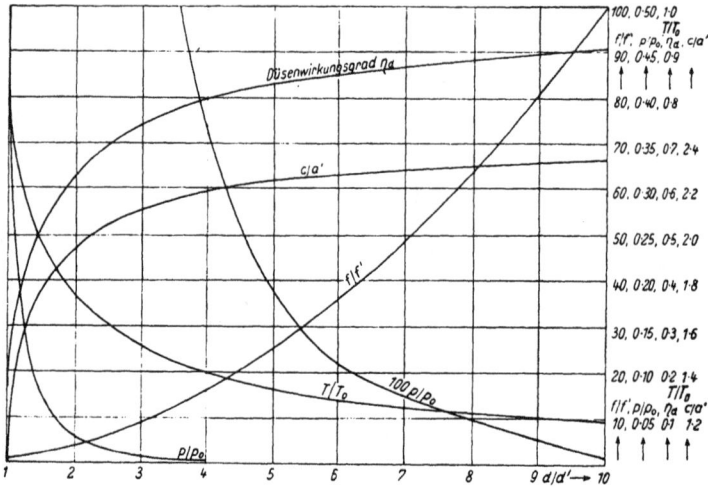

Abb. 4. Die Gaszustandsgrößen in der Düse bei adiabatischer Strömung und $\varkappa = 1,4$.

In roher Näherung kann die Strömung dissoziierter Feuergase daher als isotherme Strömung betrachtet werden. Wegen der gleichzeitigen, allerdings geringeren Abhängigkeit des Dissoziationsgrades vom Gasdruck gilt die Annahme nur näherungsweise.

Isotherme Gasströmung. Aus der gasdynamischen Energiegleichung

$$A\,(v^2 - v_0{}^2)/2\,g + \varDelta J = Q$$

und den Beziehungen für isotherme Gaszustandsänderung

$$Q = A\,R\,T\ln p_1/p_2$$
$$\varDelta J = 0$$

erhält man die Strömungsgeschwindigkeit c an jeder Stelle der Düse in Abhängigkeit vom Gasdruck p an dieser Stelle und dem Anfangszustand p_0, V_0, $v_0 = 0$ im Ofen zu:

$$c = \sqrt{2\,g\,R\,T_0\ln p_0/p}.$$

Die wirkliche Feuergasströmung kann sich natürlich nur so lange der isothermen Strömung besser nähern als der adiabatischen, so lange der Energiegehalt des Gases kleiner als die aus dem Heizwert verfügbare Energie E ist, also die Verbrennung wegen der Dissoziation noch nicht vollständig abgeschlossen ist. Diese Verbrennung während der Strömung hat den erforderlichen Wärmezuschuß Q zur Aufrechterhaltung der isothermen Temperatur zu leisten. Nach vollständigem Rückgang der Dissoziation verschwindet diese Wärmequelle, Q wird Null und die Feuergasströmung wird adiabatisch. Die hier weiter zu besprechende isotherme Düsenströmung besteht also besonders in den Anfangszonen der Düse.

Aus der Kontinuitätsbedingung für die Stetigkeit der Bewegung

$$G = f_1 v_1 / V_1 = f_2 v_2 / V_2$$

folgt der zur sekundlich ausfließenden Gasmenge G gehörige Durchflußquerschnitt f an jeder Stelle:

$$f = G / \sqrt{2\,g\,p_0 / V_0 \cdot (p/p_0)^2 \ln p_0/p}.$$

Die Auswertung dieser Gleichung ergibt ein Minimum des Durchflußquerschnittes beim kritischen Druck p':

$$p'/p_0 = 0{,}607$$

zu

$$f' = G / 0{,}429 \sqrt{2\,g\,p_0 / V_0}.$$

Hinsichtlich der Düsenform gilt also das bei adiabatischer Strömung Gesagte auch hier. Auch die isotherme Strömung verlangt zunächst Verengung der Düse zu einem Hals vom Querschnitt f' und dann Erweiterung.

Die Strömungsgeschwindigkeit an der engsten Stelle der Düse, also beim kritischen Druck p', ergibt sich zu:

$$a' = \sqrt{g\,p_0\,V_0} = \sqrt{g\,R\,T_0} = \sqrt{p_0/\varrho_0}.$$

Diese Geschwindigkeit stellt die isotherme Schallgeschwindigkeit im kritischen Gaszustand dar. Da bei isothermer Strömung die Temperatur von Druck und Gasgeschwindigkeit unabhängig ist, gilt dies auch für die anderen Schallgeschwindigkeiten, so daß hier $a' = a_0$, wie man durch Einsetzen der Beziehungen isothermer Gaszustandsänderungen in die Grundgleichung der Schallgeschwindigkeit $a = \sqrt{d\,p/d\varrho}$ leicht erkennt.

Da die kritischen und allgemeinen isothermen Strömungsgeschwindigkeiten etwas kleiner sind, als unter sonst gleichen Verhältnissen die entsprechenden adiabatischen Geschwindigkeiten, ergeben sich die zu einer bestimmten Gasmenge erforderlichen Durchflußquerschnitte um ein geringes größer als bei adiabatischer Strömung. Eine Gegenüberstellung der einzelnen Größen für adiabatische und isotherme Strömung enthält Tafel 5.

Im Zusammenhang mit den besprochenen Beziehungen interessieren die Kennzahlen verschiedener Gase, die Zahlentafel 2 bringt.

Zahlentafel 2.

Gas	Symbol	Atom-zahl	Gaskonstante	Adiabaten-exponent
Helium	He	1	212,00	1,66
Argon	Ar	1	21,26	1,66
Luft	—	—-	29,27	1,40
Wasser im perm. Gaszustand	H_2O	3	47,20	1,30
Sauerstoff	O	2	26,50	1,40
Stickstoff	N	2	30,26	1,40
Wasserstoff	H	2	420,60	1,407
Stickoxyd	NO	2	28,26	1,38
Kohlenoxyd	CO	2	30,29	1,40
Chlorwasserstoff	ClH	2	23,25	1,40
Kohlendioxyd	CO_2	3	19,27	1,30
Stickoxydul	N_2O	3	19,26	1,28
Schwefelige Säure	SO_2	3	13,24	1,25
Ammoniak	NH_3	4	49,79	1,29
Acetylen	C_2H_2	4	32,59	1,24
Methylchlorid	CH_3Cl	5	16,80	1,28
Methan	CH_4	5	52,90	1,31
Äthylen	C_2H_4	6	30,25	1,25
Äthan	C_2H_6	8	28,21	1,20

Bei der Wasserstoffverbrennung mit überschüssigem Wasserstoff bestehen die Auspuffgase aus einem Gemisch von überhitztem Wasserdampf und Wasserstoff. Der Adiabatenexponent liegt dann zwischen $\varkappa = 1{,}3$ und $\varkappa = 1{,}4$, und zwar berechnet Oberth für verschiedene Verhältnisse des Sauerstoffgewichtes zum Wasserstoffgewicht die Werte der Zahlentafel 3.

Zahlentafel 3.

O/H (Gewicht)	0,8	0,9	1,0	1,1	1,2	1,3	1,4	1,5	1,6	1,7	1,8	1,9	5,33
$\varkappa =$	1,400	1,398	1,396	1,394	1,393	1,391	1,389	1,388	1,386	1,385	1,384	1,383	1,33

Einige bei der Auswertung der Beziehungen zwischen den Gaszustandsgrößen in der Düse häufig gebrauchte Funktionen von $\varkappa$ sind in Zahlentafel 4 zusammengestellt.

Zahlentafel 4.

Funktionen von $\varkappa$	$\varkappa$	$1/\varkappa$	$1/(\varkappa-1)$	$(\varkappa-1)/\varkappa$	$\sqrt{(\varkappa+1)/2}$	$\sqrt{(\varkappa+1)/(\varkappa-1)}$	$\left(\dfrac{2}{\varkappa+1}\right)^{\varkappa/(\varkappa-1)}$
Einatomige Gase	1,67	0,600	1,5	0,4	1,155	2,000	0,487
—	1,5	0,667	2	0,333	1,118	2,236	0,512
Zweiatomige Gase	1,4	0,714	2,5	0,286	1,095	2,449	0,528
Überhitzter Wasserdampf	1,3	0,769	3,33	0,231	1,072	2,768	0,546
— -	1,2	0,833	5	0,167	1,049	3,317	0,564

Zahlentafel 5. Zusammenhänge der Zustandsgrößen des strömenden Gases in der Düse.

	Adiabatische Strömung	Isotherme Strömung
Zusammenhang des Düsenquerschnittes und des örtlichen Gasdruckes	$f/f' = \dfrac{1}{\left(\frac{\varkappa+1}{2}\right)^{1/(\varkappa+1)}(p/p_0)^{1/\varkappa}}\sqrt{\dfrac{\varkappa+1}{\varkappa-1}\left[1-(p/p_0)^{(\varkappa-1)/\varkappa}\right]}$	$f/f' = 0{,}429/\sqrt{(p/p_0)^2\ln p_0/p}$
Strömungsgeschwindigkeit des Gases an beliebigem Düsenquerschnitt	$c = \sqrt{2g\,\dfrac{\varkappa}{\varkappa-1}\,p_0V_0\left[1-(p/p_0)^{(\varkappa-1)/\varkappa}\right]}$	$c = \sqrt{2g\,p_0V_0\ln p_0/p}$
Größtmögliche Strömungsgeschwindigkeit bei Expansion bis auf den Außendruck Null	$c_{max} = \sqrt{2g\,\dfrac{\varkappa}{\varkappa-1}\,p_0V_0}$	—
Strömungsgeschwindigkeit des Gases im engsten Düsenquerschnitt	$a' = \sqrt{2g\,\dfrac{\varkappa}{\varkappa+1}\,p_0V_0} = \sqrt{\dfrac{2\varkappa}{\varkappa+1}\,p_0/\varrho_0}$	$a' = \sqrt{g\,p_0V_0} = \sqrt{p_0/\varrho_0}$
Schallgeschwindigkeit des Gases an beliebigem Düsenquerschnitt	$a = \sqrt{a_0^2 - c^2(\varkappa-1)/2}$	$a = a'$
Schallgeschwindigkeit des ruhenden Gases im Ofenzustand	$a_0 = \sqrt{\varkappa g\,p_0V_0} = \sqrt{\varkappa\,p_0/\varrho_0}$	$a_0 = a'$
Strömungsgeschwindigkeit / krit. Schallgeschwindigkeit	$c/a' = \sqrt{\dfrac{\varkappa+1}{\varkappa-1}\left[1-(p/p_0)^{(\varkappa-1)/\varkappa}\right]}$	$c/a' = \sqrt{2\ln p_0/p}$
Strömungsgeschwindigkeit / Ruheschallgeschwindigkeit	$c/a_0 = \sqrt{\dfrac{2}{\varkappa-1}\left[1-(p/p_0)^{(\varkappa-1)\varkappa}\right]}$	$c/a_0 = \sqrt{2\ln p_0/p}$
Absolute Gastemperatur	$T/T_0 = (p/p_0)^{(\varkappa-1)/\varkappa} = 1-(\varkappa-1)/2\cdot v^2/a_0^2$	$T/T_0 = 1$
Kritischer Druck	$p'/p_0 = \left(\dfrac{2}{\varkappa+1}\right)^{\varkappa/(\varkappa-1)}$	$p'/p_0 = 0{,}607$
Gewicht des sekundlich durch einen beliebigen Querschnitt strömenden Gases	$G = \gamma'a'f' = \left(\dfrac{2}{\varkappa+1}\right)^{1/(\varkappa-1)}f'\sqrt{2g\,\dfrac{\varkappa}{\varkappa+1}\,p_0/V_0}$	$G = \gamma'a'f' = 0{,}607\,f'\sqrt{g\,p_0/V_0}$

Eine Zusammenstellung der Zusammenhänge zwischen den Zustandsgrößen des strömenden Gases in der Düse gibt Zahlentafel 5.

Die bisherigen Betrachtungen über die Vorgänge in der Düse erfolgten unter der Voraussetzung, daß es sich um die Strömungsvorgänge idealer Gase handelt, deren Bewegungsvorgänge also einerseits frei von Reibungseinflüssen sind und die anderseits bei allen Zustandsänderungen streng der Gasgleichung

$$p \cdot V = R \cdot T$$

folgen. Beide Voraussetzungen treffen nur teilweise zu und die daraus entspringenden Einflüsse auf die Ergebnisse wollen wir nun kurz erörtern.

1122. Einfluß der Reibung auf die Düsenvorgänge.

Wegen der durch die Reibung bedingten Energieverluste in der Düse werden die bisher gefundenen theoretischen Beziehungen für die Ausflußgeschwindigkeit mit einem Korrekturfaktor φ und die Werte für das Durchflußgewicht mit einem Faktor μ multipliziert, die aber beide im allgemeinen von Eins wenig abweichen.

Die für Gase, gesättigten und überhitzten Wasserdampf gültigen Beziehungen für die Strömungsgeschwindigkeit, absolute Gastemperatur und das Durchflußgewicht lauten dann:

$$c = \varphi \sqrt{2 g \frac{\varkappa}{\varkappa - 1} p_0 V_0 [1 - (p/p_0)^{(\varkappa - 1)/\varkappa}]}$$

$$T = T_0 \{1 - \varphi^2 [1 - (p/p_0)^{(\varkappa - 1)/\varkappa}]\}$$

$$G = f \mu \sqrt{2 g \frac{\varkappa}{\varkappa - 1} \frac{p_0}{V_0} [(p/p_0)^{2/\varkappa} - (p/p_0)^{(\varkappa - 1)/\varkappa}]}.$$

Nach Zeuner kann man die Reibung statt durch φ auch dadurch erfassen, daß man statt des Adiabatenexponenten $\varkappa$ einen etwas kleineren Ausflußexponenten m benützt, womit dann die entsprechenden Formeln lauten[1]):

$$c = \sqrt{2 g \frac{\varkappa}{\varkappa - 1} p_0 V_0 [1 - (p/p_0)^{(m - 1)/m}]}$$

$$G = f \sqrt{2 g \frac{\varkappa}{\varkappa - 1} \frac{p_0}{V_0} [(p/p_0)^{2/m} - (p/p_0)^{(m - 1)/m}]}$$

$$p'/p = \left(\frac{2}{m + 1}\right)^{m/(m - 1)}$$

$$f'/f = \left(\frac{m + 1}{2}\right)^{1/(m - 1)} (p/p_0)^{1/m} \sqrt{\frac{m + 1}{m - 1} [1 - (p/p_0)^{(m - 1)/m}]} \quad \text{usw.}$$

[1]) Z. B. Hütte I, 26. Aufl., S. 552.

m hängt mit φ nach der Gleichung zusammen:

$$m = \varkappa (1 + \xi)/(1 + \varkappa \xi),$$

worin

$$\xi = 1/\varphi^2 - 1.$$

Versuchsmäßig ergeben sich bei gutgeformten Düsen φ und μ nur sehr wenig kleiner als Eins, etwa

$$\mu = 0{,}97$$

$$\varphi = 0{,}98,$$

m errechnet sich damit aus der oben angegebenen Beziehung. Hinsichtlich der Reibungswirkung dürfte sich die sehr große Länge der Raketendüsen mit den auch sonst großen Querschnittsabmessungen ausgleichen, da durch letztere das Verhältnis von reibender Wandfläche zu durchströmender Gasmasse kleiner wird, als bei bisher versuchsmäßig untersuchten Düsen.

1123. Abweichungen von der Gasgleichung.

In den bisherigen Überlegungen wurden die Raketengase als ideale Gase betrachtet, die den Gesetzen von Boyle-Mariotte und Gay-Lussac streng gehorchen, die also die Zustandsgleichung der vollkommenen Gase

$$p \cdot V = R \cdot T$$

erfüllen. Für die wirklichen Gase kann diese Zustandsgleichung nur als ein Grenzgesetz betrachtet werden, dem sich ihr Verhalten im allgemeinen um so besser nähert, je größer ihr spezifisches Volumen, also je geringer ihr Druck und je höher ihre Temperatur ist. Jedoch beginnen bei sehr hohen Temperaturen neuerdings erhebliche Abweichungen durch die Zerfallserscheinungen der Gasmoleküle, auf die wir noch eingehender zurückkommen.

In gewissen Grenzen um den Normaltemperaturen gehorchen die wirklichen Gase dem Gasgesetz sehr gut. Zahlentafel 6 zeigt z. B. die Abweichungen des pV/RT von Eins, also die Abweichungen von der Zustandsgleichung für Luft und Wasserstoff.

Zahlentafel 6.

$p =$			0	20	40	60	80	100 kg/cm²
Luft	Temperatur in °C	0	1	0,9895	0,9812	0,9751	0,9714	0,9699
		+100	1	1,0027	1,0065	1,0112	1,0169	1,0235
		+200	1	1,0064	1,0132	1,0205	1,0282	1,0364
Wasserstoff		−150	1	1,0073	1,0180	1,0319	1,0492	1,0699
		−50	1	1,0130	1,0265	1,0404	1,0548	1,0697
		0	1	1,0122	1,0245	1,0370	1,0496	1,0625
		+50	1	1,0111	1,0222	1,0332	1,0443	1,0554
		+200	1	1,0078	1,0157	1,0235	1,0313	1,0392

Wo die Berücksichtigung dieser geringen Abweichung nötig wird, verwendet man näherungsweise dieselben Gleichungen wie für ideale Gase, jedoch mit etwas abweichenden Werten von $\varkappa$.

Erfolgt die Verdichtung eines Gases bei genügend tiefer, gleichbleibender Temperatur, so beginnt das Gas bei dem nur von dieser Temperatur abhängigen Sättigungsdruck flüssig zu werden. Es bleibt dann bei weiterer Verdichtung außer der Temperatur auch der Druck

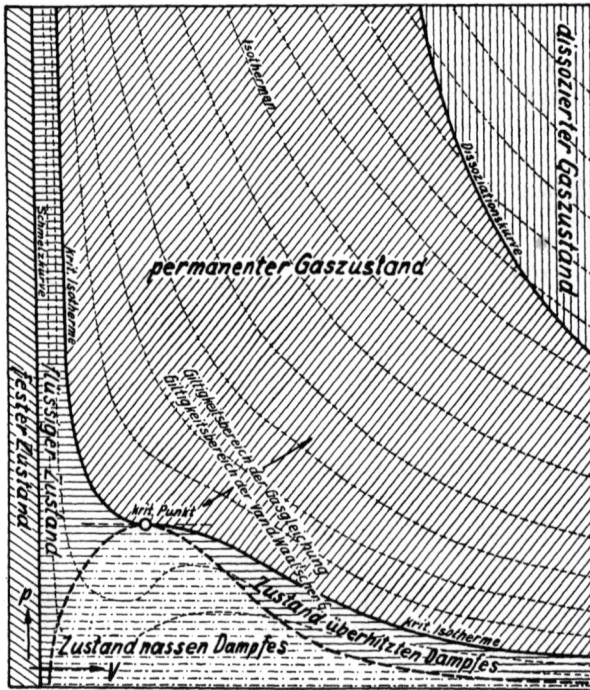

Abb. 4a. Zustandsbild eines Körpers, mit den Grenzbereichen für die Giltigkeit der Gasgleichung bei der Zustandsänderung dieses Körpers.

konstant, in diesem Gebiete des nassen Dampfes haben die Gasgesetze ihre Gültigkeit also vollständig verloren. Die Verflüssigung schreitet mit zunehmendem Druck fort, bis das Gas völlig in Flüssigkeit übergegangen ist.

Man verwendet in diesem Bereiche des nassen Dampfes statt der ungültig gewordenen Zustandsgleichung die Entropie-Tafeln. Für die bei der Rakete auftretenden Verhältnisse haben diese, mit niedriger Temperatur verbundenen Abweichungen von der Gasgleichung jedoch keine ernstliche Bedeutung.

Die Gasgleichung verliert ihre Gültigkeit bekanntlich dann, wenn die Verdichtung des Gases so groß wird, daß wegen des geringen Molekülabstandes die Kohäsionskräfte zwischen den Molekülen bemerkbar werden. An die Stelle der Gasgleichung tritt dann eine andere Zustandsgleichung, etwa zunächst die Van der Waalsche Gleichung. Im Zustandsschaubild (Abb. 4a) sind die unteren Grenzbereiche der Gasgleichung bei sehr hohen Drücken durch die kritische Isotherme und bei Drücken von der Größe des kritischen Druckes durch die weitere Umgebung des kritischen Punktes festgelegt, wobei in letzterem Falle auch schon beträchtlich über der kritischen Isotherme Versagen der Gasgleichung eintritt, wie man an der von der gleichseitigen Hyperbel abweichenden Isothermenform erkennt. Bei weiter abnehmenden Drücken, also wachsenden spezifischen Volumen V gilt nach dem früher Gesagten die Gasgleichung auch bei geringerer als der kritischen Temperatur noch gut, so daß sie selbst im Gebiet des Dampfes teilweise verwendbar bleibt.

Da in den Feuergasen der Rakete kritische und unterkritische Temperaturen der Natur der Sache nach nur nach außerordentlich weitgehender Expansion, also bei sehr geringen Drücken und sehr großen spezifischen Volumen auftreten können, besteht keine Gefahr, in der Richtung geringer Temperaturen aus dem Gültigkeitsbereich der Gasgleichung zu kommen.

In Zahlentafel 7 sind die absoluten kritischen Temperaturen T_k und kritischen Drücke p_k einiger für den Raketenmotor in Frage kommenden Gase zusammengestellt.

Zahlentafel 7.

	T_k°	p_k kg/cm²
Wasser H_2O	647	225
Kohlendioxyd CO_2 .	304	75
Sauerstoff O_2	154	51
Kohlenoxyd CO . . .	134	36
Stickstoff N_2	126	34,6
Wasserstoff H_2 . . .	33	13,2

Von weit ernsterer Natur als die bisher betrachteten Abweichungen von den Gasgesetzen sind die Dissoziationserscheinungen der Gase, da diese bei den in der Rakete auftretenden Verhältnissen leicht zu sehr weitgehenden Abweichungen von den Gesetzen idealer Gase führen können[1]. Bekanntlich gewinnen wir die Energie unseres Raketenmotors auf chemisch-thermischem Wege durch exotherme Reaktionen, praktisch Oxydationen von Brennstoffen. Durch die chemische Bindung insbesondere der in den Brennstoffen ausschlaggebenden Wasserstoff- und Kohlenstoffatome mit Sauerstoff zu den betreffenden Oxyden, also

[1] Schüle, Technische Thermodynamik. 2. Bd. Springer 1923. — Schüle, Neue Tabellen und Diagramme für technische Feuergase und ihre Bestandteile von 0 bis 4000° C. Springer 1929.

CO_2 und H_2O, werden die dem Heizwert des Kraftstoffes entsprechenden Wärmeenergiemengen verfügbar, die im Ofen in bekannter Weise in Form hoher Gasdrücke und Gastemperaturen in Erscheinung treten. Sobald die Temperaturen bestimmte hohe Werte erreichen, findet die Assoziation der C- und H-Atome mit den O-Atomen nicht mehr in unbeschränktem Maße statt bzw. bereits gebildete CO_2- und H_2O-Moleküle dissoziieren wieder in die entsprechenden Ionen bzw. Atome, wobei die bereits frei gewordene Energie wieder gebunden wird und Gasdruck und Temperatur wieder absinken, bis sich schließlich ein Gleichgewichtszustand herausgebildet hat.

Die Dissoziation stellt also den Zerfall chemischer Verbindungen, hier unter dem Einfluß hoher Temperaturen, in einzelne Bestandteile dar, etwa H_2O nach der Gleichung $2\,H_2O = 2\,H_2 + O_2$, wobei in diesem Fall je kg H_2O 1,362000 kgm, im allgemeinen dieselbe Energie wieder gebunden wird, die beim umgekehrten (Assoziations-) Prozeß verfügbar und in Druck, Temperatur, Geschwindigkeit usw. verwandelt war.

Die allfällige Dissoziation der Raketengase kann also die schon gewonnenen Druck- und Temperaturgefälle und Strömungsgeschwindigkeiten in einschneidendster Weise vermindern.

Mit zunehmender Temperatur nimmt die Dissoziation zu und es zerfällt schließlich nicht nur das Molekül des Verbrennungsproduktes (z. B. H_2O) in die Moleküle der Ausgangsstoffe (über 2500° in H + OH), sondern auch diese zerfallen weiter in ihre Atome (über 4000° in H + H + O), bis bei etwa 5000° jeder Molekularbestand aufgehört hat.

Nach der kinetischen Gastheorie erklärt sich diese Tatsache sehr einfach damit, daß die mit zunehmender Temperatur wachsende Molekulargeschwindigkeit schließlich zu derart heftigen Stößen zwischen den durcheinanderschwirrenden Molekülen führt, daß diese gleichsam zerschlagen werden, wenn die innermolekularen Kräfte nicht mehr ausreichend groß sind.

Aus dieser Veranschaulichung erklärt sich weiters, daß auch der Druck von Einfluß auf die Dissoziationsvorgänge ist, und zwar in dem Sinne, daß durch höhere Drücke die Dissoziation vermindert wird, da dissoziierte Gase das Bestreben haben, größere Räume einzunehmen.

Der jeweils bei einem bestimmten Druck und einer bestimmten Temperatur dissoziierende Anteil in Hundertteilen des gesamten Gases ist für verschiedene Gase gemessen worden. Zahlentafel 8 bringt die Zahlen für einige uns interessierende Gase[1].

---

[1] Siehe auch: Bjerrum, Z. physik. Chemie 1912. — Irwing Langmuir, The Dissociation of Hydrogen into atoms, calculation of the degree of dissociation etc. Journ. amer. chem. Soc. Bd. 37. — Kurt Wohl, Die Dissoziation des Wasserstoffs. Zeitschr. Elektrotechn. 1924.

Zahlentafel 8.

Dissoziationsanteile in Prozenten.

Temperatur in °C	H$_2$O		CO$_2$	
	$p = 10$ kg/cm²	$p = 1$ kg/cm²	$p = 10$ kg/cm²	$p = 1$ kg/cm²
1000	$1,39 \cdot 10^{-5}$	$3,00 \cdot 10^{-5}$	$7,31 \cdot 10^{-6}$	$1,58 \cdot 10^{-5}$
1500	$1,03 \cdot 10^{-2}$	$2,21 \cdot 10^{-2}$	$1,88 \cdot 10^{-2}$	$4,06 \cdot 10^{-2}$
2000	0,273	0,588	0,818	1,77
2500	1,98	3,98	7,08	15,80

Die ebenso für raumfahrttechnische als raketenflugtechnische Zwecke erwünschten allerhöchsten Auspuffgeschwindigkeiten, wie sie z. B. das entsprechend den stöchiometrischen Gesetzen zusammengesetzte Wasserstoff-Sauerstoffgemenge ergeben würde, erfahren durch die bei der Verbrennung auftretenden hohen Temperaturen infolge der Dissoziation sehr starke Verschiebungen.

Die Dissoziation läßt sich herabmindern:

1. Durch Anwendung entsprechend hoher Drücke (wobei die Temperatur jedoch gleichfalls etwas steigt).

2. Durch Verminderung der Gastemperatur, die sich durch Auswahl von Brennstoffen mit entsprechend niedrigen Verbrennungstemperaturen oder durch Beimischung nicht mitverbrennender Gase erreichen läßt. Wählt man überdies das überschüssige Gas entsprechend leicht (z. B. Wasserstoff), so fällt zugleich das spezifische Gewicht der Auspuffgase, und bei gleicher Druckenergie im Ofen steigt die Auspuffgeschwindigkeit mit der Wurzel der reziproken Dichteabnahme.

3. Ein sehr wirkungsvolles Mittel zur Beherrschung der Dissoziation hat man in der geeigneten Formgebung der Düse selbst in der Hand, da sich in ihr die Umsetzung von Druck und Temperatur in Geschwindigkeit weitgehend so leiten läßt, daß allenfalls vorhandene Dissoziation noch in der Düse wieder zurückgeht und die in ihr gebundene Energie daher auch wieder verfügbar wird. Besonders bei geringen Außendrücken ($p_a/p_0 < 1/100$) der bewegten Rakete werden die Gastemperaturen in der Düse nach der Beziehung

$$T = T_0 \left\{ 1 - \varphi^2 \left[1 - (p/p_0)^{\frac{\varkappa - 1}{\varkappa}} \right] \right\}$$

schon vor der Düsenmündung so gering, daß in entsprechend großen Düsenmündungen keine Dissoziationsgefahr mehr besteht.

Bei der Temperatur der rasch ansteigenden Wasserdampf-Dissoziation von etwa 3000° beträgt die gaskinetische Molekulargeschwindigkeit etwas über 2000 m/s und stellt nach Ansicht mancher Forscher die höchste Geschwindigkeit dar, die das nicht dissoziierte Gas erreichen kann. Temperaturen über 3000⁰ sind im Wasserdampf daher unmöglich, da er bei höheren Wärmegraden eben vollständig zerfällt.

Pirquet teilt den Verbrennungsvorgang des Knallgases in 10 gleiche Intervalle von je 10 % und findet, daß nach dem sechsten Intervall, also nach 60 proz. Verbrennung, die zulässige Grenztemperatur von $T = 3000^0$ erreicht wird, bei der die Dissoziation etwa 12 % des verbrannten Gases beträgt. Zur Verhinderung weiterer Temperatursteigerungen muß also in diesem Augenblick mit der Expansion begonnen werden, so daß sich die letzten 4 Verbrennungsintervalle nicht mehr im Ofen, sondern in der Düse abspielen. Die Expansion in der Düse muß dabei so geführt werden, daß im Laufe der restlichen Verbrennung die Temperatur konstant bleibt. Bei diesem isothermen Vorgang steigt die Geschwindigkeit, von Reibungsverlusten abgesehen, auf 3100 m/sec. Nach Abschluß dieser vollständigen Verbrennung beginnt anschließend an die bisher isotherme Expansion der adiabatische Vorgang, bei dem die Temperatur rasch sinkt, also auch die geringe vorhandene Dissoziation noch zurückgeht und die Ausströmungsgeschwindigkeit noch erheblich ansteigt.

An gleicher Stelle[1]) leitet Pirquet aus der Zeunerschen Formel eine Näherungsformel für die ideelle Ausströmungsgeschwindigkeit c_i bei adiabatischer Expansion ab:

$$c_i = 129 \sqrt{\frac{T_0}{\nu}} \sqrt{1 - \frac{T_a}{T_0}} \sqrt{\frac{\varkappa}{\varkappa - 1}}$$

bzw.

$$c_{max} = 129 \sqrt{\frac{\varkappa}{\varkappa - 1}} \sqrt{\frac{T}{\nu}}$$

bei Expansion auf den Druck Null, gültig für nicht allzu hohe Temperaturen, wobei hier unter T_0 die absolute Temperatur zu Beginn und T_a nach Abschluß der adiabatischen Expansion zu verstehen sind.

Mit Hilfe dieser Formel berechnet Pirquet dann die Einflüsse von Gasen, die den Verbrennungsgasen zur Dissoziationsverminderung beigemischt wurden und findet insbesondere für die Knallgasverbrennung mit Wasserstoffüberschuß:

Bei: $4 H_2 + O_2 = 2 H_2O + 2 H_2$; $\nu = 10$, $T_0 = 3100^0$
           $T_a = 1500^0$; $\varkappa = 1.24$; $c_i = 3600$ m/sec
           $T_a = 1000^0$; $\varkappa = 1{,}25$; $c_i = 4100$ m/sec.

Bei: $6 H_2 + O_2 = 2 H_2O + 4 H_2$; $\nu = 7{,}3$; $T_0 = 2600^0$
           $T_a = 1500^0$; $\varkappa = 1{,}26$; $c_i = 3800$ m/sec
           $T_a = 1000^0$; $\varkappa = 1{,}27$; $c_i = 4300$ m/sec.

Die Tatsache, daß diese Geschwindigkeiten die Molekulargeschwindigkeit des Anfangszustandes (für H_2O bei 3000⁰ etwa 2100 m/sec) über-

[1]) Ley, Die Möglichkeit der Weltraumfahrt.

schreiten, erklärt Pirquet allgemein unter Heranziehung der rotatorischen Molekulargeschwindigkeit, die er näherungsweise ansetzt zu

$$c_r = 102 \sqrt{\frac{\varkappa}{\varkappa - 1}} \sqrt{\frac{T}{\nu}}.$$

Ähnlich verwendet er für die translatorische Molekulargeschwindigkeit:

$$c_m \cdot 78 \sqrt{\frac{\varkappa}{\varkappa - 1}} \sqrt{\frac{T}{\nu}}.$$

Damit ergibt sich die kinetische Energie der ausströmenden Gase gleich dem Heizwert E, vermindert um die kinetische Energie bei den Molekulargeschwindigkeiten im Endzustand (nach der Expansion), also

$$c_i^2 = 2 g E - c_{ra}^2 - c_{ma}^2$$

(dabei sind die Molekulargeschwindigkeiten des unverbrannten Gases als vernachlässigbar angesehen). Für die reine Knallgasverbrennung mit adiabatischer Expansion und Abkühlung auf 1500⁰ abs. ergibt sich damit z. B.:

$$c_i = 4690 \text{ m/sec}.$$

In dem besonderen Fall der Knallgasverbrennung mit Wasserstoffüberschuß liefert die hohe Molekulargeschwindigkeit des Wasserstoffes (bei $T = 3000^0$, $c_m = 5650$ m/sec) eine weitere Erklärung der hohen Auspuffgeschwindigkeiten. Übrigens ist die Tatsache, daß ein Gas mit höherer Geschwindigkeit in ein Vakuum strömt, als seine translatorische Molekulargeschwindigkeit beträgt, aus den gasdynamischen Grundbeziehungen bekannt.

Ähnlich wie im Gebiet des nassen Dampfes sind auch im Dissoziationsgebiet die Gasgesetze nur bei teilweise dissoziierten Gasen ungültig, während sie bei gänzlicher Dissoziation mit den neuen Gaskonstanten natürlich wieder gelten.

Die genauere Behandlung der isothermen Gasströmung in der Düse bei teilweise dissoziierten Feuergasen ist ziemlich umständlich, da die Veränderlichkeit der spezifischen Wärmen mit der Temperatur beträchtlich ist und die Dissoziationstemperaturen selbst wieder außerordentlich vom Druck im Gasstrom abhängen, und zwar in dem Sinne, daß gegen die Düsenmündung zu die Dissoziationstemperaturen geringer werden. Auch bei der isothermen Gasströmung ergibt sich eine kritische Gasgeschwindigkeit und daher eine anfängliche Verengung und dann Erweiterung der Düse, mit einem Düsenhals als engstem Durchflußquerschnitt.

Die Dissoziation wirkt in dem Sinne, daß der Düsenwirkungsgrad einer gegebenen Düse kleiner ausfällt als bei dissoziationsfreier, adiabatischer Strömung, da die isotherme Strömung sehr große Teile der

Düse beansprucht, daher die Gasabkühlung durch adiabatische Expansionsströmung geringer wird.

Die Dissoziation verschwindet z. B. bei der Benzin-Sauerstoffverbrennung im stöchiometrischen Verhältnis erst nach einer Druckabsenkung unter etwa 1/400 des Ofendruckes, was einem Düsenöffnungsverhältnis von etwa $d/d' = 9$ entspricht.

Bei gegebener Düsenmündungsfläche und vorgeschriebenem Schub sind zur Erzielung gleichen Düsenwirkungsgrades wie bei dissoziationsfreier Strömung daher höhere Ofendrücke und engerer Düsenhals erforderlich.

1124. Die Formgebung der Düse.

Bei der Formgebung der Raketendüse sollen folgende Grundsätze besonders beachtet werden:

1. Als Querschnittsform kommt aus Festigkeitsrücksichten und wegen der kleinsten Oberfläche bei gegebenem Querschnitt zunächst die Kreisform in Frage.

2. Die Größe des Düsenhalsquerschnittes ist durch die Druckverhältnisse im Ofen und die von der Rakete geforderten Antriebskräfte gegeben. Über ihre Bestimmung siehe 141.

3. Die Formgebung der Düse zwischen Ofen und Düsenhals ist im einzelnen belanglos, wenn sie nur sorgfältig abgerundet wird und eine völlig stetige Gasströmung gestattet.

4. Die eigentliche Düse nach dem Düsenhals muß die in 1121. angegebene Kontinuitätsbedingung erfüllen.

5. Der Öffnungswinkel dieser Düse soll nicht größer als etwa 7⁰ bis 10⁰ sein, um Strömungsablösungen von der Düsenwand und damit Strömungsverluste zu vermeiden.

6. Da der Raketenmotor im Raketenflugzeug praktisch immer gegen den Außendruck Null arbeitet, sollen die Expansionsverhältnisse, also das Erweiterungsverhältnis der Düse, so groß als baulich durchführbar sein, um die Raketengase tunlichst abzukühlen und zu entspannen und die thermischen und Impulsverluste gering zu halten. Die Forderung nach großen Düsenmündungen führt mit Punkt 5 zu sehr langen Düsen.

7. Die Düsen sollen auch aus dem Grunde sehr lang sein, um dem in der Düse noch andauernden Verbrennungsvorgang Zeit zur Abwicklung zu lassen.

8. Bei der Formgebung soll auf die verschiedenen Zustände, die das Gas in der Düse durchläuft, Rücksicht genommen werden, besonders auf die anfänglichen Dissoziationserscheinungen (siehe diese). Die theoretisch zur höchsten Energieausbeute nötigen naßdampf-flüssigen und schließlich eisförmigen Zustände der Auspuffmassen am Düsenende

werden praktisch innerhalb der Düse nicht mehr erreichbar sein. Außerdem sind diese Zustände wegen der damit verbundenen großen Reibungsverluste nicht erwünscht.

9. Über die Zustandsgrößen der Raketengase in Abhängigkeit vom Düsenquerschnitt siehe Schaubild 4 in 1121.

Im übrigen dürfte bis zur Sammlung weiterer Erfahrungen eine rein kegelstumpfförmige Düsenform zwischen Düsenhals und Mündung schon wegen ihrer einfachen Herstellung zweckmäßig sein.

12. Wirkungsgrad des Raketenmotors. Allgemeines.

Die Wirkungsgradverhältnisse am reinen Raketentriebwerk sind denen des üblichen Flugzeugtriebwerkes qualitativ sehr ähnlich, entsprechend der sonstigen inneren Verwandtschaft des Raketenantriebes mit anderen Reaktionsantrieben.

Analog dem Wirkungsgrad des Explosionsmotors und der Übertragungsteile bis zur Luftschraube können wir auch an der Rakete einen »inneren« Wirkungsgrad annehmen, der in den praktischen Unvollkommenheiten der Anlage begründet ist und das Verhältnis der aus dem Motor gewonnenen Energie zur chemisch-thermischen Energie der aufgewendeten Brennstoffe darstellt.

Weiters arbeitet am Flugzeug die Luftschraube selbst mit einem »äußeren« Wirkungsgrad, der durch die Art der Umsetzung innerer Kräfte in äußere Triebkräfte mit Hilfe des Reaktionsprinzips bedingt ist, also nur zum geringsten Teil durch bauliche Unzulänglichkeiten entsteht, und dessen hervorstechendste Eigenschaft die Abhängigkeit von der Fluggeschwindigkeit darstellt. Diese Abhängigkeit besteht für die Luftschraube des Flugzeuges bekanntlich darin, daß der Wirkungsgrad der am ruhig stehenden Flugzeug laufenden Schraube hinsichtlich der für das Flugzeug nutzbaren Leistung Null ist, um mit zunehmender Flugzeuggeschwindigkeit gleichfalls zu wachsen und bei einer durch die Schraubenform bestimmten Fluggeschwindigkeit ein Maximum (von etwa 0,7 bis 0,8) zu erreichen und schließlich bei noch höheren Geschwindigkeiten wieder abzusinken.

Von diesem Gesichtspunkt betrachtet, kann der vielumstrittene Wirkungsgrad des Raketentriebwerkes keine wesentlich neuen begrifflichen Schwierigkeiten bereiten.

121. Innerer Wirkungsgrad.

Die wesentlichsten Ursachen des verhältnismäßig kleinen inneren Wirkungsgrades von etwa $\eta_i = 0{,}25$ bis $0{,}30$ der üblichen Flugzeugtriebwerke sind:

1. Chemische Verluste durch Unvollkommenheit der Verbrennung infolge schlechter Durchmischung, infolge Sauerstoffmangels usw., 2. Spülverluste, d. s. Brennstoffverluste infolge Durchspülens mit Frischgasen,	etwa 5% der gesamten, mit den Brennstoffen zugeführten chem. Energie.
3. Verluste durch den endlichen Zeitbedarf der Verbrennung, die nicht auf den Totpunkt der Kurbel beschränkt ist, 4. Wärmeverluste durch die Wandungen (Kühlung), 5. Verluste durch Gasundichtigkeiten von Kolben und Steuerung,	etwa 15% » »
6. Strömungsverluste beim Stoffwechselprozeß durch Leitungen, Mischvorrichtungen, Pumpen usw.,	etwa 5% » »
7. Reibungsverluste des ganzen Triebwerkes (Kolben, Kurbeltrieb, Welle, Steuerung, Untersetzung, Pumpenantrieb, Zündmaschinenantrieb usw.),	etwa 15% » »
8. Auspuffverluste durch unvollständige Entspannung und Abkühlung der Abgase	etwa 30% » »

zusammen also Verluste von   etwa 70%   »   »

woraus sich ein η_i von 0,30 erklärt.

Es ist zunächst von Interesse festzustellen, wie weit diese Verlustquellen auch am Raketenmotor zu erwarten sind.

Verluste 1. und 2. treten vermutlich in ähnlicher Höhe auch an Raketenmotoren auf. Sie dürften am geringsten an gut gemischten, kontinuierlich brennenden Pulverraketen und am größten an intermittierend arbeitenden Flüssigkeitsraketen werden und lassen sich durch entsprechende Ofentemperaturen und Drücke wahrscheinlich beschränken. Zur vollständigen Verbrennung sind ferner möglichst lange Düsen erforderlich, da sich der Verbrennungsvorgang auch in der Düse noch abspielt.

Verluste 3., 4. und 5. dagegen sind am Raketenmotor nicht zu erwarten. Für 3. und 5. folgt dies aus der Natur der Sache. Die Kühlverluste 4. sind nach Oberth völlig vernachlässigbar, einerseits wegen der Größe des Ofens und der Schnelligkeit der Strömung, andererseits deswegen, weil die an den als Kühlmittel verwendeten Kraftstoff abgegebene Wärme wieder in den Motor gelangt und die Wärmeabgabe des Kühlstoffes nach außen minimal oder sogar negativ ist. Letzteres ist bei allenfalls auftretender Erwärmung der Flugzeugwände durch den Fahrtwind bzw. jedenfalls bei Verwendung flüssiger Gase als Brenn- und Kühlstoffe, die begierig Wärme aus der Umgebung aufnehmen, zu erwarten.

Verlust 6. Strömungsverluste sind bei Pulverraketen nicht, wohl aber bei Flüssigkeitsraketen in ähnlichem Umfang wie an Explosionsmotoren zu erwarten. Von besonderer Bedeutung sind verhältnismäßig die Reibungsverluste des Gasstromes an den Düsenwänden, die sich besonders bei Modellversuchen mit kleinen Düsen auswirken. Diese Verluste werden mit zunehmenden Düsenabmessungen geringer, da die Reibungsflächen mit dem Quadrat der linearen Vergrößerung, die Gasmengen aber mit deren Kubus anwachsen und sind bei großen, gutgeformten Düsen verschwindend gering.

Verluste 7. beschränken sich auf den Antrieb der Pumpen und allenfalls Zündmaschinen, dürften also erheblich geringer anzuschlagen sein als am Explosionsmotor.

Insgesamt dürften am Raketenmotor mit flüssigen Brennstoffen aus den Quellen 1. bis 7. kaum größere Verluste als etwa 10 bis 15% zu fürchten sein.

Verlust 8. hat für Raketen ebenso ausschlaggebende Bedeutung wie für Explosionsmotoren derart, daß der innere Wirkungsgrad überwiegend durch Druck und Temperatur der Auspuffgase, d. h. durch die nicht in kinetische umgewandelte Energie bestimmt ist (siehe auch den Düsenwirkungsgrad in Abb. 4). Ziolkowsky erwartet bei vollkommener Verbrennung, guter Kühlung und genügender Länge der Auspuffdüse Endtemperaturen der O-H-Rakete von 300^0 bis 600^0 C. Die innere Temperaturhöchstgrenze ist dabei durch die Dissoziationstemperatur gegeben. Bei einem Höchstöffnungswinkel von etwa 10^0 der Düse ist die Expansion und damit die Endtemperatur eine reine Frage der Düsenlänge. Die Verluste in Hundertteilen der zugeführten chemischen Energie infolge der Abgastemperaturen betragen nach Ziolkowsky die Werte der Zahlentafel 9 in Abhängigkeit von der möglichen Expansion. Sie sind also bei Auspuff gegen Vakuum am geringsten zu erwarten. Wegen der aus baulichen Gründen beschränkten Größe der Düsenmündung ist mit geringeren Verlusten als etwa 15 bis 20% jedoch im Bewegungsbereich unseres Raketenflugzeuges vorläufig kaum zu rechnen. Damit ließe sich in sehr roher Näherung ein gesamter innerer Wirkungsgrad des Raketenmotors von etwa $\eta_i = 0,70$ einsehen, d. h. er wäre doppelt so hoch wie der Wirkungsgrad bester Explosionsmotoren.

Rein mechanisch stellt sich der innere Wirkungsgrad des Raketenmotors dar als das Ver-

Zahlentafel 9.

Expansion V_m/V_0	Verluste in %
1	100
6	50
36	25
216	13
1 300	5
7 800	3
46 800	1,6

hältnis der kinetischen Energie der ausströmenden Gase zum Heizwert E der für die Beschleunigung dieser Gase verwendeten Kraftstoffe, wofür man mit Hilfe der theoretischen Auspuffgeschwindigkeit c_{th} auch schreiben kann:

$$\eta_i = \frac{m\,c^2/2}{m\,c_{th}^2/2} = (c/c_{th})^2.$$

Der innere Wirkungsgrad ist also am anschaulichsten definiert als das Quadrat des Verhältnisses der wirklichen zur theoretischen Auspuffgeschwindigkeit.

Über die wirkliche Größe des inneren Wirkungsgrades liegen einige ernst zu nehmende Messungen vor, und zwar von Goddard und Oberth. Die Messungen des Amerikaners Goddard beziehen sich auf intermittierend arbeitende Pulverraketenmodelle mit gut gearbeiteten Stahldüsen von 8° Öffnungswinkel, 164,5 mm Düsenlänge und 26 mm größtem Düsendurchmesser und dürften nach seiner Meinung bei größeren Düsenabmessungen noch erheblich günstiger ausfallen. Einige Ergebnisse der Goddardschen Messungen gibt Zahlentafel 10.

Zahlentafel 10.

Kraftstoff	Heizwert E in 10^6 kgm/kg	Theor. Auspuffgeschw. c_{th} in m/sec	Gemess. Auspuffgeschw. c in m/sec	Innerer Wirkungsgrad η_i
Einfaches Pulver aus der Coston-Schiffsrakete . .	0,232	2350	1600	0,465
Pistolenpulver Nr. 3 der Dupont Powder Co.	0,415	2860	2290	0,644
Rauchl. Pulver »Infallible« der Hercules Powder Co.	0,528	3220	2434	0,572

Die Zahlen nähern sich dem aus der ballistischen Erfahrung bekannten durchschnittlichen inneren Wirkungsgrad eines Schusses von $\eta_i \cdot {}^2/_3$ recht gut.

Die aus theoretischen Gründen erwartete Zunahme des inneren Wirkungsgrades beim Auspuff gegen ein Vakuum konnte Goddard gleichfalls versuchsmäßig erreichen.

Von Oberth stammen Messungen an kontinuierlich arbeitenden Knallgasraketen-Modellen, die allerdings nur mit weit geringerem Aufwand ausgeführt wurden. Zahlentafel 11 gibt Werte der Oberthschen Messungen.

Zahlentafel 11.

Kraftstoff	Heizwert E in 10^6 kgm/kg	Theor. Auspuffgeschw. c_{th} in m/sec	Gemess. Auspuffgeschw. c in m/sec	Innerer Wirkungsgrad η_i
Benzinluftgemisch	—	2190	1700	0,604
1 G. T. Wasserstoff + 2 G. T. Sauerstoff . . .	1,03	4470	4000	0,803

Daraus läßt sich schließen, daß ein gesamter innerer Wirkungsgrad eines guten Raketenmotors einschließlich der Nebenapparate von etwa $\eta_i = 0{,}70$ erreichbar sein dürfte. Dieser Wert wird daher den weiteren Betrachtungen zugrunde gelegt.

122. Äußerer Wirkungsgrad. Allgemeines.

Das Wesen des äußeren Wirkungsgrades wird uns folgende Überlegung noch weiter verdeutlichen.

Da kinetische Energien und damit auch Leistungen durch die Größe von Geschwindigkeiten bestimmt sind, Geschwindigkeiten aber immer nur relativ zur Geschwindigkeit bestimmter Bezugspunkte angegeben werden, müssen in den folgenden Leistungsbetrachtungen alle Leistungen immer auf ein und denselben Punkt, z. B. den ruhenden Startplatz, bezogen werden, um nicht in die heillosesten Trugschlüsse zu geraten.

Betrachten wir ein mit konstanter Geschwindigkeit v (bezogen auf den ruhenden Startplatz) gegen den Luftwiderstand so anfliegendes Raketenflugzeug, daß die Triebkraft P der Rakete gleich dem Luftwiderstand W ist. Der Raketenmotor arbeitet gleichmäßig, d. h. er verbraucht in derselben Zeit eine immer gleiche Menge Kraftstoff vom Heizwert E und pufft dabei eine immer gleiche Gasmenge m mit der gleichbleibenden Geschwindigkeit c aus. Seine Leistung, bezogen auf einen in der bewegten Rakete festen Punkt ist dann konstant und gleich $E\,\eta_i = m\,c^2/2$.

Seine maßgebliche, auf den festen Startplatz bezogene und aus den relativ dazu in Bewegung befindlichen Kraftstoffen gewinnbare Leistung jedoch beträgt (siehe auch nächste Seite):

$$L = m\,c^2/2 + m\,v^2/2.$$

Die konstante Raketentriebkraft P beträgt:

$$P = m \cdot c/t,$$

worin t die zur Abstoßung der Masse m erforderliche Zeit ist.

Die für die Bewegung eines Körpers gegen einen Widerstand W mit konstanter Geschwindigkeit v erforderliche Transportleistung L' beträgt nach mechanischen Grundgesetzen:

$$L' = W \cdot v.$$

Wegen $W = P$ des stationären Fluges folgt $m\,c = L'/v$ und

$$L' = m \cdot c \cdot v.$$

Transportleistung L' und Motorleistung L werden im allgemeinen nicht von gleicher Größe sein, da sie gegeneinander schon durch $W = P$ festgelegt sind. Wir bezeichnen ihr Verhältnis als den äußeren Wirkungsgrad

η_a, da der Unterschied beider Leistungen als verlorene Energie gelten muß:

$$\eta_a = \frac{L'}{L} = \frac{m \cdot c \cdot v}{m\,c^2/2 + m\,v^2/2} = \frac{2\,v/c}{v^2/c^2 + 1}.$$

Wir kommen also zu einem von der Fluggeschwindigkeit abhängigen äußeren Wirkungsgrad des Reaktionsantriebes, der dem Landfahrzeug in diesem Sinne völlig fremd ist, jedoch, wie schon bemerkt, im Wesen bei allen anderen Reaktionsantrieben, wie Schiffsschrauben, Luftschrauben usw., auch auftritt. Seine tiefergehende Beachtung ist dort nicht von Bedeutung, da Schiffe, Flugzeuge usw. sich während des größten Zeitraumes ihrer Triebwerkstätigkeit mit konstanter Geschwindigkeit bewegen, so daß η_a dort praktisch konstant wird, wie man es von einem Wirkungsgrad gewöhnt ist. Beim Raketenflug dagegen ist gerade während eines Großteiles der Triebwerkstätigkeit die Fluggeschwindigkeit außerordentlich veränderlich. Daher ist es auch der äußere Wirkungsgrad des Triebwerkes.

Physikalisch läßt sich diese Veränderlichkeit einfach so erklären, daß die vom Motor aufgebrauchte Energie dazu benutzt wird, einerseits den Auspuffgasen und anderseits dem Flugzeug eine bestimmte Geschwindigkeit zu erteilen, d. h. die Energie teilt sich zwischen verlorener kinetischer Energie der Auspuffgase und gewonnener kinetischer Energie des Flugzeuges bzw. Widerstandsarbeit des Flugzeuges auf. Das Verhältnis beider Energieanteile ist eben mit der Fluggeschwindigkeit veränderlich und damit auch der äußere Wirkungsgrad.

Wir werden im folgenden einige Beziehungen des äußeren Wirkungsgrades bei den wichtigsten grundsätzlichen Flugzuständen des Raketenflugzeuges behandeln.

1221. Äußerer Wirkungsgrad beim Flug im schwerefreien, widerstandsfreien Feld.

Im schwerefreien, widerstandsfreien Feld ist zur Aufrechterhaltung des Bewegungszustandes keine Antriebsleistung nötig. Wirkt aber eine Antriebskraft auf das Flugzeug, so ist dessen Bewegung beschleunigt, und zwar gleichmäßig beschleunigt bei konstanter Triebkraft je Masseneinheit. Wegen der veränderlichen Fluggeschwindigkeit ist auch der äußere Wirkungsgrad immer veränderlich.

Nach Oberth und Noordung kann man etwa folgendermaßen überlegen:

Der höchste Wirkungsgrad wird dann erreicht, wenn die ausgestoßenen Massen den größtmöglichen Teil ihrer Energie an das Flugzeug abgegeben haben. Unter diesen Energien spielt nach entsprechender Abkühlung die Bewegungsenergie des Gasstromes die größte Rolle.

Bezieht man alle Bewegungsenergien (also Geschwindigkeiten) auf den Bewegungszustand des Startplatzes, so haben die Gasteile ihre kinetische Energie dann am vollständigsten verloren, wenn sie relativ zum Startplatz in Ruhe sind, also die Fluggeschwindigkeit gleich der Auspuffgeschwindigkeit ist. Der äußere Wirkungsgrad des Rückstoßvorganges beträgt dann Eins (100%), da theoretisch gar keine Energie verlorengeht. Bei größerer oder geringerer Fluggeschwindigkeit besitzen die Gasmassen noch einen Teil ihrer Fluggeschwindigkeit oder ihrer Auspuffgeschwindigkeit, die damit verbundene Bewegungsenergie geht für den Flugzeugantrieb verloren, der Wirkungsgrad wird kleiner.

Der äußere Wirkungsgrad ist also Null bei stehender Rakete, da die gesamte Energie der Gase mit diesen fortgetragen wird. Mit wachsender Geschwindigkeit wächst der äußere Wirkungsgrad, bis er sein Maximum Eins erreicht, wenn v gleich c ist, da dann die ausgepufften Gase hinter der Rakete in Ruhe sind, also alle Energie abgegeben haben. Bei noch größerem v wächst die Leistung scheinbar weiter, jedoch nur auf Grund der vorher im Brennstoff aufgestapelten kinetischen Energie. In Wahrheit sinkt der Wirkungsgrad, da dem Brennstoff beim Auspuffen nicht alle Bewegungsenergie entzogen wird.

Aus der Masseneinheit Brennstoff im bewegten Flugzeug können an Energie insgesamt gewonnen werden:

$$L_1 = c^2/2 + v^2/2$$

($c^2/2$ ..... gewinnbarer chem.-therm. Energiegehalt, $v^2/2$ ..... kinetischer Energiegehalt).

Nach dem Auspuff besitzen die Gase (außer ihrer bereits in η_i berücksichtigten Wärmeenergie) noch an kinetischer Energie:

$$L_2 = (v - c)^2/2.$$

Die Auspuffgase verlieren und die Rakete gewinnt daher an Energie:

$$L = L_1 - L_2 = v \cdot c.$$

Der Energiegewinn nimmt also mit der Fluggeschwindigkeit linear zu, wenn $c =$ konst. v und c sind dabei entgegengerichtet. Auf den Heizwert E des Brennstoffes bezogen, der die Basis aller Wirkungsgradbetrachtungen darstellt, ergibt sich also der Zusammenhang nach Abb. 5. Den Umstand, daß aus 1 kg Brennstoff eine weit größere Energiemenge (auf Kosten seiner kineti-

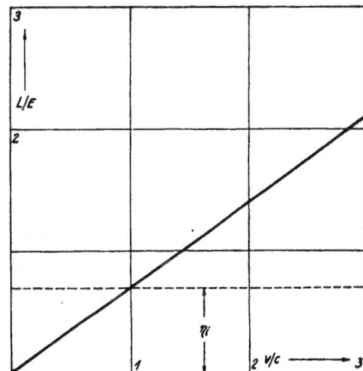

Abb. 5. Verhältnis der aus dem Brennstoff gewonnenen Energie L, zu dessen Heizwert E bei verschiedenen Fluggeschwindigkeiten v.

schen Energie) gewonnen werden kann, als seinem Heizwert entspricht, verdeutlicht Abb. 6. Der Verminderung seiner Geschwindigkeit um den Betrag c entspricht bei verschiedenen Fluggeschwindigkeiten eine ganz verschiedene Verminderung seiner kinetischen Energie.

Definiert man als den momentanen äußeren Wirkungsgrad η_a jenen Teil der gesamten kinetischen und thermischen Energie des Brenn-

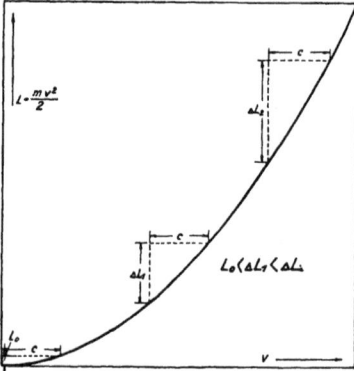

Abb. 6. Der Energieverlust bei Geschwindigkeitsverminderung um c.

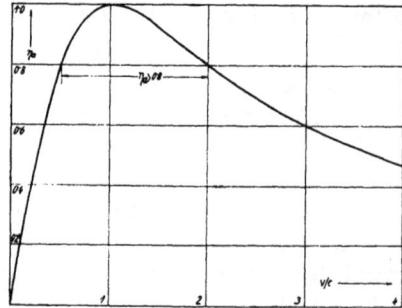

Abb. 7. Momentaner äußerer Wirkungsgrad des Raketentriebwerkes.

stoffes, der in einem bestimmten Augenblick der Rakete zugute kommt, so ergibt sich:

$$\eta_a = \frac{\text{gewonnene Energie}}{\text{aufgewendete Energie}} = \frac{L_1 - L_2}{L_1} = \frac{v \cdot c}{c^2/2 + v^2/2} = \frac{2\,v/c}{v^2/c^2 + 1}\,.$$

Den Verlauf dieser η_a-Kurve gibt Abb. 7. Der Wirkungsgrad beträgt also im Geschwindigkeitsbereich $v/c = 0{,}5$ bis $v/c = 2$ mehr als 0,8, ist also praktisch in sehr weiten Geschwindigkeitsgrenzen höher als der Wirkungsgrad einer Luftschraube. Bei sehr großen Geschwindigkeiten nähert er sich asymptotisch wieder dem Wert Null.

Noordung kommt in diesem Punkt zu etwas anderen Ergebnissen, die in seiner praktisch weniger durchsichtigen Definition des äußeren Wirkungsgrades bedingt sind. Er beschreibt ihn nämlich als das Verhältnis der Zunahme an kinetischer Energie der jeweils verbleibenden Brennstoff + Flugzeug-Masse zur aufgewendeten chemisch-thermischen Brennstoffenergie und kommt solcher Art bei $v/c > 2$ zu negativen Wirkungsgraden, da die Massenabnahme des Flugzeuges durch den Auspuff bei hohen Fluggeschwindigkeiten naturgemäß für die kinetische Energie des Gesamtsystems mehr ausgibt als die Geschwindigkeitszunahme. Insgesamt bedeutet der Auspuffvorgang dann tatsächlich trotz Vermehrung der Fluggeschwindigkeit einen Energieverlust für das Flugzeug, da ein Teil seiner mit bedeutender kinetischer Energie versehenen Masse abgestoßen wird. Wir können seine diesbezüglichen weiteren Folgerungen hier übergehen.

Der übernommene Oberthsche äußere Wirkungsgrad hat anderseits den Nachteil, daß die bei sehr hohen Geschwindigkeiten noch recht hoch erscheinenden η_a nur auf Kosten der früher aufgestapelten kinetischen Energie der Brennstoffe zustandekommen.

Die Bewegung des Flugzeuges im widerstands- und schwerefreien Feld ist, wie schon bemerkt, bei arbeitendem Motor eine beschleunigte, die auf einen festen Startpunkt bezogene Fluggeschwindigkeit ist also anfangs kleiner als die Auspuffgeschwindigkeit, wird später gleich dieser und übertrifft sie noch später. Demgemäß ist der äußere Wirkungsgrad anfangs klein, wächst dann, erreicht schließlich den Wert Eins, um nachher wieder abzufallen.

Für Wirtschaftlichkeitsbetrachtungen ist daher der mittlere äußere Wirkungsgrad $\eta_a^{(m)}$ in dieser Beschleunigungsperiode von Interesse.

$\eta_a^{(m)}$ ist also jener Teil der gesamten, vom Beginn der Bewegung an aufgebrachten Energie, der schließlich in Form von kinetischer Energie des bewegten Flugzeuges noch vorhanden ist. Für die gleichmäßig beschleunigte Bewegung der arbeitenden Rakete im vollkommen schwerefreien und widerstandsfreien Raum gilt der Schwerpunktsatz:

$$c \cdot dm + m \cdot dv = 0,$$

worin außer den bekannten Bezeichnungen dm die abgestoßene Masse, dv die Geschwindigkeitsänderung der verbleibenden Masse m infolge des Auspuffvorganges sind.

Durch Integration dieser Gleichung über m und v folgt, wenn während der Geschwindigkeitssteigerung der Rakete um v ihre Masse von m_0 auf m_1 abnimmt:

$$c (\ln m_0 - \ln m_1) = v$$

oder

$$m_0/m_1 = e^{v/c},$$

die sog. Grundgleichung der Raketentheorie, aus der unter den im Raketenflugwesen allerdings nicht genau zutreffenden Bewegungsvoraussetzungen dieses Abschnittes die jeweilige Raketengeschwindigkeit aus dem Massenverlust und der Auspuffgeschwindigkeit errechenbar sind. Dabei ist vorausgesetzt, daß der Raketenmotor mit so veränderlicher Leistung arbeitet, daß der Geschwindigkeitszuwachs der allmählich leichter werdenden Rakete in gleichen Zeiten immer derselbe ist. Wir finden damit:

$$\eta_a^{(m)} = \frac{\text{gewonnene Energie}}{\text{aufgewendete Energie}} =$$

$$= \frac{\text{kinetische Energie der Endmasse } m_1 \text{ bei der Endgeschw. } v_1}{\text{aus den Brennstoffen gewinnbare kinetische Energie}} =$$

$$= \frac{m_1 v_1^2/2}{(m_0 - m_1) c^2/2} = \frac{m_1 v_1^2/2}{m_1 (e^{v_1/c} - 1) c^2/2} = \frac{(v_1/c)^2}{e^{v_1/c} - 1}.$$

Der mittlere äußere Wirkungsgrad erreicht daher ein Maximum von $\eta_a^{(m)} = 0,647$ bei $v/c = 1,593$ und sinkt dann wieder ab. Den Verlauf des $\eta_a^{(m)}$ für verschiedene Endgeschwindigkeiten zeigt Abb. 8. Er ist

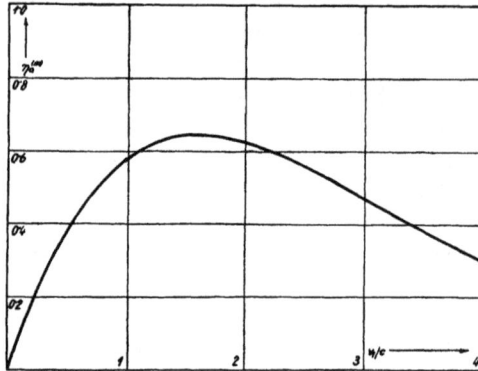

Abb. 8. Mittlerer äußerer Wirkungsgrad des Raketentriebwerkes über einer Periode konstanter Flugzeugbeschleunigung auf die Endgeschwindigkeit v_1.

auch für andere praktisch vorkommende Endgeschwindigkeiten verhältnismäßig hoch.

1222. Äußerer Wirkungsgrad beim Flug im widerstandsfreien Feld gegen eine Schwerkraft.

Im widerstandsfreien Schwerkraftfeld ist zur Aufrechterhaltung des Bewegungszustandes Antriebsleistung nötig. Eine konstante Antriebsleistung führt daher zu anderen Beschleunigungen des Flugzeuges als im schwerefreien Feld. Insbesondere kann ein konstanter Antrieb von solcher Größe dem Schwerefeld gerade entgegenwirken, daß die Feldbeschleunigung kompensiert wird und das Flugzeug sich so verhält wie ein nicht angetriebenes im schwerefreien Feld. In diesem Fall führt also die konstante Antriebsleistung zu keiner Vermehrung der Flugzeugenergie, der äußere Wirkungsgrad ist dauernd Null. Jedes Mehr an Antrieb dagegen wirkt dann so, als ob sich das Flugzeug im schwerefreien Feld nur unter dem Einfluß dieses Mehrantriebes allein bewegen würde.

Die grundsätzliche Richtigkeit dieses letzten Satzes ergibt sich unter anderem aus folgender Überlegung:

Schwebt das Flugzeug im Schwerefeld in Ruhe, nur durch die Raketenwirkung gegen die Schwerkräfte gehalten, so muß in jeder Sekunde

$$m \cdot c/t = M \cdot g \cdot \cos \varphi$$

sein, wo $g \cdot \cos \varphi$ die in der untersuchten Richtung wirkende Beschleunigungskomponente des Schwerefeldes ist. Der dazu senkrechten Beschleunigungskomponente denken wir uns aus irgendeiner, hier nicht interessierenden Ursache das Gleichgewicht gehalten, so daß diese uns weiterhin gar nicht zu beschäftigen braucht.

Die bei diesem Vorgang von der Rakete umgesetzte Energie

$$E = m\, c^2/2$$

geht vollständig mit den Gasen ab. Der äußere Wirkungsgrad des Vorganges ist Null. Denken wir uns nun das in ganz gleicher Weise wie bisher durch die Raketenwirkung gegen die fragliche Schwerkraftkomponente im Gleichgewicht gehaltene Flugzeug nicht in Ruhe, sondern aus irgendeiner einmaligen Ursache in gleichförmiger Bewegung mit der konstanten Geschwindigkeit v entgegen der betrachteten Schwerkraftkomponente bewegt. Genau wie früher ist in jeder Sekunde

$$m \cdot c/t = M \cdot g \cdot \cos \varphi.$$

Hingegen findet die Energieumsetzung jetzt in etwas anderer Form statt. Die aus dem Gas gewinnbare Energie besteht jetzt aus der kinetischen Komponente $m v^2/2$ und der chemisch-thermischen Komponente $m c^2/2$. Nach dem Auspuff besitzt das Raketengas an kinetischer Energie:

$$L_2 = \frac{m}{2}\, (v - c)^2.$$

Der Unterschied beider Energien muß dem Flugzeug zugute gekommen sein:

$$L_1 - L_2 = m v^2/2 + m c^2/2 - m (v - c)^2/2 = + m \cdot c \cdot v.$$

Entgegen dem Schwerefeld hat das Flugzeug in der Sekunde an potentieller Energie gewonnen:

$$L_3 = M \cdot g \cdot \cos \varphi \cdot v = + m \cdot c \cdot v.$$

D. h. die zur Deckung der Hubarbeit erforderliche Energie wurde von den Auspuffgasen tatsächlich an das Flugzeug abgegeben, dieses bewegt sich also tatsächlich so, als ob es in einem schwerefreien Feld schweben würde.

Es bleiben daher alle in 1221. gefundenen Beziehungen gültig, wenn man sie mit einem auch von Scherschefsky in ähnlichem Zusammenhang angegebenen Korrekturglied von der Größe

$$\eta_g = \left(1 - \frac{g \cos \varphi}{b}\right)$$

versieht. Darin ist $g \cdot \cos \varphi$ die in die Flugrichtung fallende Komponente der Schwerebeschleunigung, b aber die aus der gesamten Triebkraft P folgende ideelle Flugzeugbeschleunigung $b = P/M$, die sich von der wirklichen Flugzeugbeschleunigung um die konstante Feldbeschleunigung $g \cdot \cos \varphi$ unterscheidet.

Die Entstehung dieses Korrekturgliedes für die widerstandsfreie Bewegung im Schwerefeld kann man sich etwa folgendermaßen vorstellen:

Die aus der Rakete in jeder Sekunde gewonnene Energie beträgt insgesamt $m \cdot c \cdot v$. Von der zur Kompensation des Schwerefeldes ausgestoßenen Masse m_1 kommt der Rakete an Energie zugute $m_1 \cdot c \cdot v$. Die Größe dieser Masse m_1 folgt aus der Bedingung $m_1 \cdot c/t = M \cdot g \cdot \cos \varphi$ zu $m_1 = M \cdot g \cdot \cos \varphi \cdot t/c$. Von der je Sekunde gewonnenen gesamten Energie entfällt daher auf die Feldkompensation $m_1 \cdot c \cdot v = M \cdot g \cdot \cos \bar{\varphi}/c \cdot c \cdot v = M \cdot g \cos \bar{\varphi} \cdot v$. Der zur Flugzeugbeschleunigung erforderliche zweite Auspuffanteil $m_2 = m - m_1$ ergibt sich aus $m_2 \cdot c = M (b - g \cdot \cos \bar{\varphi})$. Damit wird $M = m \cdot c/b$.

Die zur Flugzeugbeschleunigung verfügbare Energie beträgt daher $m \cdot c \cdot v - M \cdot g \cdot \cos \varphi \cdot v = m \cdot c \cdot v (1 - g \cdot \cos \varphi/b)$.

Der Anteil der nutzbaren Beschleunigungsenergie an der gesamten gewonnenen Energie beträgt daher:

$$\eta_g = \frac{m \cdot c \cdot v (1 - g \cos \varphi/b)}{m \cdot c \cdot v} = (1 - g \cos \bar{\varphi}/b),$$

wie oben angegeben.

Wenn dieser Anteil für jeden Augenblick gilt, so gilt er auch während der ganzen Beschleunigungsperiode, wenn $g \cdot \cos \bar{\varphi}/b$ während dieser konstant war, η_g gilt daher als Korrekturglied sowohl für η_a als auch für $\eta_a^{(m)}$.

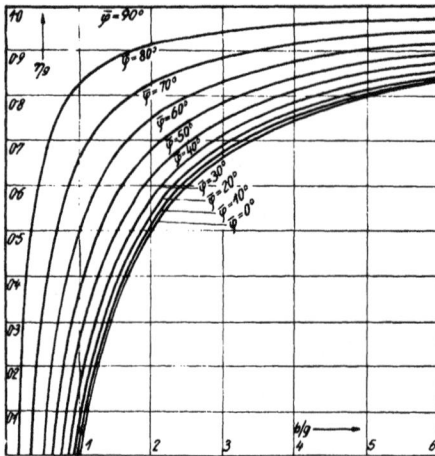

Abb. 9. Korrekturfaktor η_g zum äußeren Wirkungsgrad des Raketentriebwerkes beim Flug gegen eine Schwerkraft.

Der Verlauf dieses Korrekturgliedes in Abhängigkeit von b/g und $\cos \varphi$ ist in Abb. 9 dargestellt. Man sieht, daß es für $b/g \cos \bar{\varphi} = 1$ zu Null wird, der Raketenmotor erhält dann eben das Flugzeug gerade gegen die Schwerkraftwirkung im Gleichgewicht, ohne es trotz großem Energieaufwand zu beschleunigen. Mit wachsendem $g \cdot \cos \bar{\varphi}/b$ wird η_g größer und erreicht seinen Größtwert Eins mit $\cos \varphi = 0$, also $= \bar{\varphi} = \pi/2$ (Flug senkrecht zur Lotrichtung des Schwerefeldes) und andererseits bei $\varphi = 0$ mit dem durch biologische Gründe bestimmten Grenzwert von etwa $b \cdot 6 \cdot g$ mit $\eta_g = 0,833$.

Die Bewegung senkrecht zur Flugzeugachse ist für diese Überlegungen belanglos.

1223. Äußerer Wirkungsgrad beim Flug im schwerefreien Feld gegen einen Widerstand.

Die Verhältnisse liegen hier in gewissem Sinne ähnlich wie in 1222. Genau wie dort ist ein Teil der Triebkraft dazu nötig, um den (Luft-) Widerstand zu überwinden und den einmal vorhandenen Bewegungszustand aufrechtzuerhalten. Die überschüssige Triebkraft kann dann im Sinne von 1221. zur Beschleunigung des Flugzeuges verwendet werden. Besonders bedeutungsvoll für die weiteren Untersuchungen ist der Umstand, daß der Luftwiderstand W, wie in 3. noch näher zu erkennen sein wird, durch entsprechende Führung der Flugbahnen während der Beschleunigungsperiode als konstante, von der Fluggeschwindigkeit unabhängige Größe betrachtet werden darf. Daher ist auch der zur Überwindung des Luftwiderstandes erforderliche Triebkraftanteil konstant.

Die je Sekunde ausgestoßene Gasmasse m teilt sich ihrer Verwendung nach im allgemeinsten Fall in drei Teile:

$$m = m_1 + m_2 + m_3.$$

wovon m_1 zur Kompensierung einer Schwerkraftkomponente dient, m_2 der Flugzeugbeschleunigung geopfert wird und m_3 zur Überwindung des Luftwiderstandes Verwendung findet. In den folgenden Betrachtungen interessiert uns nur der Anteil $(m_2 + m_3) = m'$.

Während wir aber m_1 und die damit verbundene Energie als für das Flugzeug verlorene Leistung betrachten mußten, sind sowohl Beschleunigungsarbeit als auch Widerstandsarbeit im Sinne der Transportaufgabe nützliche Arbeiten. Man kann daher aus diesen Ursachen im allgemeinen nicht mehr von einem neuen Wirkungsgrad sprechen, sondern höchstens auseinanderhalten, welcher Teil der in der Zeiteinheit der Rakete zugute kommenden Energie als Beschleunigungs- und welcher als Widerstandsarbeit verbraucht wird.

Am einfachsten liegt der gleichzeitig praktisch wichtigste Fall des gleichförmigen Fluges, der den gewöhnlichen Reiseflug darstellen könnte. Die Geschwindigkeit v bleibt stets gleich. Damit ist auch die nach dem augenblicklichen Wirkungsgrad:

$$\eta_a = \frac{2\,v/c}{v^2/c^2 + 1}$$

aus 1221. dem Flugzeug zugute kommende Leistung konstant und wird gänzlich zur Luftwiderstandsüberwindung verwendet.

Wegen $v =$ konst. wird auch $\eta_a =$ konst. $= \eta_a^{(m)}$. Die Beschleunigungsarbeit wird Null, und die gesamte nach η_a dem Flugzeug nutzbare Energie wird zur Aufrechterhaltung der konstanten Reisegeschwindigkeit durch Überwindung des Luftwiderstandes verwendet.

Hier ist der äußere Wirkungsgrad also unmittelbar mit dem Wirkungsgrad der üblichen Luftschraube vergleichbar. Es gelten die unter 122. und 1221. für η_a abgeleiteten Beziehungen, insbesondere daß der Wirkungsgrad für $v/c = 1$ den Wert $\eta_a = 1$ besitzt, daß er im Fluggeschwindigkeitsbereich $v/c = 0,5$ bis $v/c = 2$ immer noch größer als $\eta_a = 0,8$, also größer als der einer guten Luftschraube bleibt, und daß er erst außerhalb des Fluggeschwindigkeitsbereiches $v/c = 0,27$ bis $v/c = 3,75$ auf die praktisch nicht mehr diskutablen Werte unter $\eta_a = 0,5$ fällt (siehe Abb. 7 in 1221.).

Da die praktisch vorkommenden Auspuffgeschwindigkeiten etwa zwischen $c = 1000$ m/sec und $c = 4000$ m/sec liegen (je nach der durch die Energie E einer Kraftstoffeinheit auszupuffenden Gasmasse m, nach der Beziehung $c = \sqrt{2 E \eta_i/m}$), bedeutet dies die Möglichkeit, den Raketenmotor als hochwirtschaftliches Dauertriebwerk für Fluggeschwindigkeiten zwischen etwa 270 m/sec und 15000 m/sec benützen zu können, wobei der Gesamtwirkungsgrad η des Triebwerkes größer als $\eta = 0,35$, also weit größer als der des üblichen Flugzeugtriebwerkes (mit etwa $\eta = 0,25$) bleibt.

Beachtet man, daß heute vielfach eine Fluggeschwindigkeit von 270 m/sec ($\stackrel{\cdot}{=} 1000$ km/h) als kaum überschreitbare Höchstgeschwindigkeitsgrenze der mit üblichem Triebwerk ausgerüsteten Rennflugzeuge betrachtet wird, so scheint der Umstand, daß der Geschwindigkeitsbereich guten Wirkungsgrades beim Raketentriebwerk mit diesen Geschwindigkeiten gerade erst beginnt, sehr erfreulich und bedeutungsvoll.

Der zweite praktisch wichtige Fall der Flugbewegung mit Raketenwirkung ist der beschleunigte Flug, der am Anfang der Flugbahn während der Beschleunigungsperiode bis zur Erreichung der vollen Reisegeschwindigkeit herrscht und wegen des sehr hohen Brennstoffverbrauchs in dieser Periode höchster Motortätigkeit von erheblicher Bedeutung ist. Da das angestrebte Ziel in der relativ kurzen Beschleunigungsperiode nicht die Zurücklegung eines bestimmten Weges, sondern die Beschleunigung des Flugzeuges auf eine bestimmte Endgeschwindigkeit v_1 ist, muß hier jeder für andere Zwecke verbrauchte Energieaufwand, also auch die Luftwiderstandsarbeit, im Hinblick auf den Zweck des Vorganges als verlorene Energie gelten.

In diesem Sinne muß der in 1221. angegebene mittlere Wirkungsgrad $\eta_a^{(m)}$ der Beschleunigungsperiode bei der Beschleunigung in einem schwerefreien Feld mit konstantem Mediumwiderstand W mit einem Korrekturglied versehen werden von der Größe:

$$\eta_w = \left(1 - \frac{W}{P'}\right),$$

worin P' die Triebkraft der Rakete $P' = m' \cdot c$ darstellt. Die Entstehung dieses Korrekturgliedes kann man sich etwa so vorstellen:

Von der aus der Rakete in jeder Sekunde gewonnenen Energie $m' \cdot c \cdot v$ wird zur Überwindung des Luftwiderstandes der Teil $m_2 \cdot c \cdot v = W \cdot v$ verwendet.

Die restliche, für die Flugzeugbeschleunigung verfügbare und hier als allein nutzbar betrachtete Energie beträgt somit $m' \cdot c \cdot v - W \cdot v = v(m' \cdot c - W)$.

Der Anteil dieser Beschleunigungsenergie an der Gesamtenergie $m' \cdot c \cdot v$ beträgt daher

$$\eta_w = \frac{v(m'c - W)}{m' \cdot c \cdot v} = 1 - \frac{W}{m'c} = \left(1 - \frac{W}{P'}\right),$$

worin P' die aus m' folgende Triebkraft der Rakete bedeutet.

Die anderen Flugbewegungen des Raketenflugzeuges mit Raketenwirkung haben energetisch nur geringe Bedeutung.

123. Gesamter Wirkungsgrad.

Der gesamte Wirkungsgrad η des Triebwerkes zerfällt nach dem bisher Gesagten in den inneren Wirkungsgrad η_i und den äußeren Wirkungsgrad η_a.

Der innere Wirkungsgrad η_i ist vom Bewegungszustand des Raketenflugzeuges praktisch unabhängig und stellt eine feste Wertungsziffer der Güte des Raketenmotors dar. Er ist seinem Wesen nach mit dem Wirkungsgrad des Explosionsmotors vergleichbar, doch erreicht er erheblich günstigere Werte als jener. Vorläufig wird man für Rechnungen den Festwert

$$\eta_i = 0{,}7$$

annehmen dürfen.

Der äußere Wirkungsgrad dagegen ist kein Festwert, sondern hängt in allerhöchstem Maße von dem Bewegungszustand des Flugzeuges, insbesondere aber von der Fluggeschwindigkeit ab. Z. B. ist der äußere Wirkungsgrad des Transportes für ein Raketentriebwerk, das mit gleichbleibender Geschwindigkeit v gegen einen Mediumwiderstand von der Intensität W anfliegt, konstant und beträgt:

$$\eta_a = \frac{2v/c}{v^2/c^2 + 1}.$$

Erfolgt der Flug mit konstanter Geschwindigkeit außerdem noch gegen ein Schwerefeld von der Intensität $g \cdot \cos \bar{\varphi}$, so beträgt der konstante Wirkungsgrad

$$\eta_{ag} = \eta_a \cdot \eta_g = \frac{2v/c}{v^2/c^2 + 1}(1 - g \cos \varphi/b).$$

Ist die Geschwindigkeit v veränderlich, so ist es auch der Wirkungsgrad, und man kann dann zunächst nur mehr von einem augenblicklichen Wirkungsgrad sprechen. Von praktisch größerer Bedeutung ist der mittlere äußere Wirkungsgrad über eine größere Spanne des Fluges mit veränderlicher Geschwindigkeit v. Dieser mittlere Wirkungsgrad ist z. B. für den konstant beschleunigten Flug im schwerefreien und widerstandsfreien Raum

$$\eta_a^{(m)} = \frac{(v/c)^2}{e^{v/c} - 1},$$

worin v die jeweils erreichte Fluggeschwindigkeit ist.

Bei dem durch Raketenwirkung konstant beschleunigten Flug gegen ein Schwerefeld von der Intensität $g \cdot \cos \bar{\varphi}$ beträgt der mittlere äußere Wirkungsgrad der Beschleunigung

$$\eta_{ag}^{(m)} = \eta_a^{(m)} \cdot \eta_g = \frac{(v/c)^2}{e^{v/c} - 1} \, (1 - g \cos \varphi /b).$$

Führt der beschleunigte Flug außerdem noch gegen einen konstanten Mediumwiderstand von der Intensität W, so beträgt der Wirkungsgrad der Beschleunigung

$$\eta_{agw}^{(m)} = \eta_a^{(m)} \cdot \eta_g \cdot \eta_w = \frac{(v/c)^2}{e^{v/c} - 1} \, (1 - g \cos \varphi /b) \left(1 - \frac{W}{P'}\right).$$

Zur Erreichung des gesamten, auf den Heizwert der Kraftstoffe bezogenen Wirkungsgrades η braucht man die äußeren Wirkungsgrade der einzelnen Flugfälle nur mit η_i zu multiplizieren.

Der Einfluß etwaiger, aus der umgebenden Atmosphäre entnommener Stützmassen auf den Gesamtwirkungsgrad ist durch die Einführung des jeweils richtigen c nach der Beziehung $c = \sqrt{2 E \eta_i / m}$ in allen Gleichungen implizit enthalten.

Zu E rechnet dabei gegebenenfalls auch die adiabatische Kompressionsenergie aufgenommener Luftmassen, nicht aber deren kinetische Energie.

13. Die Kraftstoffe.

131. Die Anforderungen an den Kraftstoff.

Von grundsätzlicher Bedeutung unter den an einen Raketenkraftstoff zu stellenden Anforderungen sind gewisse physikalische und chemische Eigenschaften, an ihrer Spitze der Heizwert, die aus 1 kg Kraftstoff gewinnbare Energiemenge. Mit dem Heizwert steigt im allgemeinen und besonders in der Flugtechnik der Wert des Kraftstoffes, in der Raketenflugtechnik allerdings mit einer gewissen, vorläufig aber nur theoretisch bedeutungsvollen Einschränkung. Aus dem Heizwert E und der Auspuffmasse m ergibt sich bekanntlich die Auspuffgeschwindigkeit $c = \sqrt{1{,}4\, E/m}$, die zur Erzielung eines guten äußeren Wirkungsgrades von der Größenordnung der angestrebten Fluggeschwindigkeit sein muß. Stehen nun nur beschränkte Auspuffmassen zu Gebote, allenfalls nur die Masse des Kraftstoffes selbst, so werden bei sehr hohen Heizwerten die Auspuffgeschwindigkeiten so hohe, daß der äußere Wirkungsgrad stark sinkt und unter Umständen aus einem Kraftstoff von geringerem Heizwert mehr dem Flugzeug zugute kommende Energie gewonnen werden kann. Es wird bei der Wahl des Kraftstoffes also dessen Heizwert mit der beabsichtigten Fluggeschwindigkeit und der verfügbaren Auspuffmasse in Einklang zu bringen sein. Bei den in der Raketenflugtechnik angestrebten sehr hohen Fluggeschwindigkeiten und den vorläufig allein in Frage kommenden beschränkten chemisch-thermischen Energien der verfügbaren Kraftstoffe hat diese Einschränkung vorerst keine praktische Bedeutung.

Ein weiterer Umstand ist die Notwendigkeit, den Kraftstoff auf gefahrlose und einfache Weise, ohne kostspielige, gewichtige und verwickelte Einrichtungen im Flugzeug stapeln und verwenden zu können. Es ist hier besonders an die fatalen Eigenschaften flüssiger Gase, an den chemischen Angriff mancher Kraftstoffe und Auspuffgase auf die Behälter-, Leitungs- und Düsenwände, an die Explosionsgefahr vieler Kraftstoffe usw. gedacht.

Zu den beachtenswerten physikalischen Eigenschaften zählt weiters auch das Kühlvermögen der Kraftstoffe, das ist die Fähigkeit, einen gewissen Prozentsatz der Heizwertenergie beim Übergang vom Temperatur- und Aggregatzustand im Tank zu den Zuständen der Verwendungsbereitschaft aufnehmen zu können. Die Wärmemenge, um Benzin von 0^{0} C auf 100^{0} C zu erwärmen und dann zu verdampfen, beträgt unter normalen Verhältnissen etwa 1,4% des Heizwertes. Zur Verdampfung von 1 kg flüssigem Wasserstoff von -253^{0} C und Erwärmung auf die auf atmosphärischen Druck nach der Beziehung $T_1 = T_0 \, (1/p_0)^{\frac{\varkappa-1}{\varkappa}}$ reduzierte Temperatur T_1 bedarf es nach Oberth einer Wärmemenge von 3,4 $(T_1 + 12)$ kcal. Für flüssigen Sauerstoff von -183^{0} C ist diese Zahl 0,218 $(T_1 + 144)$ kcal; für flüssigen Stickstoff von $-195{,}7^{0}$ C beträgt sie 0,244 $(T_1 + 121)$. Dieses Kühlvermögen ist deshalb von Bedeutung, weil am Raketenmotor statt einer besonderen Kühlflüssigkeit, die die Wärmeverluste durch die Ofen- und Düsenwandungen an die Außenluft ableitet, möglicherweise der Kraftstoff selbst zur Kühlung benützt werden muß. Im üblichen Sinn der Kühlflüssigkeit zur Wandkühlung sind die flüssigen Gase allerdings ungeeignet, da sie im Tankzustand sieden, also vor der Verdampfung keine Wärmeaufnahmefähigkeit besitzen.

Außer diesen und weiteren physikalisch-chemischen Eigenschaften, die als gegebene, unveränderliche Tatsachen hinzunehmen sind, spielen auch eine Reihe mehr veränderlicher, wirtschaftlicher Eigenschaften unter den Anforderungen an die Raketenkraftstoffe eine Rolle. Eben wegen ihrer möglichen Veränderlichkeit kann ihnen bei der Kraftstoffwahl zunächst keine so ausschlaggebende Rolle beigemessen werden, wie den erstgenannten Eigenschaften.

Hierher gehört vor allem der Preis des Kraftstoffes je Heizwerteinheit, etwa in RM./10000 kcal. Natürlich schneiden in dieser Hinsicht augenblicklich die handelsüblichen Kraftstoffe Benzin, Petroleum, Schweröl usw. am besten, die hochwertigen flüssigen Gase aber am schlechtesten ab. Doch könnten sich diese Verhältnisse bei ausgedehnter Verwendung flüssiger Gase nicht unerheblich zu deren Gunsten verschieben. Abgesehen von der volkswirtschaftlichen Bedeutung des Ersatzes von z. B. Benzin durch Wasserstoff, läßt sich ein durchaus diskutabler Preis des letzteren bei seiner Erzeugung auf elektrolytischem Wege aus 11,63 kWh billigem Wasserkraftstrom je 10000 kcal (0,34 kg Wasserstoff) ohne weiteres erwarten.

Ähnlich liegen die Verhältnisse mit der Erhältlichkeit des Kraftstoffes an den als Landehäfen in Frage kommenden Plätzen der Erde, in welcher Hinsicht das Benzin vorläufig gleichfalls in erster Reihe steht. Da als Raketenlandeplätze aber eben nur sehr wenige Erdpunkte in Frage kommen, würde sich an diesen die Bereitstellung jedes Raketenkraftstoffes unschwer organisieren lassen.

132. Die selbständigen Kraftstoffe.

Zu den selbständigen Kraftstoffen, die zur Energieabgabe keiner weiteren Hilfsstoffe, wie etwa Sauerstoff, Luft usw., bedürfen, gehören vor allem die Spreng- und Schießstoffe und weiters einige besonders als Zukunftskraftstoffe gepriesene, wie Atomzerfallsenergie, Energie des atomaren Wasserstoffes usw., ferner gehören hierher in gewissem Sinne die übrigen »Elektronen-Raketenpläne«, die größtenteils auf der Ausstoßung kleiner Massen mit sehr hoher, bis zu Lichtgeschwindigkeit auf elektrischem Weg aufgebaut sind. Die dazu erforderliche Energie wird bei den meisten Projekten irgendwie der unmittelbaren Sonnenstrahlung entnommen, so daß sie von vornherein zunächst für die Zwecke der Raketenflugtechnik nicht weiter in Frage kommen. Die mit derartig energiereichen Kraftstoffen verbundenen phantastischen Auspuffgeschwindigkeiten sind aber außerdem auch gar nicht anstrebenswert, denn bei einer höchstmöglichen Raketenfluggeschwindigkeit von etwa 8000 m/sec und einer Auspuffgeschwindigkeit etwa der Kathodenstrahlen oder der α-Strahlen von 10^8 m/sec ergibt sich der wenig ermunternde äußere Wirkungsgrad des Raketenantriebes von $\eta_a = 0{,}00016$. Mit solcher Energieverschwendung würde sich ein wirtschaftlicher Raketenflug aber wohl auch dann nicht rechtfertigen lassen, wenn die durch die Solarkonstante oder den Atomzerfall gegebenen unerschöpflichen Energiequellen zur Verfügung stünden. Könnte man durch die hohen Energien auch entsprechend große Auspuffmassen mit weit geringerer Auspuffgeschwindigkeit in Bewegung setzen, wie es Oberth z. B. mit seiner auf dem Prinzip des elektrischen Windes beruhenden Elektronen-Rakete plant, so ergäben sich unter Umständen durchaus diskutable Verhältnisse.

Einen für den Raketenflug geradezu idealen Kraftstoff ergäbe dagegen der atomare Wasserstoff bei seiner Assoziation zu molekularem Wasserstoff. Die dabei gewinnbare Energie (nach Bichowsky-Capeland 52 500 kcal/kg)[1] führt ganz ohne Stützmassen zu Auspuffgeschwindigkeiten von etwas über 20 000 m/sec, die an sich noch zu sehr guten äußeren Wirkungsgraden ausreichen würden und sich durch geringfügige Stützmassen noch feiner regeln ließen. Vorläufig ist die Nutzbarmachung der atomaren Wasserstoffenergie noch ein ungelöstes Problem.

Die Schieß- und Sprengmittel erhalten ihren für unsere Zwecke wesentlichsten Vorzug, die Unabhängigkeit vom Vorhandensein sauerstoffhaltiger Hilfsstoffe dadurch, daß der zur Verbrennung nötige Sauerstoff entweder den Brennstoffen (z. B. Kohlenstoff, Schwefel) in Form von Sauerstoffträgern (z. B. Salpeter) beigemischt ist, oder sie enthalten den Sauerstoff sogar innerhalb ihrer meist sehr kompliziert und labil zusammengesetzen Moleküle selbst, wie z. B. Nitroglyzerin, Nitrozellulose usw. Allen ist ein verhältnismäßig geringer Heizwert und den meisten, besonders den hochwertigsten, hohe Neigung zum Explodieren gemeinsam. Aus den letzteren Gründen haben sie für bemannte Raketenflugzeuge keine ernstliche Bedeutung.

Zusammenfassend läßt sich sagen, daß die — in Zahlentafel 14 zusammengestellten — selbständigen Kraftstoffe für den Betrieb von Raketenflugzeugen unter den augenblicklichen Verhältnissen nicht in Frage kommen.

133. Die unselbständigen Kraftstoffe (Brennstoffe).

Die unselbständigen Kraftstoffe sind aus sich selbst heraus nicht imstande, Energie abzugeben. Sie bedürfen dazu noch eines weiteren Hilfsstoffes, in der Regel des Sauerstoffes. Die Energieabgabe erfolgt in diesem Fall durch Oxydation.

Die in Frage kommenden unselbständigen Kraftstoffe sind praktisch ausschließlich Wasserstoff und Kohlenstoff sowie deren chemische Ver-

---

[1] F. R. Bichowsky, L. C. Capeland. Journ. of the Amer. chem. Soc. 50, 315, 1928.

bindungen, die sich sämtliche durch einen sehr hohen Heizwert auszeichnen. Dieser Heizwert ist durch den ihrer Grundsubstanzen, Wasserstoff und Kohlenstoff gegeben und schwankt daher zwischen $12{,}20 \cdot 10^6$ kgm/kg und $3{,}48 \cdot 10^6$ kgm/kg, wie die Brennstofftafel 15 zeigt, je nach dem prozentualen Anteil von Wasserstoff bzw. Kohlenstoff am Gesamtgewicht. Also haben wasserstoffreiche Brennstoffe (z. B. CH_4) höhere Heizwerte als kohlenstoffreiche (z. B. C_6H_6).

An erster Stelle steht demgemäß der Wasserstoff selbst, der denn auch den Raketentechnikern größtenteils als bester Kraftstoff vorschwebt. Indessen besitzt er aber einige nicht zu unterschätzende Nachteile. Sie ergeben sich im Wesen daraus, daß seine Verwendung im gasförmigen, evtl. komprimierten Zustand wegen der Größe der erforderlichen Tanks nicht in Frage kommt, so daß seine flüssige Aggregatform mit einem spezifischen Gewicht von $0{,}07$ t/m³ herangezogen werden muß. Der Siedepunkt des flüssigen Wasserstoffes liegt bei Atmosphärendruck um -253^0 C, so daß seine rascheste Verdampfung bei normalen Körpertemperaturen (Verdampfungswärme 123 kcal/kg gegen 539 kcal/kg bei Wasser) nur durch sorgfältigste und schwierige Wärmeisolierung verhindert werden kann. Weitere schwerwiegende Nachteile sind insbesondere, daß der Wasserstoff seine Temperatur auch allen Gefäßwandungen und Leitungen mitteilt, wobei die meisten Baustoffe ein dem Glas ähnliches Festigkeitsverhalten annehmen und schließlich, daß seine Handhabung nach Oberth ähnlich umständlich und gefährlich ist wie die kochenden Wassers.

Flüssiger Wasserstoff ist eine farblose, außerordentlich leichte und leicht bewegliche Flüssigkeit mit folgenden Kennzahlen: Siedepunkt bei Normalverhältnissen -253^0 C, Schmelzpunkt -257^0 C, kritische Temperatur -240^0 C, kritischer Druck $13{,}2$ kg/cm², Verdampfungswärme 123 kcal/kg, spezifisches Gewicht $0{,}070$ t/m³.

Das in der Kraftstofftafel zunächst stehende Methan hat seinen Siedepunkt bei $-161{,}4^0$ C und eine Verdampfungswärme von 125 kcal/kg, ist seinem geringeren Heizwert entsprechend also etwas harmloser als flüssiger Wasserstoff.

Dann folgen die bekannten flüssigen Kraftstoffe, an ihrer Spitze Benzin, die Treiböle und Benzol, deren günstige Eigenschaften hinlänglich bekannt sind. Wegen der Wichtigkeit dieser flüssigen Kraftstoffe stellen wir ihre hauptsächlichsten Kennzahlen und Eigenschaften im folgenden zusammen.

Benzin: Aus Erdöl, Braunkohlenteer oder Kohle gewonnen, unterer Heizwert etwa 10200 kcal/kg, Siedetemperatur 60 bis 120⁰ C, spez. Gewicht 0,7 bis 0,74 t/m³, Viskosität 1⁰ E, Flammpunkt -55 bis -25^0 C, Selbstentzündung bei 475 bis 530⁰ C, im wesentlichen aus den

Gliedern der Methanreihe C_5H_{12}, C_6H_{14}, C_7H_{16}, C_8H_{18} usw. bestehend. Farblos-helle Flüssigkeit.

Petroleumgasöl: Aus Erdöl gewonnen, unterer Heizwert etwa 10250 kcal/kg, Siedetemperatur 250 bis 350° C, spez. Gewicht 0,865 bis 0,895 t/m³, Viskosität 1,5 bis 2,5 E° bei 20° C, Flammpunkt 65 bis 85° C, Selbstzündung bei etwa 350° C, Stockpunkt —20° C, im wesentlichen aus Kohlenwasserstoffen bestehend. Hellgelbe bis gelbbraune Flüssigkeit.

Benzol: Aus Steinkohlenteer oder Leuchtgas gewonnen (»Steinkohlenbenzin«), unterer Heizwert etwa 9600 kcal/kg, Siedepunkt etwa 100° C, spez. Gewicht 0,887 t/m³, Flammpunkt —15° C, Selbstzündung bei etwa 730° C, Erstarrungspunkt rein +5,5° C, sinkt mit den üblichen Beimischungen. In der Hauptsache aus C_6H_6 mit Beimischungen von C_7H_8, C_8H_{10} usw. bestehend. Leicht bewegliche, farblose Flüssigkeit.

Die übrigen Kraftstoffe der Kraftstofftafel 15, Kohlenstoff und Alkohol, haben wegen des geringen Heizwertes als Raketenkraftstoffe keine Bedeutung.

134. Die Sauerstoffträger.

Die unselbständigen Kraftstoffe brauchen zur Entwicklung ihrer Heizwertenergie noch Sauerstoff. Der einfachste und in der Flugtechnik gegenwärtig ausschließlich gebräuchliche Weg zur Beschaffung dieses Sauerstoffes besteht darin, ihn unterwegs der Atmosphäre zu entnehmen, so daß nur der Kraftstoff selbst im Flugzeug mitgeschleppt werden muß. Nach gegenwärtig herrschender Ansicht nimmt der Sauerstoffgehalt der Luft bis in etwa 100 km Höhe näherungsweise linear auf Null ab, so daß im gesamten in Frage kommenden Raketenflugbereich mit sauerstoffhaltiger Atmosphäre gerechnet werden kann. Der Gedanke, auch für das Raketenflugzeug den erforderlichen Sauerstoff der Atmosphäre zu entnehmen, ist daher ungemein verlockend, zumal die restlichen Luftgase (Stickstoff, Helium usw.) in hochwillkommener Weise als Stützmassen und zur Herabminderung der Dissoziation Verwendung finden können. Die Eigenart der hier betrachteten Flugbahnen, daß im größten Teil der Flugbahn mit hauptsächlichster Motorleistung der Staudruck der Luft trotz deren mit der Höhe abnehmenden Dichte konstant ist, scheint dieser Absicht gleichfalls förderlich.

Die hervorragende Wirkung der Stützmassen ist aus den Brennstofftafeln 19 und 20 ersichtlich.

Trotzdem wollen wir diese Art der Sauerstoffbeschaffung aus folgenden Gründen nicht näher in Erwägung ziehen:

1. Der Druck der Atmosphäre ist in den fraglichen Flughöhen so außerordentlich gering, daß er neben dem Staudruck etwa einer erd-

nahen Fluggeschwindigkeit von 360 km/h völlig vernachlässigt werden
kann. Die Steigerung des Luftdruckes von der durch diesen Staudruck
gegebenen Anfangskompression von etwa 625 kg/m² auf den Einbringungsdruck in den Ofen, selbst einer Wechseldruckrakete von etwa 30000 bis
40000 kg/m² ist mit den auch in absehbarer Zukunft denkbaren Vorver-
dichtern praktisch ebenso unmöglich, wie die Förderung der erforderlichen ungeheuren Luftmengen.

2. Für die höchsten Teile der Flugbahn, wo mit zunehmender Träg-
heitswirkung der Bahnkrümmung der Staudruck rasch abfällt, müßte
auf jeden Fall der Sauerstoff im Flugzeug mitgeführt werden.

3. Die Einbringung flüssiger Betriebsstoffe in den Ofen der Rakete
ist erheblich einfacher als die teilweise gasförmiger und erlaubt die Anwendung von Gleichdruckmotoren, die höheren inneren Wirkungsgrad
und keine pulsierende Stoßwirkung aufweisen. Zugleich entfällt bei
ihnen eine besondere Zündanlage und ähnliche Hilfseinrichtungen, die
zu Störungen führen können.

4. Weiters ist die völlige Selbständigkeit und Einheitlichkeit des
Raketenflugzeuges bis in die äußersten in Frage kommenden Höhen,
die der zirkulären Erdumlaufsgeschwindigkeit entsprechen, nur bei voll-
ständiger Sauerstoffmitführung gesichert und läuft die nötige Entwicklung konform den von den Raumfahrttheoretikern schon geleisteten
Arbeiten.

5. Schließlich ist der ausreichende Sauerstoffgehalt der höheren
Stratosphärenschichten vorläufig eine unbewiesene Hypothese.

Daher ist der zur Verbrennung nötige Sauerstoff von vornherein
völlig in der Rakete mitzuführen.

Für die Form, in der dies geschehen kann, bestehen folgende Möglichkeiten:

1. Eine Reihe chemischer Sauerstoffträger, wie sie z. B. in Form
des Salpeters seit altersher bei Schwarzpulverraketen Verwendung
finden, sind in Zahlentafel 12 zusammengestellt.

Zahlentafel 12.

Sauerstoffträger		Sauerstoffgehalt in Gewichtsprozenten	Dissoziationswärme bei der Sauerstoff-abgabe in 10^6 kgm/kg
Kaliumperchlorat	$(KClO_4)$	46,2	— 0,427
Kalisalpeter	(KNO_3)	48,5	— 0,505
Überchlorsäure	$(HClO_4)$	64,0	— 0,080
Stickstoffpentoxyd	(N_2O_5)	74,2	+ 0,005
Salpetersäure	(HNO_3)	76,3	— 0,233
Wasserstoffsuperoxyd	(H_2O_2)	94,2 (47,2)	+ 0,295
Ozon, flüssig	(O_3)	100,0	+ 0,303

Alle enthalten neben dem Sauerstoff mehr oder weniger wertlosen Ballast. Einige von ihnen kommen wegen ihrer eigenen chemischen Eigenschaften (z. B. HNO_3) oder der ihrer Abfallprodukte (z. B. HCl) nicht ernstlich in Frage. Bei Kaliumperchlorat, Kalisalpeter und Salpetersäure ist dies auch wegen der zur Abspaltung ihres Sauerstoffes erforderlichen beträchtlichen Energiemengen (negative Dissoziationswärmen) der Fall. Das ziemlich hochwertige Stickstoffpentoxyd (Salpetersäureanhydrid) ist teuer, explosibel und giftig. Es besteht bei 0^0 C aus harten, rhombischen Kristallen, schmilzt bei 3^0 C und siedet bei etwa 50^0 C. Stickstoffpentoxyd ist sehr zersetzlich und explodiert oft ohne besondere erkennbare Veranlassung unter Zerfall in Stickstoffdioxyd und Sauerstoff.

2. Eine Sonderstellung unter den chemischen Sauerstoffträgern nimmt das Wasserstoffsuperoxyd ein. Von seinem absoluten Sauerstoffgehalt ist unter den uns vorliegenden Verhältnissen nur ein Teil nutzbar, so daß der tatsächlich verfügbare Sauerstoff 47,2% des Gesamtgewichtes beträgt. Bemerkenswert ist aber, daß bei dieser Sauerstoffabspaltung die beträchtliche Energiemenge von 1323 kcal/kg frei wird, die seinen Wert in Verbindung mit einem unselbständigen Kraftstoff beträchtlich steigert. Zahlenwerte finden sich in Brennstofftafel 17. Wasserstoffsuperoxyd ist eine geruch- und farblose, in dicker Schicht blaue Flüssigkeit von der Dichte 1,458, einem Schmelzpunkt bei —2^0 C. Bei gewöhnlicher Temperatur verdampft es langsam. Der Zerfall nach der Gleichung $2 H_2O_2 = 2 H_2O + O_2$ erfolgt in unverdünntem Zustand oder konzentrierter Lösung manchmal explosionsartig bei Anwesenheit geringster Spuren von Katalysatoren (Alkalien oder Schwermetalle) und läßt sich durch gewisse Stabilisatoren verzögern. In reinem Zustand ist H_2O_2 sehr teuer.

3. Einen eigenartigen, in mancher Hinsicht noch wertvolleren Sauerstoffträger stellt das flüssige Ozon dar. Nicht nur, daß es völlig frei von totem Ballast ist, wird bei seiner der Verbrennung vorausgehenden Dissoziation nach der Gleichung $2 O_3 = 3 O_2$ die beträchtliche Energiemenge von $0,303 \cdot 10^6$ kg/m je kg Ozon frei, die sich zum Heizwert des Kraftstoffes addiert.

Flüssiges Ozon bildet eine ölige, schwarzblaue Flüssigkeit mit folgenden Kennzahlen: Siedepunkt unter Normalverhältnissen —112^0 C, Schmelzpunkt —$251,4^0$ C, kritische Temperatur —5^0 C, kritischer Druck 67 kg/cm², Verdampfungswärme 73 kcal/kg, spez. Gewicht 1,71 t/m³.

Der relativ sehr hohe Siedepunkt stellt an Baustoffeigenschaften und Wärmeisolierung weit geringere Ansprüche als etwa der flüssigen Sauerstoffes. Die sehr hohe Dichte erlaubt weiter geringe Abmessungen der Isoliertanks.

Nachteilig ist, daß es die meisten Metalle oxydiert, daß seine Dämpfe in höherer Konzentration gesundheitsschädlich sind und vor allem, daß es durch seine gasförmigen Verdampfungsprodukte in hohem Maße explosibel ist. Ob sich dieser Nachteil durch entsprechende Maßregeln, etwa Verwendung von Schutzgasen od. dgl., beheben läßt, müßten eingehendere Versuche lehren, die in Anbetracht der sonstigen beträchtlichen Vorteile sehr erwünscht wären.

4. Vorläufig bleibt in rein kinetischer und großenteils auch in konstruktiver Hinsicht

Flüssiger Sauerstoff selbst der beste Sauerstoffträger. Er stellt eine hellblaue, wie Wasser bewegliche Flüssigkeit mit folgenden Kennzahlen dar: Siedepunkt unter Normalverhältnissen —183° C, Schmelzpunkt —219° C, kritischer Druck 51 kg/cm², Verdampfungswärme 51 kcal/kg, spez. Gewicht 1,143 t/m³.

Siedepunkt und Dichte liegen somit merklich ungünstiger als bei flüssigem Ozon, dessen günstige Dissoziationswärme fehlt vollständig.

135. Die flüssigen Gase.[1]

Da die flüssigen Gase in den Raketenprojekten durchwegs eine erhebliche Rolle spielen und auch nach dem bisher Erkannten für unsere Zwecke ernsthaft in Frage kommen, ihre Eigenschaften aber im allgemeinen weniger bekannt sind, werden diese hier in knappster Form zusammengestellt.

Der Aggregatzustand aller Körper ist von Druck und von der Temperatur in dem Sinne abhängig, daß mit der Zunahme des Druckes oder mit der Abnahme der Temperatur die dichteren Aggregatzustände erstrebt werden, also eine Umwandlung in der Richtung Gas—Flüssigkeit—fester Körper eintritt. Beide Einflüsse sind jedoch nicht unabhängig voneinander insofern, als der Temperaturbereich, in dem ein bestimmter Stoff als Gas, Flüssigkeit oder fester Körper existiert, durch den Druck beeinflußt wird und umgekehrt. Siehe auch Abb. 4a.

Hier interessieren besonders jene Zahlen, die den flüssigen vom gasförmigen Aggregatzustand trennen, insbesondere jene Höchsttemperatur,

[1] Literatur: Hardin-Traube, Die Verflüssigung der Gase. Emke, Stuttgart 1900. — Luhmann, Die Industrie der verdichteten und verflüssigten Gase. Hartleben, Wien-Leipzig 1904. — Müller-Pouillet, Lehrbuch der Physik und Meteorologie. Vieweg u. Sohn, Braunschweig 1906. — Teichmann, Komprimierte und verflüssigte Gase. Knapp, Halle 1908. — Urban, Laboratoriumsbuch für die Industrie der verflüssigten und verdichteten Gase. Knapp, Halle 1909. — Schall. Herstellung und Verwendung der verdichteten und verflüssigten Gase. Jaenecke, Leipzig 1910. — Claude-Kolbe, Flüssige Luft. 1920. — Drews, Komprimierte und verflüssigte Gase. Knapp, Halle 1928. — Laschin, Der flüssige Sauerstoff Halle 1929. — Drews, Kältetechnik. Halle 1930.

oberhalb der der betreffende Stoff im flüssigen Zustand nicht mehr möglich ist. Als kritische Temperatur bezeichnet man bekanntlich die höchstmögliche unter den Grenztemperaturen zwischen flüssigem und gasförmigem Zustand (Siedetemperaturen), die den verschiedenen Drücken zugeordnet sind. Die zu dieser höchstmöglichen Temperatur gehörigen sonstigen Zustandsgrößen des Gases heißen kritische Zustandsgrößen, insbesondere der Druck kritischer Druck. Bei geringeren Drücken sind also niedrigere Temperaturen zum Sieden nötig, speziell beim normalen Luftdruck die normale Siedetemperatur.

Betrachtet man die Verhältnisse der Anschaulichkeit halber beim normalen Luftdruck von 760 mm Hg, unter dem wir ja in der Regel mit den flüssigen Gasen zu tun haben, so liegt die normale Siedetemperatur einiger Stoffe bei folgenden Werten:

Aluminium 1800° C; Quecksilber 357° C; Wasser 100° C; Kohlendioxyd —78,5° C; Methan —164° C; Sauerstoff —183° C; Stickstoff —196° C; Wasserstoff —253° C.

Die entsprechenden Schmelztemperaturen, also die Grenztemperaturen zwischen flüssigem und festem Aggregatzustand dieser Stoffe bei normalem Luftdruck sind:

Aluminium: 658° C; Wasser 0° C; Quecksilber —38,9° C; Kohlendioxyd —79° C; Äther —118° C; Methan —184° C; Stickstoff —219° C; Wasserstoff —257° C.

Aus diesen Reihen erkennt man ohne weiteres, welche Stoffe uns unter den Temperaturverhältnissen des täglichen Lebens als feste Körper, welche als Flüssigkeiten und welche als Gase entgegentreten müssen. Oberhalb der Siedetemperatur ist der Stoff nur als Gas, oberhalb der Schmelztemperatur nicht als fester Körper möglich.

Die uns vorzüglich interessierenden flüssigen Gase, Sauerstoff und Wasserstoff haben außerordentlich niedrige Siedepunkte, bei ihrer Lagerung muß ihre Temperatur unter diesen Siedepunkten bleiben. Da sich ihnen unter normalen Verhältnissen wegen des ungeheuren Temperaturgefälles die Wärme der Umgebung sehr rasch mitteilt, führt diese bei den geringen Verdampfungswärmen von 51 bzw. 109 kcal/kg zu sehr rascher Verdampfung, die nur durch Lagerung unter möglichster Wärmeisolierung in erträglichen Grenzen gehalten werden kann. Man benützt dazu die doppelwandigen Dewarschen Gefäße, deren Zwischenräume sorgfältig evakuiert sind, um die Wärmeleitung zu verhindern, und deren im Vakuum liegende Gefäßwände außerdem glänzend versilbert sind, um auch die Wärmestrahlung tunlichst zu vermindern. Trotzdem müssen die Gefäße offen bleiben, da die Dampfspannung sonst in kurzer Zeit zu ihrer Zertrümmerung führen würde. Die mit den flüssigen Gasen unmittelbar in Berührung stehenden Metalle nehmen deren Temperatur an, wobei Festigkeit und Elastizitätsbereich außerordentlich anwachsen, während die Zähigkeit im selben Maße sinkt, so daß Stahl z. B. das Glas an Stoßempfindlichkeit erreicht.

Auf die Haut verspritzte Flüssigkeit ist zunächst unschädlich, da eine Art Leidenfrostsches Phänomen die direkte Berührung verhindert. Wird die Flüssigkeit jedoch auf der Haut zerrieben, so führt sie zu schweren Brandwunden.

136. Die Wahl des zweckmäßigsten Kraftstoffes.

Wenn man von den selbständigen Kraftstoffen aus den dort angeführten Gründen absieht, bleiben zur Wahl praktisch nur mehr der flüssige Wasserstoff und die üblichen flüssigen Kraftstoffe übrig.

Solange es auf das absolut geringste Gewicht bei gegebenem Energievorrat und auf Erreichung allerhöchster Auspuffgeschwindigkeiten und damit guter äußerer Wirkungsgrade ankommt, wird die Wahl zunächst auf den flüssigen Wasserstoff zu fallen haben. Nach Ansicht maßgeblicher Kosmonauten ergibt dabei aber nicht das stöchiometrische Wasserstoff-Sauerstoffverhältnis die höchsten Auspuffgeschwindigkeiten, sondern wegen der Dissoziationserscheinungen ein Verhältnis von einem Gewichtsteil Wasserstoff auf etwa 2,6 Gewichtsteile Sauerstoff. Durch die günstige Wirkung des überschüssigen Wasserstoffes sind mit solchen Gemischen Auspuffgeschwindigkeiten über 4000 m/sec tatsächlich erreicht worden. In Brennstofftafel 21 sind die zahlenmäßigen Verhältnisse der Knallgasverbrennung mit überschüssigem Wasserstoff dargestellt.

Dem etwas größeren Heizwert des flüssigen Knallgases gegenüber, z. B. dem Benzin-Sauerstoffgemisch, stehen jedoch eine Reihe zum Teil sehr schwerwiegender Nachteile entgegen, z. B.:

1. Ein neuer Unsicherheitsfaktor bei den Raketenmotor-Versuchsbauten, durch die Verwendung eines in seinem Verhalten unbekannten Kraftstoffes an Stelle des Benzins.

2. Während man zur Stapelung einer Energiemenge von 10^6 kgm in Form von Benzin-flüssigem Sauerstoff etwa 1 dm³ Tankraum benötigt, erfordert dieselbe Energiemenge in Form der praktisch günstigsten Mischung von flüssigem Knallgas etwa 4,2 dm³, also den 4,2fachen Tankraum, wodurch erhebliche Raumschwierigkeiten, evtl. Vergrößerung der Flugzeugabmessungen, erhöhte Gewichte, Luftwiderstände usw. entstehen.

3. Außer durch ihre mehr als 4fach größeren Abmessungen ergeben die Tanks für flüssiges Knallgas durch ihre schwere, unverläßliche und teure Ausführung in Form Dewarscher Gefäße ganz beträchtliche Mehrgewichte gegenüber den bekannten üblichen Leichtmetall-Benzintanks, die das Mindergewicht der Knallgasenergie-Einheit sehr leicht überwiegen können.

4. Bei der Tankung flüssigen Knallgases ist mit erheblichen Verdampfungsverlusten zu rechnen.

5. Erhebliche Schwierigkeiten ergeben sich bei der Baustoffwahl und Konstruktion der Tanks, wegen der durch die niedrigen Wasserstofftemperaturen sehr ungünstig veränderten Werkstoffeigenschaften, daher evtl. nötige Verwendung von Kupfer oder Blei für die doppelwandigen Knallgastanks an Stelle von Leichtmetall.

6. Konstruktive Schwierigkeiten in der Beherrschung von Temperaturdifferenzen von —250° C bis +3000° C, besonders hinsichtlich des Baustoffverhaltens.

7. Unannehmlichkeiten für die Handhabung und Verwendung im Flugzeug wegen der ständigen Gefahr der Verbrennung von Gliedmaßen bei zufälliger reibender Berührung.

8. Explosionsgefahr von Tanks bei lebhafter Knallgasverdampfung durch Erwärmung.

9. Umständlicher und langwieriger Tankvorgang (Unterkühlen der Tanks durch flüssige Hilfsgase usw.).

10. Gefahr der Rumpfvereisung bei Ausbildung als Flugboot, dadurch Gefährdung des Starts.

11. Erheblich höherer Preis des Wasserstoffes gegenüber etwa Benzin.

12. Vorläufig keine Erhältlichkeit auf den Landeplätzen, daher kostspielige Bodenorganisation usw.

Diese und weitere Gründe legen es nahe, auch die Möglichkeit der Verwendung anderer Brennstoffkombinationen im Auge zu behalten, zumal die Heizwerte nicht so sehr voneinander abweichen, daß ein Gewichtsausgleich aus sekundären Ursachen undenkbar wäre.

Aus den Brennstofftafeln des Abschnittes 137. sind in der folgenden Zahlentafel 13 einige Kraftstoffkombinationen zusammengestellt, aus denen die engere Wahl zu treffen sein wird.

Zahlentafel 13.

Nr.	Kraftstoffkombination	Heizwert d. Komb. in 10^6 kgm/kg	Theor. Auspuffgeschw. c_{th} in m/sec	Erforderliche Isoliertanks je 10^6 kgm Energie in dm^3
1	1 kg Wasserstoff H_2 + 2,6 kg Ozon O_3	1,32	5080	3,35
2	1 kg Wasserstoff + 2,6 kg Sauerstoff	1,10	4680	4,20
3	1 kg Wasserstoff + 17 kg Wasserstoffsuperoxyd	0,96	4330	0,84
4	1 kg Wasserstoff + 10,8 kg Stickstoffpentoxyd	1,03	4500	1,18
5	1 kg Benzin + 3,5 kg Ozon	1,25	4960	0,36
6	1 kg Benzin + 3,5 kg Sauerstoff . .	1,01	4450	0,67
7	1 kg Benzin + 7,4 kg Wasserstoffsuperoxyd	0,80	3940	—
8	1 kg Benzin + 4,7 kg Stickstoffpentoxyd	0,80	3940	—

Die wirklich optimale Kombination wird sich daraus wohl nur auf Grund genauerer Durchkonstruktionen und vor allem von Versuchen feststellen lassen.

Wegen ihres sehr bedeutenden Bedarfes an absolutem Tankraum und besonders an Isoliertankraum scheiden die Wasserstoffkombinationen zunächst wohl aus. Sieht man weiters aus den früher angegebenen Gründen vorläufig von Ozon und Stickstoffpentoxyd gleichfalls ab, so bleiben schließlich zur engsten Wahl noch die Kombinationen 6 und 7.

Nehmen wir die Schwierigkeiten, die sich mit der Stapelung flüssigen Sauerstoffes ergeben, so weit als beherrschbar an, daß der höhere Heizwert der Kombination 6 entsprechend zur Geltung kommen kann, so wird die Wahl, besonders mit Rücksicht auf die unangenehmen Nebeneigenschaften des reinen Wasserstoffsuperoxydes, endlich endgültig auf Kombination 6 zu fallen haben.

Da also die praktische Auswertung der absolut energiereichsten bekannten chemischen Reaktion:

$$6 H + O_3 = 3 H_2O + 57000 \text{ kcal/kg},$$

also bei Eis als Endprodukt mit der ungeheuren Energieabgabe von $24,3 \cdot 10^6$ kg/m je Kilogramm reagierender Stoffe ($c_{th} = 21800$ m/sec) bisher erst zum geringsten Teil gelungen ist, wird unter den vorläufig gegebenen Verhältnissen als brauchbarste Brennstoffkombination das stöchiometrische Gemisch

Benzin-flüssiger Sauerstoff

betrachtet und den weiteren Rechnungen zugrunde gelegt.

Bei entsprechender, versuchsmäßig erwiesener Eignung können an Stelle des Benzins selbst auch höher siedende Erdöl- oder Steinkohlenteerdestillate (z. B. Gasöl, Schweröl usw.) treten, die den Vorteil größerer Wohlfeilheit und größerer Wärmeaufnahmefähigkeit vor dem Sieden bei ähnlichem Heizwert wie das Benzin besitzen.

137. Die Kraftstofftafeln.

Die Heizwerte sind in den Zahlentafeln alle auf den Fall bezogen, daß die beteiligten Stoffe vor und nach der Verbrennung eine Temperatur von $+ 15^0$ C und eine Atmosphäre Druck haben. Daher wird zunächst ein Teil der durch die Verbrennung frei werdenden Wärme zur Erwärmung von Brennstoff und Sauerstoff auf 15^0 C verwendet und schließlich ein anderer Teil durch Abkühlung der Verbrennungsgase auf die dem Normaldruck von 1 at entsprechende Temperatur $T_1 = T_0 (1/p_0)^{\frac{\varkappa-1}{\varkappa}}$ frei. Die theoretische Ausströmungsgeschwindigkeit c_{th} eines Kraftstoffes relativ zum Motor errechnet sich aus dem verfügbaren Energiegefälle E je Kilogramm in Bewegung zu setzender Auspuffmasse m aus der mechanischen Grundbeziehung $mc^2/2 = E$ zu

$$c_{th} = \sqrt{2\,E/m} = \sqrt{2\,g\,E}.$$

Der theoretische Impuls I_{th} zeigt in sehr anschaulicher Weise, mit welcher Kraft in kg man das Flugzeug eine Sekunde hindurch antreiben kann, wenn in dieser Sekunde 1 kg des im Flugzeug mitgeführten Kraftstoffes verbraucht wird.

Demgemäß errechnet sich das I_{th} in den Zahlentafeln 14, 16, 17, 18 und 21 nach der Beziehung:

$$I_{th} = m \cdot c_{th} = \sqrt{2\,E/g}.$$

In den Zahlentafeln 19 und 20 dagegen ist angenommen, daß der Sauerstoff und das neutrale Stützgas der umgebenden Atmosphäre entnommen, also nicht im Flugzeug mitgeführt werden. Der theoretische Impuls = theoretischer Auspuffgeschwindigkeit c_{th} mal wirklicher Auspuffmasse m ist dort also nicht auf die Gewichtseinheit dieser Auspuffmasse, sondern auf die Gewichtseinheit des im Flugzeug mitgeführten, dem Tank in der Sekunde entnommenen Kraftstoffes bezogen.

Der außerordentliche Vorteil einer Stützmassenentnahme aus der Atmosphäre springt dadurch klar in die Augen.

Zahlentafel 14.

Selbständige Kraftstoffe (sind ohne weitere Stoffe zur Energieabgabe befähigt)	(Unterer) Heizwert E in 10^6 kgm/kg	Theor. Auspuffgeschw. c_{th} in m/sec	Theor. Impuls I_{th} in kgsec/kg
Radiumzerfall	$\sim$ 200,000	—	—
Assoziation einatomigen Wasserstoffes			
($H + H = H_2$)	22,40	21 000	2140
Nitroglyzerin $C_3H_5(ONO_2)_3$	0,768	3 880	396
Sprenggelatine	0,700	3 710	379
Nitrozellulose $C_6H_{10}O_5 + 4\,NO_3$	0,683	3 660	373
Cordit (rauchloses Nitroglyzerinpulver) .	0,535	3 240	330
Gurdynamit	0,555	3 300	337
Pikrinsäure $C_6H_2(NO_2)_3OH$	0,346	2 600	265
Schwarzpulver	0,299	2 420	247
Solarkonstante in kgm/sec m² in d. Erdbahn	$\sim$ 175	—	—
Kondensation von Wasserdampf . . .	0,230	2 120	216
Gefrieren kondensierten Wasserdampfes	0,034	667	68

Zahlentafel 15.

Unselbständige Kraftstoffe (Brennstoffe) (sind ohne Sauerstoff nicht zur Energieabgabe befähigt)	E in 10^6 kgm/kg	c_{th} in m/sec	I_{th} in kgsec/kg
Wasserstoff (H_2)	12,20	—	—
Methan (CH_4)	5,13	—	—
Oktan (C_8H_{18}) ($\sim$ Benzin)	4,55	—	—
Petroleum	4,40	—	—
Benzol (C_6H_6)	4,10	—	—
Kohlenstoff (C)	3,48	—	—
Alkohol (C_2H_5OH)	2,73	—	—

Zahlentafel 16.

Unselbständige Kraftstoffe mit dem zur Verbrennung nötigen Sauerstoff	E in 10^6 kgm/kg	c_{th} in m/sec	I_{th} in kgsec/kg
Wasserstoff (1 kg H_2 + 8 kg O_2 = 9 kg H_2O) . . .	1,36	5170	527
Methan (1 kg CH_4 + 4 kg O_2 = 5 kg CO_2 u. H_2O) .	1,03	4490	458
Benzin (1 kg C_8H_{18} + 3,5 kg O_2 = 4,5 kg CO_2 u. H_2O)	1,01	4450	453
Petroleum (1 kg Petrol. + 3,46 kg O_2 = 4,46 kg Abgase)	0,99	4410	449
Benzol (1 kg C_6H_6 + 3,4 kg O_2 = 4,4 kg CO_2 u. H_2O)	0,93	4270	435
Kohlenstoff (1 kg C + 2,67 kg O_2 = 3,67 kg CO_2) .	0,95	4320	440
Alkohol (1 kg C_2H_6O + 2,08 kg O_2 = 3,08 kg CO_2 u. H_2O)	0,89	4180	427

Zahlentafel 17.

Unselbständige Kraftstoffe mit Stickstoffperoxyd als Träger des zur Verbrennung nötigen Sauerstoffes	E in 10^6 kgm/kg	c_{th} in m/sec	I_{th} in kgsec/kg
Wasserstoff (1 kg H_2 + 10,8 kg N_2O_5) . . .	1,034	4500	459
Methan (1 kg CH_4 + 5,4 kg N_2O_5)	0,802	3970	405
Benzin (1 kg C_8H_{18} + 4,73 kg N_2O_5)	0,794	3940	402
Petroleum (1 kg Petrol. + 4,67 kg N_2O_5) .	0,777	3900	398
Benzol (1 kg C_6H_6 + 4,59 kg N_2O_5)	0,733	3660	373
Kohlenstoff (1 kg C + 3,61 kg N_2O_5) . . .	0,755	3850	393
Alkohol (1 kg C_2H_6O + 2,81 kg N_2O_5) . .	0,717	3750	383

Zahlentafel 18.

Unselbständige Kraftstoffe mit Ozon als Träger des zur Verbrennung nötigen Sauerstoffes	E in 10^6 kgm/kg	c_{th} in m/sec	I_{th} in kgsec/kg
Wasserstoff (1 kg H_2 + 8 kg O_3 = 9 kg H_2O)	1,63	5670	578
Methan (1 kg CH_4 + 4 kg O_3 = 5 kg CO_2 u. H_2O) . .	1,27	5000	510
Benzin (1 kg C_8H_{18} + 3,5 kg O_3 = 4,5 kg CO_2 u. H_2O)	1,25	4960	506
Petroleum (1 kg Petrol. + 3,46 kg O_3 = 4,46 kg Abgase)	1,22	4900	500
Benzol (1 kg C_6H_6 + 3,4 kg O_3 = 4,4 kg CO_2 u. H_2O) .	1,17	4800	490
Kohlenstoff (1 kg C + 2,67 kg O_3 = 3,67 kg CO_2) . .	1,17	4800	490
Alkohol (1 kg C_2H_6O + 2,08 kg O_3 = 3,08 kg CO_2 u. H_2O)	1,09	4630	473

Zahlentafel 19.

Unselbständige Kraftstoffe mit der zur Verbrennung nötigen Luft von erdnaher Zusammensetzung	E in 10^6 kgm/kg	c_{th} in m/sec	I_{th} (je kg Brennstoff) in kgsec/kg
Wasserstoff (1 kg H_2 + 40 kg Luft)	0,298	2420	10 120
Methan (1 kg CH_4 + 20 kg Luft)	0,244	2190	4 680
Benzin (1 kg C_8H_{18} + 17,5 kg Luft) . . .	0,246	2200	4 150
Petroleum (1 kg Petrol. + 17,3 kg Luft) . .	0,240	2170	4 050
Benzol (1 kg C_6H_6 + 17 kg Luft)	0,228	2120	3 890
Kohlenstoff (1 kg C + 13,35 kg Luft) . . .	0,242	2180	3 190
Alkohol (1 kg C_2H_6O + 10,4 kg Luft) . . .	0,239	2170	2 520

Zahlentafel 20.

Unselbständige Kraftstoffe mit der zur Verbrennung nötigen Luft von geringem Sauerstoffgehalt (etwa 50 km Höhe)	E in 10^6 kgm/kg	c_{th} in m/sec	I_{th} (je kg Brennstoff) in kgsec/kg
Wasserstoff (1 kg H_2 + 80 kg Höhenluft) .	0,151	1720	14 200
Methan (1 kg CH_4 + 40 kg Höhenluft) . .	0,125	1565	6 550
Benzin (1 kg C_8H_{18} + 35 kg Höhenluft) . .	0,126	1570	5 770
Petroleum (1 kg Petrol. + 34,6 kg Höhenluft)	0,124	1560	5 660
Benzol (1 kg C_6H_6 + 34 kg Höhenluft) . .	0,117	1515	5 400
Kohlenstoff (1 kg C + 26,7 kg Höhenluft) .	0,126	1570	4 430
Alkohol (1 kg C_2H_6O + 20,8 kg Höhenluft)	0,125	1565	3 420

Zahlentafel 21.

Knallgas mit überschüssigem Wasserstoff	E in 10^6 kgm/kg	c_{th} in m/sec	I_{th} in kgsec/kg
1 kg Wasserstoff + 8 kg Sauerstoff + 0,0 kg Wasserstoff	1,36	5170	527
1 kg » + 8 kg » + 0,5 kg »	1,29	5030	513
1 kg » + 8 kg » + 1,0 kg »	1,22	4890	499
1 kg » + 8 kg » + 1,5 kg »	1,16	4770	487
1 kg » + 8 kg » + 2,0 kg »	1,11	4680	478
1 kg » + 8 kg » + 2,5 kg »	1,06	4570	465
1 kg » + 8 kg » + 3,0 kg »	1,02	4470	455

14. Die Leistung des Raketenmotors. Allgemeines.

In ganz analoger Weise, wie bei der Besprechung des Raketenwirkungsgrades, läßt sich die Raketenleistung selbst in eine innere und eine äußere Leistung des Raketenmotors unterscheiden.

Als seine innere Leistung bezeichnen wir demgemäß die kinetische Energie seiner Auspuffgase, auf ein im Motor festes Koordinatensystem bezogen, während sich die äußere, dem Flugzeug nutzbare Leistung aus der inneren Leistung mit Hilfe des vom jeweiligen Flugzustand abhängigen äußeren Wirkungsgrades und der kinetischen Energie der Kraftstoffe ergibt.

Wir werden uns daher hier nur mit der inneren Leistung, als einer dem Raketenmotor in ganz gleicher Weise wie dem Explosionsmotor charakteristischen Größe, zu befassen haben. Diese Übereinstimmung geht so weit, daß sich die innere Leistung eines Raketenmotors genau wie die des Explosionsmotors in Pferdestärken angeben läßt und daß diese PS-Leistung genau wie dort von der Bauart und Größe des Raketenmotors abhängt, sich durch eine Gasdrossel regeln läßt usw., also eine eindeutige Motorkennzahl darstellt.

Dennoch gibt es eine für die Leistungsfähigkeit des Raketenmotors charakteristischere und weitaus anschaulichere Größe als die innere Leistung, nämlich die sekundliche Antriebskraft der Rakete, die gleich dem Impuls der Auspuffmasse ist, sich also aus denselben Elementen

m und c wie die innere Leistung errechnet, aber nicht nur in bezug auf ein bestimmtes Koordinatensystem, sondern absolut und unabhängig vom Bewegungszustand konstant ist, wenn die Motortätigkeit gleich bleibt.

Da die sekundliche Antriebskraft die Größe des Kraftstoffverbrauches gleichfalls enthält, erfüllt sie rechnerisch alle Vorteile des Leistungsbegriffes und stellt zugleich das unmittelbare Maß dar, nach dem die Erfüllung der Aufgabe des Raketenmotors, eben die Hervorrufung einer Antriebskraft, gemessen werden kann.

Der Antriebskraft selbst gegenüber stellt die innere wie äußere Leistung nur eine rechnerische Hilfsgröße dar, die weniger für Leistungs- als für Wirtschaftlichkeitsbetrachtungen von Bedeutung ist.

141. Die sekundliche Antriebskraft.

Die sekundliche Antriebskraft des Raketenmotors ist durch den Impuls der Auspuffgase bestimmt, nach der Beziehung:

$$P^{[\text{kgsec}]} = m^{[\text{kgsec}^2/\text{m}]} \cdot c^{[\text{m/sec}]}; \quad P = m \cdot c.$$

Auf die je Gewichtseinheit Auspuffgas entfallende Energie der Kraftstoffe E bezogen, ergibt sich der Antrieb zu:

$$P = \sqrt{2\, \eta_i\, E/g}.$$

Er ist demnach in erster Linie eine Funktion des Energiegehaltes der sekundlich ausgestoßenen Massen.

Um die dem Energiegehalt E entsprechende Auspuffgeschwindigkeit

$$c_{\text{th}} = \sqrt{2\,g\,E}$$

theoretisch zu erreichen, ist nach 111. ein Ofendruck erforderlich von der Größe:

$$p_0 = \frac{\varkappa - 1}{\varkappa}\, \frac{E}{V_0}.$$

Der durch E zunächst vorgeschriebene Ofendruck läßt sich also wegen seiner weiteren Abhängigkeit von V_0 durch die Ofengröße beeinflussen, oder es kann umgekehrt zu einem aus technischen Gründen beschränkten Ofendruck die zu einer bestimmten Gasmasse erforderliche Ofengröße berechnet werden.

Wie auch schon in 111. festgestellt, ist das im Ofen unterbringbare Gasgewicht angegeben durch die Beziehung:

$$G = \frac{p_0\, V_{\text{ofen}}}{E}\, \frac{\varkappa}{\varkappa - 1}.$$

Wenn nun aus verbrennungstechnischen Gründen die Zeit t vorge-
schrieben wird, die das Gas zur vollständigen Verbrennung im Ofen
bleiben muß, so errechnet sich aus den vier Bestimmungsgrößen G',
E, p_0 und t ohne weiteres der für das je Sekunde verarbeitete Gasgewicht
$G' = G/t$ erforderliche Ofenraum zu:

$$V_{\text{ofen}} = \frac{G' \cdot E \cdot t}{p_0} \frac{\varkappa - 1}{\varkappa}.$$

In Abb. 10 sind die zu 1 kg Gas erforderlichen Ofenräume in Abhängigkeit von E und p_0 übersichtlich zusammengestellt für den Fall,

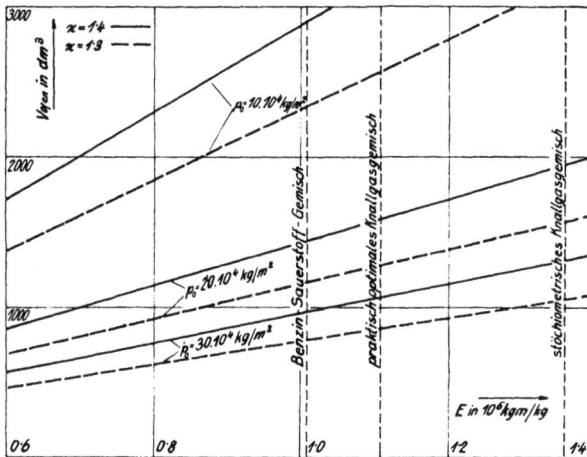

Abb. 10. Erforderlicher Ofenraum für 1 kg Gas in Abhängigkeit von E, p_0
und $\varkappa$ bei $t = 1$ sec.

daß dieses Gaskilogramm 1 sec im Ofen bleibt. Bei anderen Verhältnissen
der Gasmenge G oder der Aufenthaltsdauer t brauchen die dort abgegriffenen Ofenräume V_{ofen} nur mit G bzw. t multipliziert zu werden.

Da die wirkliche Auspuffgeschwindigkeit c wegen der beim inneren
Wirkungsgrad η_i des Raketenmotors erläuterten Verluste kleiner ausfällt, als er nach p_0 betragen sollte, nämlich:

$$c = \sqrt{2\,g\,\eta_i\,E} = \sqrt{19{,}62\,\eta_i\,E},$$

ergibt sich der wirkliche Antrieb je Kilogramm Gas zu:

$$P/G = c/g = \sqrt{2\,\eta_i\,E/g} = \sqrt{0{,}204\,\eta_i\,E},$$

also bei richtiger Formgebung von Ofen und Düse nur vom Energiegehalt des Frischgases, nicht aber von Ofengröße, Gaszustand im Ofen
usw. abhängig.

Das je Kilogramm Antriebskraft erforderliche Gasgewicht G beträgt somit:

$$G/P = \frac{1}{\sqrt{2\,\eta_i\,E/g}} = \frac{1}{\sqrt{0{,}204\,\eta_i\,E}}\,.$$

Der zu 1 kg Antriebskraft erforderliche Ofenraum in Abhängigkeit vom Energiegehalt des Frischgases E und dem zulässigen Ofendruck p_0 ergibt sich bei $t = 1$ sec mit Hilfe dieser Beziehung und der Abb. 10 zu den in Abb. 11 zusammengestellten Werten nach der Beziehung:

$$V_{\text{ofen}}/P = \frac{\varkappa - 1}{\varkappa} \cdot \frac{1}{p_0} \sqrt{E\,g/2\,\eta_i}\,.$$

Bei anderen Aufenthaltsdauern t müssen die aus Abb. 11 abgegriffenen Werte des Ofenraumes wieder mit t multipliziert werden.

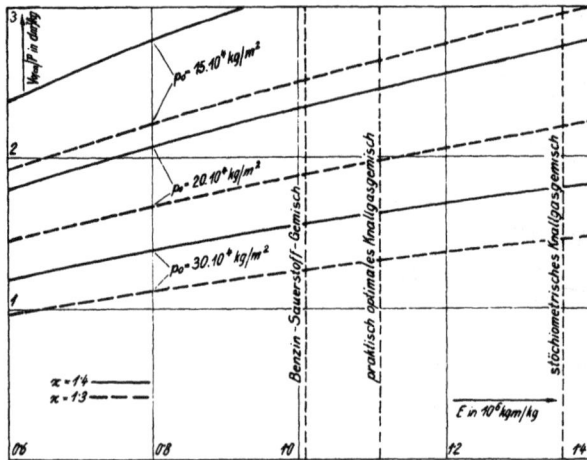

Abb. 11. Erforderlicher Ofenraum für 1 kg Antrieb in Abhängigkeit von E, p_0 und $\varkappa$ bei $t = 1$ sec.

Sind die Ofengase weitgehend dissoziiert, was bei den in Frage kommenden hochwertigen Kraftstoffen immer zutrifft, so ist unter E nicht die gesamte Heizwertenergie, sondern nur ihr durch Dissoziation nicht gebundener Anteil zu verstehen.

Nachdem solcherart die zu einem gewünschten Antrieb erforderliche Ofengröße festgelegt ist, interessiert zunächst die Querschnittsgröße des Düsenhalses, also der engste Düsenquerschnitt.

Aus 112. ist der Zusammenhang zwischen engstem Düsenquerschnitt und Gewicht des durchströmenden Gases in Erinnerung zu:

$$f' = G \bigg/ \left(\frac{2}{\varkappa + 1}\right)^{\frac{1}{\varkappa - 1}} \sqrt{2\,g\,\frac{p_0}{V_0}\,\frac{\varkappa}{\varkappa + 1}}\,.$$

Mit der eben abgeleiteten Beziehung für das zu 1 kg Antrieb erforderliche Gasgewicht und der Ofendruckbeziehung $p_0 V_0 = (\varkappa - 1) E / \varkappa$ folgt der engste Düsenquerschnitt je kg Antrieb zu:

$$ f'/P = \left(\frac{2}{\varkappa + 1} \right)^{\frac{1}{1 - \varkappa}} \Big/ 2 \, p_0 \, \sqrt{\frac{\varkappa^2 \, \eta_i}{\varkappa^2 - 1}} \, . $$

Er läßt sich also vor allem durch hohe Ofendrücke klein halten und ist im Wesen durch diese bestimmt. In Abb. 12 sind die je Tonne Antriebskraft erforderlichen Düsenhalsquerschnitte in Abhängigkeit von

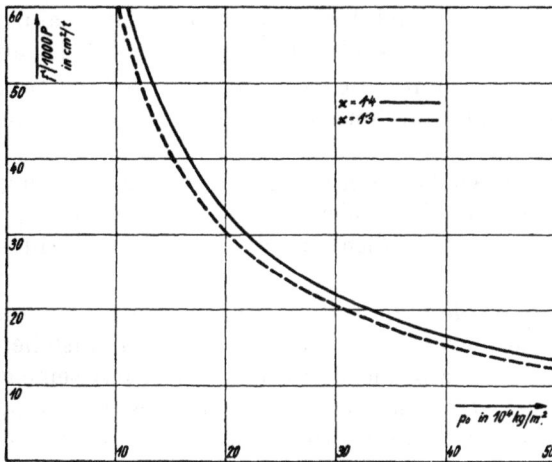

Abb. 12. Erforderlicher Düsenhalsquerschnitt je Tonne Antrieb in Abhängigkeit von p_0 und $\varkappa$.

p_0 für $\varkappa = 1{,}3$ und $\varkappa = 1{,}4$ zusammengestellt, wobei ein innerer Wirkungsgrad $\eta_i = 0{,}70$ vorausgesetzt wurde. Die Beziehung lautet in den beiden Fällen zahlenmäßig:

$$ f'/P = 0{,}607/p_0 \qquad \text{für } \varkappa = 1{,}3 $$

bzw.

$$ f'/P = 0{,}658/p_0 \qquad \text{für } \varkappa = 1{,}4. $$

Für ein Flugzeug von 21 t Gesamtgewicht sei die erforderliche Höchstantriebskraft 15 t. Bei 30 at Ofendruck des Gleichdruckraketenmotors ergibt sich dann ein Düsenhalsquerschnitt von etwa 315 cm², also mit einem Kreisdurchmesser von etwa 20 cm.

Im Düsenhals besteht die verfügbare Energie zum Großteil noch in Wärme und wird erst im erweiterten Teil in die dem Impuls zustatten kommende kinetische Energie umgewandelt.

Das Maß dieser weiteren Umwandlung hängt in bekannter Weise vom Erweiterungsverhältnis der Düse ab. Läßt man nach Abb. 4 an

Wärmeverlusten durch die Abgase 15% der Gesamtenergie zu, so ergibt sich nach 121 ein notwendiges Erweiterungsverhältnis von $f_a/f_m = 36$, d. h. der Düsenmündungsdurchmesser muß etwa das 6fache des Halsdurchmessers betragen. Schließlich ergibt sich aus dem höchstzulässigen Düsenöffnungswinkel, daß die Düsenlänge das etwa 36fache des Halsdurchmessers betragen muß. Daher sind aus Abb. 12 zu jedem verlangten Antrieb die hauptsächlichen Düsenabmessungen zu entnehmen. Während die Ausströmgeschwindigkeit vom Ofendruck also praktisch nicht abhängt, sofern dieser nur überkritisch ist, wächst der Raketenschub mit dem Ofendruck, da die Gasdichte steigt. Zur Erzielung kleiner Raketenmotore und besonders kleiner Düsenabmessungen mit ihren baulichen Vorteilen sind daher hohe Ofendrücke anzustreben.

Das früher erwähnte Beispiel eines 15-t-Raketenmotors ergibt einen Düsenmündungsdurchmesser von 1,20 m und eine Düsenlänge von 7,20 m.

Wie weit sich solche Abmessungen in einem Flugzeug konstruktiv bewältigen lassen, ist eine andere Frage. Man erkennt jedenfalls, daß die Raketenleistung vor allem durch die äußeren Abmessungen der Düse beschränkt ist.

Tatsächlich werden die mit den angegebenen Düsenabmessungen verbundenen Wärmeverluste noch etwas kleiner ausfallen, da der an der Düsenmündung zersprühende Gasstrahl dort fast seine ganze Energie in Bewegung umsetzt, von der noch eine gewisse Komponente dem axialen Impuls der Rakete zugute kommt. Die Verluste dürften daher insgesamt höchstens etwa 30% betragen, wie bei der Berechnung des $\eta_i = 0,7$ angenommen wurde.

Bei dissoziierten Feuergasen kann man in roher Näherung mit isothermer Gasströmung durch den Düsenhals rechnen und erhält dann analog:

$$f'/P = 1,65 \sqrt{g R T_0}/p_0 \sqrt{2 g \eta_i E},$$

wo $v' = \sqrt{g R T_0}$ und $p' = p_0/1,65$ die kritische Geschwindigkeit und der kritische Druck isothermer Strömung sind. Die erforderlichen Düsenhalsquerschnitte ergeben sich in diesem Fall etwas kleiner, wenn man gleiches η_i gelten läßt.

Es war bisher an einigen Stellen die Rede von der Möglichkeit, den Raketenwirkungsgrad auch bei geringeren Fluggeschwindigkeiten dadurch hochzuhalten, daß aus der umgebenden Atmosphäre zusätzliche Stützmassen entnommen werden, die die Auspuffgeschwindigkeit herabsetzen und dafür den aus der Energieeinheit erzielbaren Antrieb bedeutend steigern. Der dem bekannten Gorochoffschen Projekt zugrunde liegende Gedanke, die atmosphärische Luft als Sauerstoffträger für die Verbrennung im Ofen und ihre Nebenbestandteile als zusätzliche Stützmassen zu verwenden, wurde als für unsere Zwecke unbrauchbar bereits abgelehnt.

Ein anderer Vorschlag, der auf die Ausnützung des Luftsauerstoffes zwar verzichtet, dafür aber den Vorteil großer konstruktiver Einfachheit besitzt, stammt von Melot.

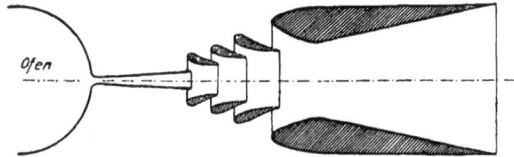

Abb. 13. Melotsche Düsenanordnung zur Erhöhung des äußeren Raketenwirkungsgrades bei geringen Fluggeschwindigkeiten.

Die in Abb. 13 schematisch dargestellte Melotsche Düse[1]) ist so geformt, daß der Düsendruck unter den Außendruck sinkt und durch seitliche Öffnungen in der Düse Luft aus der Umgebung in den Düsenstrom gesaugt wird. Nach Verlassen der eigentlichen Ausströmdüse durchläuft der Gasstrom eine Reihe von Venturidüsen, saugt durch Injektorwirkung freie Luft an und beschleunigt diese gleichfalls, so daß schließlich ein Gasstrom von geringerer Geschwindigkeit, aber vermehrter Masse zur Impulserzeugung bereitsteht. Da die Geschwindigkeit bei verlustfreien Vorgängen wegen der Energiekonstanz nur nach der Beziehung:

$$c_2 = c_1 \sqrt{m_1/m_2}$$

abnimmt, der Impuls und Antrieb aber nach

$$P_2 = P_1 \sqrt{m_2/m_1}$$

steigt, ist eine beträchtliche Steigerung der Antriebskräfte glaubhaft. Man darf indes nicht übersehen, daß die Melotsche Düse nur ein Mittel darstellt, um η_a auch bei niedrigen Fluggeschwindigkeiten durch Verminderung von c hochzuhalten. Die von amtlichen französischen und amerikanischen Stellen (Conservatoire des arts et métiers, Paris; bzw. National Advisory Committee for Aeronautics, U.S.A.) 1918 bzw. 1927 durchgeführten Versuche scheinen aber, wenigstens für die üblichen Geschwindigkeiten der Troposphärenflugzeuge, keine durchschlagenden Erfolge gebracht zu haben. Jedenfalls ist der Gedanke bemerkenswert, die Ruder des Raketenflugzeuges in solcher Art anzulenken, daß sie im Bereich der Atmosphäre in ähnlicher Weise wie die Venturidüsen des Melotschen Gerätes wirken.

[1]) Anonymus, Ein Strahlantriebsmittel für Flugzeuge. Flugsport, Heft 8, 1926. — Kort, Raketen mit Strahlapparaten. ZFM 1932, Heft 16. — Eastman, Jacobs, Shoemaker, Tests on thrust augmentors for jet propolsion NACA. Techn. Notes Nr. 431, Sept. 1932, Washington.

Schließlich ist die Möglichkeit der Regelung des Antriebes bei einem gegebenen Raketenmotor von Interesse.

Der theoretisch größterreichbare Impuls hängt mit der sekundlich in den Ofen eingebrachten Kraftstoffmenge G nach der Beziehung: $P = G \sqrt{2\,E/g}$ zusammen, läßt sich dieser also völlig proportional drosseln. Mit der verminderten Kraftstoffeinbringung G sinkt zunächst der Ofendruck proportional nach:

$$p_0 = G \cdot \frac{\varkappa - 1}{\varkappa} \cdot \frac{E\,t}{V_{\text{ofen}}},$$

und im selben Maß steigt das spez. Gasvolumen V_0 im Ofen gemäß:

$$V_0 = \frac{V_{\text{ofen}}}{G \cdot t},$$

so daß $p_0 \cdot V_0 = \text{konst.}$ bleibt. Daher bleiben auch die Strömungsgeschwindigkeiten in der Düse ungeändert, solange das kritische Druckverhältnis nicht unterschritten wird, was bei $p_a = 0$ überhaupt unmöglich ist. Der Impuls des Gasstromes in der Düse ändert sich also tatsächlich nur proportional der Gasmenge, die Düse arbeitet im übrigen immer unter gleich günstigen Verhältnissen. Die Drosselung der Raketenleistung ist also in einfachster Weise durch Beeinflussung der Kraftstoffeinbringung möglich, wobei der innere Wirkungsgrad der Rakete theoretisch keine Einbuße erleidet.

142. Die innere Leistung.

Definitionsgemäß wird jene kinetische Energie der sekundlich ausströmenden Raketengase, die dem Raketenimpuls zugute kommt, als innere Leistung bezeichnet, und zwar bezieht sich ihre Bemessung auf ein in der Rakete festes Koordinatensystem.

Zahlenmäßig folgt ihre Größe daher aus dem bekannten Raketenantrieb $P = m \cdot c$ zu:

$$L_i = P \cdot c/2 = m\,c \cdot c/2 = P \sqrt{E \eta_i g/2}.$$

Anderseits ergibt sie sich natürlich auch aus dem sekundlichen Kraftstoffverbrauch G zu:

$$L_i = G \cdot E \cdot \eta_i.$$

Die Größe der inneren Leistung in Abhängigkeit von den Abmessungen des Raketenmotors ergibt sich leicht aus den Schaubildern Abb. 10, 11 und 12 für den Antrieb, durch Multiplikation des dort abgegriffenen Antriebes mit der jeweils vorliegenden Auspuffgeschwindigkeit c.

Wird die im früheren Beispiel erwähnte 15-t-Rakete z. B. mit Benzin-flüssigem Sauerstoff betrieben ($c = 3700$ m/sec), so ergibt sich ihre innere Leistung in Pferdestärken zu:

$$L_i^{[\mathrm{PS}]} = \frac{P \cdot c}{2 \cdot 75} = 370\,000 \text{ PS}.$$

Der sekundliche Brennstoffverbrauch errechnet sich mit Hilfe der inneren Leistung aus dem geforderten Antrieb P zu:

$$G = \frac{L_i}{E\,\eta_i} = P\sqrt{\frac{2\,g}{E\,\eta_i}}.$$

Im Rechenbeispiel wird er: $G = 77$ kg (Benzin + fl. Sauerstoff).

Die versuchsmäßige Bestimmung der inneren Leistung eines gegebenen Raketenmotors erfolgt am besten durch unmittelbare Messung des Antriebes und des sekundlichen Kraftstoffverbrauches.

Außer zur Bestimmung des Kraftstoffverbrauches hat die innere Raketenleistung keine besondere Bedeutung.

143. Die äußere Leistung.

Definitionsgemäß wird als äußere Leistung jene Energie bezeichnet, die dem Flugzeug in einer Sekunde zugute kommt. In 1221. wurde diese zahlenmäßig festgestellt zu:

$$L_a = m \cdot c \cdot v.$$

Die äußere Leistung ist daher keine dem Motor eigentümliche Größe, sondern hängt von der Fluggeschwindigkeit ab.

Am sonderbarsten mutet der Umstand an, daß sie größer als die innere Leistung $L_i = mc \cdot c/2$ wird, sobald die Fluggeschwindigkeit v größer als $c/2$ ist. Die Rakete ist aber trotzdem kein perpetuum mobile, sondern nützt außer der in L_i enthaltenen Heizwertenergie ihrer Brennstoffe eben auch deren durch die Fluggeschwindigkeit gegebene kinetische Energie $m\,v^2/2$ aus, wie unter 1221. näher ausgeführt wurde.

Aus der inneren Leistung ist die äußere Leistung daher errechenbar nach der Beziehung:

$$L_a = (L_i + m\,v^2/2)\,\eta_a.$$

Für die Leistung des Motors ist sie also nur ein sehr bedingter Maßstab. Die äußere Leistung der wiederholt als Beispiel zitierten 15-t-Rakete beträgt beispielsweise bei den Fluggeschwindigkeiten $v = 200$ km/h, 2000 km/h und 29000 km/h bzw. 11100, 111000 oder 1600000 Pferdestärken, nach der Beziehung:

$$L_a^{[\mathrm{PS}]} = P \cdot v/75.$$

Der bei allen bekannten Verkehrsmitteln außerordentlich wichtige Begriff der Antriebsleistung in Pferdestärken sinkt am Raketenflugzeug zu einer bedeutungslosen, formalen Rechengröße herab, während an ihre Stelle die Antriebskraft selbst als Maßstab der Leistungsfähigkeit tritt.

2. Luftkräfte.

Literatur zum Abschnitt Luftkräfte.

A. Buchwerke: Außer den bekannten Lehrbüchern der Aerodynamik insbesondere:

Handwörterbuch der Naturwissenschaften, Bd. 4, 1913 (Prandtl, Gasbewegung).

Geiger-Scheel, Handbuch der Physik, Bd. 7, 1927 (Betz, Aerodynamik; Ackeret, Gasdynamik).

Wien-Harms, Handbuch der Experimentalphysik, Bd. 4, 1931 (Eberhardt, Ballistik; Prandtl, Strömungslehre; Busemann, Gasdynamik).

Cranz-Becker, Lehrbuch der Ballistik. 1927.

Hütte, des Ingenieurs Taschenbuch, Bd. 1, 1931 (Betz, Aerodynamik; Betz, Gasdynamik).

Prandtl, Abriß der Strömungslehre, 1931.

B. Aufsätze in periodischen Druckschriften und Buchwerke, von denen nur einzelne Stellen in das Stoffgebiet einschlägig sind, finden sich jeweils als Fußnote an den betreffenden Stellen angeführt.

Bedeutung der wichtigsten regelmäßig gebrauchten Formelzeichen [Einheiten].

a ... Schallgeschwindigkeit im Gas bei der Geschwindigkeit v;

$$a = \sqrt{a_0{}^2 - v^2\,(\varkappa - 1)/2}\ \text{[m/sec]}.$$

a' ... Schallgeschwindigkeit im Gas beim kritischen Zustand;

$$a' = \sqrt{2/(\varkappa + 1)} \cdot \sqrt{a^2 + v^2\,(\varkappa - 1)/2}\ \text{[m/sec]}.$$

a_0 ... Schallgeschwindigkeit im ruhenden Gas; $a_0 = \sqrt{\varkappa g R T}$ [m/sec].

b ... Spannweite eines Flügels, größte Erstreckung senkrecht zur Bewegungsrichtung [m].

c_p ... Allgemeiner Luftkraftbeiwert; $c_p = P/q\,F = p/q$ [—].

c_a ... Auftriebsbeiwert; $c_a = A/q\,F$ [—].

c_w ... Widerstandsbeiwert; $c_w = W/q\,F$ [—].

c_m ... Momentenbeiwert; $c_m = M/q\,F t$ (Moment bezogen auf den Schnittpunkt der Profilsehne mit der zur Profilsehne senkrechten Tangente an die Profilnase) [—].

d ... Profildicke, größter Spantdurchmesser, Kaliber, Flügeldicke (größte Höhe des Profiles senkrecht auf die Flügelsehne) usw. [m].

g ... Schwerebeschleunigung in Erdnähe; $g = 9{,}81$ [m/sec²].

m ... Machscher Winkel; $\sin m = a/v$ [°].

p ... Luftdruck [kg/m²].

q ... Staudruck $q = \dfrac{\gamma}{2\,g}\,v^2$ [kg/m²].

t ... Profiltiefe (Länge einer Fläche in der Stromrichtung), Flügeltiefe (größte Erstreckung des Flügelprofiles) [m].

v ... Fluggeschwindigkeit [m/sec].

$\varkappa$ ... Profilanstellwinkel, Winkel zwischen ungestörter Windrichtung (Flugrichtung) und Profilsehne, halber Ogivalwinkel [°].

γ ... Raumeinheitsgewicht der Luft [kg/m³].

γ_0 ... Raumeinheitsgewicht der Luft in Erdnähe; $\gamma_0 = 1{,}222$ [kg/m³].

$\varkappa$ ... Exponent der Adiabate, für Luft: $\varkappa = 1{,}405$.

ε ... Gleitzahl, Kehrwert der Flügelgüte; $\varepsilon = c_w/c_a$ [—].

ϱ ... Luftdichte [kgsec²/m⁴].

ϱ_0 ... Luftdichte in Erdnähe; $\varrho_0 = 0{,}128$ [kgsec²/m⁴].

A ... Auftrieb [kg], bzw. der Wert von 1 mkg in kcal (mech. Wärmeäquivalent $A = 1/427$) [mkg/kcal].

F ... Spantfläche, Tragfläche (größte Projektion des Flügels) usw. [m²].

R ... Reynoldssche Zahl [—].

R ... Gaskonstante [m/Grad].

T ... Absolute Temperatur (Celsiustemperatur $+ 273°$) [°].

W ... Widerstand [kg].

Flügelprofil: Querschnitt des Flügels senkrecht zur Spannweite.

Profilsehne: Bei Profilen mit konkaver Druckseite die Tangente durch die Profilhinterkante, sonst eine besonders bezeichnete Bezugsgerade (meist durch die Hinterkante und den von der Hinterkante entferntesten Punkt der Profilnase).

20. Luftkräfte. Allgemeines.

Die auf einen Körper bei der Bewegung durch die Luft wirkende Kraft P wird bei jeder Geschwindigkeit berechnet nach der Formel:

$$P = c_p \cdot \frac{\gamma}{2\,g} \cdot F \cdot v^2.$$

Aus praktischen Gründen wird diese allgemein gerichtete Kraft in zwei Teilkräfte zerlegt, Auftrieb und Widerstand, senkrecht und parallel zur Bewegungsrichtung, die sich dementsprechend berechnen nach

$$A = c_a \cdot \frac{\gamma}{2\,g} \cdot F \cdot v^2$$

bzw.

$$W = c_w \cdot \frac{\gamma}{2\,g} \cdot F \cdot v^2.$$

Die Beiwerte c_p, c_a und c_w sind von der Geschwindigkeit in hohem Maß abhängig, derart, daß sie bei sehr kleinen, in der Flugtechnik bedeutungslosen Geschwindigkeiten verhältnismäßig hohe Werte haben, die mit wachsender Geschwindigkeit rasch abfallen, im Gebiet der üblichen Fluggeschwindigkeiten ein sehr flaches Minimum besitzen, so daß sie dort praktisch als konstant angesehen werden, um bei Annäherung an die Schallgeschwindigkeit wieder anzuwachsen. In der Gegend der Schallgeschwindigkeit besitzen die Beiwerte dann ein ausgesprochenes Maximum und fallen über der Schallgeschwindigkeit mit weiter wachsender Fluggeschwindigkeit nach einer stetigen Funktion ohne bekannte Grenze gegen sehr kleine Werte asymptotisch ab.

Da die rechnerische Erfassung des Auftriebes meist etwas einfacher als die des Widerstandes ist, nehmen wir die Behandlung des ersteren vorweg.

Weil weiterhin die Strömungsvorgänge bei Fluggeschwindigkeiten unter und über der Schallgeschwindigkeit in Luft sich grundsätzlich unterscheiden und damit auch die Luftkräfte im Unter- und Überschallbereich der Fluggeschwindigkeit sich ganz verschieden ergeben, wird die Behandlung sowohl des Auftriebes, als auch des Widerstandes in jedem der beiden Bereiche getrennt erforderlich.

Daraus ergibt sich eine Unterteilung des Abschnittes »Luftkräfte« in die Punkte:

1. Auftrieb im Unterschallbereich,
2. Auftrieb im Überschallbereich,
3. Widerstand im Unterschallbereich,
4. Widerstand im Überschallbereich.

Die Notwendigkeit der Behandlung von Luftkräften im Überschallbereich folgt aus der im Abschnitt »Triebkräfte« erkannten Tatsache, daß der äußere Wirkungsgrad der Rakete erst bei sehr hohen Fluggeschwindigkeiten, die unter Umständen ein Vielfaches der Schallgeschwindigkeit betragen, günstige Werte annimmt. Die Formgebung von Rumpf und insbesondere Flügeln des Raketenflugzeuges wird also so zu erfolgen haben, daß das Tragwerk seine Aufgaben bei Geschwindigkeiten weit jenseits der Schallgeschwindigkeit voll erfüllt. Daneben müssen die Luftkräfte aber auch bei den geringen Geschwindigkeiten von Start und Landung ausreichen, wenn auch bei diesen Geschwindigkeiten weniger die aerodynamische Flugzeuggüte an sich, das ist das günstigste Verhältnis c_a/c_w, als ein möglichst großes c_a von Bedeutung sind. Es werden also die Erkenntnisse jedes einzelnen der oben zitierten Punkte 1 bis 4 sogleich zu verwerten sein für einen weiteren wichtigen Punkt, nämlich die Ermittlung der günstigsten

5. Rumpf- und Flügelform des Raketenflugzeuges.

Von wie grundsätzlicher Wichtigkeit die richtige Erfassung der Luftkräfte bei allen Fluggeschwindigkeiten auch für die später durchzuführende Berechnung der Flugleistungen ist, müssen wir doch schon hier betonen, daß die aerodynamische Güte des Raketenflugzeuges, wenn wir darunter wie üblich das betriebsmäßig günstigste Verhältnis von c_a/c_w verstehen, bei weitem nicht jene Rolle für Leistungsfähigkeit und Wirtschaftlichkeit spielt, wie es diese Zahl für das gegenwärtig übliche Troposphärenflugzeug tut.

Es braucht also nicht weiter mit Sorge zu erfüllen, wenn sich im Laufe der weiteren Untersuchungen herausstellt, daß das Verhältnis der tragenden Auftriebskräfte zu den leistungsverzehrenden Widerstandskräften aus aerodynamischen oder hier besser gasdynamischen Gründen jenseits der Schallgeschwindigkeit nicht ganz so günstig ausfällt, wie wir es in naher Zukunft von den hochwertigen Troposphärenflugzeugen zu erwarten haben werden.

21. Auftrieb im Unterschallbereich. Allgemeines.

Bewegt sich ein Körper mit bestimmter Geschwindigkeit v durch die Luft, so tritt jedenfalls eine Luftkraftkomponente W entgegen der Bewegungsrichtung auf, die Widerstand heißt und zu deren Überwindung eine sekundliche Arbeit von der Größe $W \cdot v$ geleistet werden muß. Dieser Widerstand wird in den Abschnitten 23. und 24. behandelt. Außerdem kann eine Luftkraftkomponente senkrecht zur Bewegungsrichtung auftreten, die in der Flugtechnik Auftrieb genannt wird und die keinen Arbeitsaufwand erfordert. Diese Komponente wird uns in den Abschnitten 21. und 22. beschäftigen.

Wenn an einem Körper der Auftrieb gegenüber dem energieverzehrenden Widerstand groß ist, nennt man den Körper Flügel und bezeichnet als seine Güte das Verhältnis von Auftrieb zu Widerstand.

211. Ebene Theorie des Auftriebes am einzelnen Flügel bei inkompressibler Strömung.

Bei Fluggeschwindigkeiten bis zur etwa 0,2fachen Schallgeschwindigkeit sind die Druckunterschiede bei der Umströmung eines Körpers gegenüber dem Atmosphärendruck der ruhenden Luft ($10\,330$ kg/m²) so gering, daß die Luft näherungsweise als ebenso unzusammendrückbares Medium wie das Wasser betrachtet werden kann, so daß die Gesetze der Hydrodynamik für Luft Gültigkeit besitzen.

An einem Körper, der Auftrieb erfährt, muß der Luftdruck an der Oberseite im Durchschnitt geringer sein als an der Unterseite. Betrachten wir die Umströmung des Körpers als stationär, dann besteht zwischen Druck p_x und örtlicher Geschwindigkeit v_x der Zusammenhang:

$$p_x + \frac{\gamma}{2\,g} \cdot v_x^2 = \text{konst.},$$

d. h. wo der Druck gering ist, muß die Geschwindigkeit groß sein und umgekehrt.

Bildet man das Linienintegral der Geschwindigkeiten längs einer beliebigen, den Flügel umschließenden Linie, so erhalten wir eine end-

liche Zirkulation Γ, da die hohen Geschwindigkeiten der Flügelober-
seite die geringeren an der Unterseite überwiegen.

Diese Zirkulation Γ hängt mit dem Auftrieb an einem Flügel-
stück von der Breite b des unendlich breit gedachten Flügels nach
Kutta-Joukowsky mittels der Beziehung zusammen:

$$A = \frac{\gamma}{g} v \, \Gamma \, b.$$

Daher der Auftriebsbeiwert sich ergibt zu:

$$c_a = 2 \, \Gamma / v \, t.$$

Die Strömung um das Profil selbst setzt sich zusammen aus reiner
Translationsströmung ohne Zirkulation (Abb. 14a) bei gegebener Translation v und aus der reinen Zirkulation
um den Flügel (Abb. 14b) ohne Translation. Die Größe dieser für den
Auftrieb maßgebenden Zirkulationsströmung ergibt sich aus der Erfahrungstatsache, daß bei der wirk-

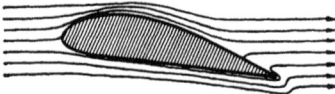

Abb. 14a. Unterschallströmung um ein Flügelprofil; reine Translationsströmung.

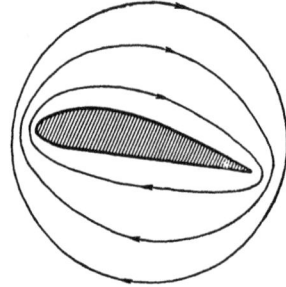

Abb. 14b. Unterschallströmung um ein
Flügelprofil; reine Zirkulationsströmung.

lichen Profilumströmung, die durch Überlagerung der beiden skizzierten
Potentialströmungen entsteht, eine Umströmung der scharfen Profilhinterkante weder von oben nach unten (überwiegende Zirkulation),
noch von unten nach oben (überwiegende Translation) stattfindet. Die
resultierende Strömung stellt Abb. 14c dar. In Wahrheit fällt aller-

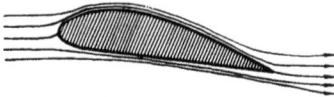

Abb. 14c. Unterschallströmung um ein
Flügelprofil; überlagerte Translations-
und Zirkulationsströmung.

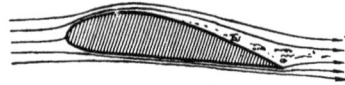

Abb. 14d. Unterschallströmung um ein
Flügelprofil; wirkliche Profilumströmung
mit Totwassergebiet.

dings die Zirkulation noch etwas kleiner aus, da das starke Druckgefälle auf der Saugseite des Profiles zu erheblichen Grenzschicht-
ablösungen führt, was ein saugseitiges Totwassergebiet zur Folge hat
(Abb. 14d). Dadurch werden die Stromlinien nach oben gedrängt, und
das entspricht nach früher wieder einer geringeren Zirkulation. Das
Totwasser hat also eine Verminderung des Auftriebes und eine Vermehrung des Widerstandes zur Folge, verschlechtert somit die Flügelgüte.

Da in der praktisch reibungslosen, freien Luftströmung eine Zirkulation nicht entstehen kann, muß zur Erklärung ihrer Entstehung eine zähe Grenzschicht an der Körperoberfläche herangezogen werden, die denn auch zwanglos zu der Tatsache führt, daß sich bei jeder Beschleunigung des Flügels von der ganzen Längserstreckung der Flügelhinterkante ein »Anfahrwirbel« von solcher Zirkulation loslöst, daß sie der der Auftriebsänderung entsprechenden Zirkulationsänderung am Flügel größengleich und entgegengesetzt ist.

Mit der Vergrößerung des Anstellwinkels eines Flügels wächst zunächst die Zirkulation und damit der Auftrieb. Das hat weiterhin eine Erhöhung des saugseitigen Druckgefälles und damit wieder erhöhte Grenzschichtablösung zur Folge, so daß Totwassergebiet und Widerstand mit dem Anstellwinkel wachsen, bis schließlich die Grenzschicht der Körperoberfläche überhaupt nicht mehr zu folgen vermag, und die Strömung von der Saugseite vollständig abreißt. Dabei tritt ein unstetiges Abfallen der Auftriebsbeiwerte und Ansteigen der Widerstandsbeiwerte ein. Durch diese Vorgänge sind die Auftriebsbeiwerte normaler Profile mit $c_{a\,max} \doteq 1,2$ bis $1,4$ nach oben beschränkt. Bei sehr stark gewölbten Profilen kommt man bis etwa $c_{a\,max} \doteq 2,0$.

Durch besondere Einwirkungen auf die Grenzschicht, wie bei Spaltflügeln (Beschleunigung der Grenzschicht durch Beimischung energiereicher Strömung von der Druckseite her), Absaugeflügeln (teilweise Absaugung der gefährdeten Grenzschicht ins Flügelinnere) oder Rotorflügeln (künstlicher Transport der Grenzschicht gegen den saugseitigen Druckanstieg durch bewegte Flügeloberfläche, Magnuseffekt), unter denen aber die Flügelgüte immer leidet, sind noch höhere Auftriebsbeiwerte zu erzielen.

Zur Berechnung der Störungsvorgänge in einiger Entfernung vom Flügel macht man zweckmäßig von der früher besprochenen Zerlegung der Strömung in Translation und Zirkulation Gebrauch.

Beachtet man, daß die durch die Translation hervorgerufene Störung mit dem Quadrat des Abstandes vom Flügel abklingt, die Störung durch die Zirkulation jedoch nur linear, so ergibt sich leicht, daß man in einer Entfernung vom Flügel, die größer als die halbe

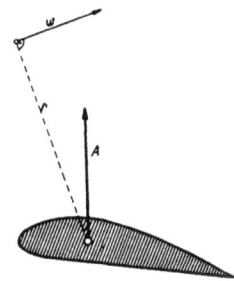

Abb. 15. Strömungsvorgänge in größerer Profilentfernung.

Flügeltiefe ist, nur mehr die Zirkulationsströmung zu beachten hat, so daß die Störbewegung w in der Entfernung r vom Angriffspunkt die Größe:

$$w = \Gamma / 2\,r\,\pi$$

hat und zum Vektor r senkrecht steht (Abb. 15).

Zur Untersuchung der Potentialströmung in größerer Nähe des Flügels muß auch die Flügelform in Betracht gezogen werden.

Man bedient sich dabei des Verfahrens der konformen Abbildung nach Kutta-Joukowsky-Blasius oder des Ersatzes des Flügels durch Wirbel, Quellen und Senken nach Prandtl-Birnbaum.

Mit Hilfe dieser Verfahren läßt sich der Auftrieb nach Größe, Richtung und Angriffspunkt für beliebige Profile theoretisch ermitteln.

Für gewisse einfache, analytisch erfaßbare, dünne Profile ergeben sich die bekannten geschlossenen Formeln für Auftriebs- und Momentenbeiwerte (siehe Hütte), die auch für mäßig dicke Profile, deren Mittellinie mit dem dünnen Profil übereinstimmt, gelten.

Neuerdings[1]) sind auch für allgemeine Profilformen geschlossene Formeln bekannt geworden. Legt man die Abszissenachse in Windrichtung durch die Flügelhinterkante und wählt die Koordinaten der Hinterkante zu: $x = t/2$, $y = 0$, so gilt nach Munk:

$$c_a = 2 \int \frac{y}{(t/2 - x)\sqrt{(t/2)^2 - x^2}}\, dx,$$

$$c_m = \int \left[\frac{1}{t/2 - x} - \frac{4\,x}{t^2} \right] \frac{y}{\sqrt{(t/2)^2 - x^2}}\, dx.$$

212. Räumliche Theorie des Auftriebes am einzelnen Flügel bei inkompressibler Strömung.

Die bisher behandelte ebene Auftriebstheorie setzt Flügel von unendlicher Spannweite voraus.

In Wahrheit kann sich der saug- und druckseitige Unter- bzw. Überdruck am seitlichen Flügelrand durch Umströmung ausgleichen, so daß sich an der Druckseite gegen den seitlichen Flügelrand zu und an der Saugseite von diesem Rand weg ein Druckgefälle ausbildet.

Dieses Druckgefälle quer zur Bewegungsrichtung hat einerseits gegenüber dem ebenen Problem bei gleichem Anstellwinkel eine Auftriebsverminderung zur Folge, die durch Vergrößerung des Anstellwinkels um

$$\varDelta \alpha = 57{,}3^0 \cdot (c_a/\pi)\,(F/b^2)$$

aufgehoben werden muß, und lenkt anderseits die Stromfäden, insbesondere in der Nähe der Flügelenden, aus der Hauptstromrichtung druckseitig gegen das Ende zu, saugseitig vom Ende weg ab (Abb. 16). Durch Umströmung des Flügelendes entsteht an diesem der sog. Randwiderstand, der uns in 233 noch näher beschäftigen wird, ferner hört dadurch die Verteilung des Auftriebes über die Flügellängserstreckung

---

[1]) Munk, Fundamentals of fluid dynamic for aircraft designers. New York 1929, Ronald Press. Comp.

auf, eine Konstante zu sein, sondern sinkt gegen die Flügelenden zu auf Null ab. Für die hinsichtlich des Randwiderstandes günstigsten elliptischen und ähnlichen Flügelumrißformen (mit guter Näherung auch noch für rechteckigen Flügelumriß) nimmt die Längsverteilung die Gestalt einer Ellipse an, deren große Achse mit der Flügellängsachse zusammen- fällt. Nimmt man für schlanke Flügel an, daß der Auftrieb in Flügelmitte mit dem eines unendlich langen Flügels ziem- lich übereinstimmt, dann er- gibt sich der Auftriebsverlust ΔA durch das Abfallen an den Flügelenden für einen Flügel mit rechteckigem Umriß aus dem Unterschied der rechteckigen und ellipti- schen Auftriebsverteilung zu etwa 20% des vollen Auf- triebes.

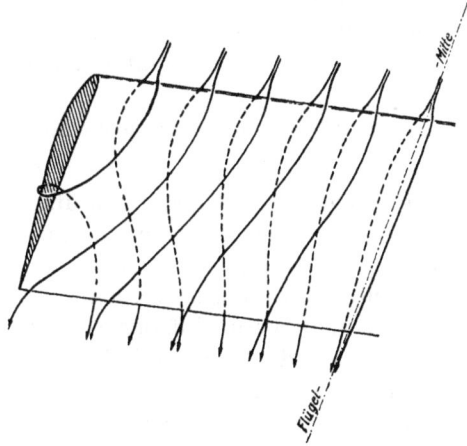

Abb. 16. Räumliche Flügelumströmung mit Unterschall- geschwindigkeit.

Die für unsere üblichen Flügel infolge dieses Auftriebsverlustes und des erheblichen Randwiderstandes so verhängnisvolle, aber unver- meidliche Längskomponente der Stromfäden, die druckseitig gegen das Flügelende gerichtet ist, scheint die Natur bei den besseren Fliegern unter den Vögeln im günstigen Sinn dadurch verwertet zu haben, daß sie durch Verwendung druckseitig konkaver Profile die Ausbildung

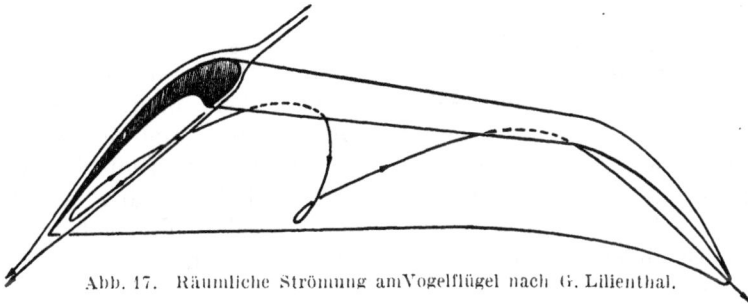

Abb. 17. Räumliche Strömung am Vogelflügel nach O. Lilienthal.

der Längsströmung kräftig fördert, und diesen flügellängsgerichteten Luftstrom, dessen Geschwindigkeit die eigentliche Fluggeschwindigkeit erheblich übertreffen kann, gegen die herabgebogene Flügelspitze leitet, ihn dort nach unten ablenkt und dann über die Flügelspitze hinaus- schießen läßt, wodurch ein erheblicher zusätzlicher Auftrieb entsteht, der keinen neuen Widerstand zur Folge hat, da die durch diesen Auftrieb entstehende Widerstandskomponente in die Flügellängsrichtung, also senkrecht zur Flugrichtung fällt und in der gleichen Kraft des andern Flügelendes ihre Reaktion findet. Weiterhin werden durch das Überschießen der Flügelspitze in der Flügellängsrichtung die Bedingungen für die Ausbildung des Randwirbels und damit des Randwiderstandes im günstigen Sinn beeinflußt (Abb. 17)[1].

213. Ebene Theorie des Auftriebes am einzelnen Flügel bei kompressibler Strömung[2].

Bei Fluggeschwindigkeiten v über der 0,2fachen Schallgeschwindigkeit in Luft machen sich die Druckunterschiede beim Umströmen eines Körpers gegenüber dem absoluten Atmosphärendruck bereits in solcher Weise geltend, daß die tatsächlich vorhandene Kompressibilität der Luft nicht mehr vernachlässigt werden darf. Da Drücke und Geschwindigkeiten nach der Bernoullischen Beziehung zusammenhängen, lassen sich statt der ersteren auch die Geschwindigkeiten als Maßstab benützen.

Glauert kommt auf Grund streng theoretischer Überlegungen zu dem Schluß, daß, solange die Strömungsgeschwindigkeit v_x an keiner Stelle des Profiles die Schallgeschwindigkeit a überschreitet, der Auftrieb im kompressiblen Medium gleich dem $(1 - v^2/a^2)^{-1/2}$ fachen Auftrieb im inkompressiblen Medium ist. Die höchsten örtlichen Oberflächengeschwindigkeiten v_x treten über der Profilschulter auf, doch übersteigt nach Glauert für Profile mittlerer Dicke v_x kaum den Wert $2v$, so daß für solche Profile die theoretische Formel bis zu etwa $v = 0,5$ bis $0,6a$ einen guten Anhalt liefert. Bei dicken Profilen liegt die Gültigkeitsgrenze entsprechend niedriger, bei sehr dünnen Profilen steigt sie im Grenzfall bis nahe an $v = a$. Bis $v = 0,6a$ steigt der Auftrieb im kompressiblen Medium daher um 25% des Auftriebes im inkompressiblen Medium. Sobald an der Profilschulter die örtliche Oberflächengeschwindigkeit die Schallgeschwindigkeit überschreitet, entstehen dort Kompressionswellen, die zum raschen Abfall des Auftriebes und Anwachsen des Profilwiderstandes führen. Die Gültigkeitsgrenze der Formel und damit des günstigen Profilverhaltens hängt aber nicht nur von der Profilgestalt ab, derart, daß sie jedenfalls bei hohen Auftriebsbeiwerten eher erreicht wird als bei niedrigen.

---

[1] Näheres siehe: G. Lilienthal, Die Biotechnik des Fliegens. 1925. — E. Sänger, Über Flügel hoher Güte. Flugsport, April 1931.

[2] Bryan, The Effect of Compressibility of Stream Line Motions. Techn. Rep. of the Advisory Comm. for Aeronautics, London, Rep. 55 (1918), Rep. 640 (1919). — Glauert, The Effect of the Compressibility on the Lift of an Aerofoil. Trans. Roy. Soc. London (A) 118, 113, 1928. — Busemann, Profilmessungen bei Geschwindigkeiten nahe der Schallgeschwindigkeit. Jahrbuch der WGL 1928.

Zusammenfassend kommt Glauert zu nachstehenden allgemeinen Folgerungen:

1. Wenn die Geschwindigkeit von Null auf $0,6\,a$ anwächst, wächst der Auftriebsbeiwert gemäß dem Faktor $(1 - v^2/a^2)^{-1/2}$, und der auftriebslose Anstellwinkel bleibt ungeändert.

2. Zwischen $v \;.\!\!\_\; 0,6\,a$ und $v = a$ fällt der Auftrieb, aber die kritische Geschwindigkeit, bei welcher der Auftrieb rasch zu fallen beginnt, hängt von der Gestalt des Profiles ab. Der rasche Abfall zeigt sich wahrscheinlich früher bei den höheren Auftriebsbeiwerten.

Zu ähnlichen Ergebnissen kommt Busemann mit Hilfe der sog. »Stromlinienanalogie«. Nach ihm erhält man ein brauchbares Bild, wenn man sich die Stromlinien der inkompressiblen Strömung aus Blech realisiert denkt, zwischen denen dann die kompressible Strömung fließt, deren Drücke durch die Stromlinienbleche festgelegt sind. Die auf den Staudruck bezogenen Unter- und Überdrücke sind bei der kompressiblen Strömung um $(1 - v^2/a^2)^{-1}$ größer als bei inkompressibler. Bei kompressibler Strömung reichen daher die Zentrifugalkräfte nicht aus, um den erhöhten Über- und Unterdrücken das Gleichgewicht zu halten, wie es bei der inkompressiblen Strömung ja der Fall ist. Verkürzt man aber das ganze Strömungsbild samt dem Profil in der Strömungsrichtung um $(1 - v^2/a^2)^{1/2}$, so wachsen alle Krümmungsradien und damit die Fliehkräfte auf das nötige Maß (Abb. 18). Kennt man

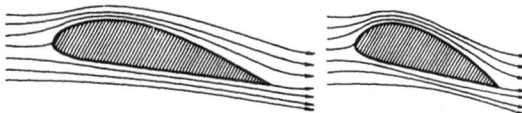

Abb. 18. Stromlinienanalogie zur Erfassung kompressibler Profilumströmung.

somit den Strömungsverlauf im inkompressiblen Fall, so lassen sich die Strömungsbilder auch bei kompressibler Strömung in demselben Fall für alle v/a bestimmen. Man findet so für die ebene Platte und einen Kreisbogen mit genauer, für alle wenig gekrümmten, dünnen Profile mit genäherter Gültigkeit eine Auftriebserhöhung um den Faktor $(1 - v^2/a^2)^{-1/2}$. Das Verfahren setzt Stromlinien geringer Krümmung und Fehlen starker Kantenumströmungen voraus.

Die sog. »Potentiallinienanalogie« kommt auf anderem Weg zu ähnlichen Schlüssen. Sie geht von der Übertragung der Potentiallinien, statt wie oben der Stromlinien, von dem inkompressiblen auf den kompressiblen Fall aus. Um die zu den Potentiallinien orthogonalen Stromlinien weniger konvergent und divergent zu erhalten, muß die Krümmung der Potentiallinien durch die bei der Stromlinienanalogie besprochene Verzerrung vermindert werden, die sich aber lediglich auf die

Potentiallinien erstreckt. Die Begrenzung des umströmten Körpers ergibt sich nach der Verzerrung als Stromlinie orthogonal zu den Potentiallinien. Als Hauptverzerrungsrichtung wählt man die Verbindungslinie des vorderen und hinteren Verzweigungspunktes der Stromlinie am Körper, da die verzerrte Körperkontur sonst keine geschlossene Linie bildet. Der Körper erhält dadurch eine um den Faktor $(1 - v^2/a^2)^{1/2}$ geringere Dicke und analog verminderten Anstellwinkel, also gerade entgegengesetzt wie bei der Stromlinienanalogie. Im übrigen zeigt sich auch hier, daß der Verlauf der kompressiblen Strömung qualitativ ähnlich ist wie bei inkompressibler Strömung, daß aber mit zunehmender Geschwindigkeit die Dichte abnimmt, daher an Stellen hoher Geschwindigkeit der Stromlinienabstand verhältnismäßig größer ist als bei inkompressibler Strömung. Da aber bei konvexen Krümmungen die Geschwindigkeit höher, bei konkaven Krümmungen geringer ist, wirkt die Kompressibilität im Sinn einer Verstärkung der Stromlinienkrümmung.

Ihren praktischen Ausdruck findet die Potentiallinienanalogie in der »Prandtlschen Regel«[1]), die für schlanke Körper mit geringer Neigung der Oberflächenelemente gegen die ungestörte Strömung bis etwa $v/a \doteq 0,8$ gilt:

»Wird ein flacher Körper von einer elastischen (kompressiblen) Flüssigkeit mit einer Geschwindigkeit $v < a'$ angeströmt, so sind die auf den Körper wirkenden Drücke dieselben, wie bei einem entsprechenden Körper in unelastischer Flüssigkeit bei gleicher Geschwindigkeit und Dichte, wenn sich die Ordinaten y v des Körpers in der elastischen Flüssigkeit zu den entsprechenden Ordinaten y' des Körpers in der unelastischen Flüssigkeit verhalten wie:

$$y/y' = \sqrt{1 - (v/a)^2}.$$

Wegen der gleichen Druckverteilung sind auch die Voraussetzungen für Wirbelablösung in beiden Fällen annähernd gleich.«

Damit ergibt sich beispielsweise für eine ebene Platte, daß sie im kompressiblen Medium beim Anstellwinkel α denselben Auftrieb hat wie im inkompressiblen Medium beim Anstellwinkel $\alpha' = \alpha/\sqrt{1 - v^2/a^2}$.

Flügelprofile haben nach der Prandtlschen Regel in kompressiblen Medien dieselben Eigenschaften wie in inkompressiblen, wenn man Profildicke, Wölbungspfeil und Anstellwinkel im Verhältnis $\sqrt{1 - v^2/a^2}$ verkleinert.

Die Verhältnisse bei teilweiser Überschreitung der Schallgeschwindigkeit, während die Fluggeschwindigkeit selbst also noch unter oder

[1]) Ackeret, Über Luftkräfte bei sehr großen Geschwindigkeiten, insbesondere bei ebenen Strömungen. Helvetica physica Acta I.

erst knapp über der Schallgeschwindigkeit liegt (Bereich von etwa $v = 0.8a$ bis $v = 1.2a$ für dünne Profile), sind theoretisch noch fast unerforscht[1]).

214. Räumliche Theorie des Auftriebes am einzelnen Flügel bei kompressibler Strömung[2]).

Die in der räumlichen Theorie des Auftriebes am einzelnen Flügel bei inkompressibler Strömung gefundenen Verhältnisse lassen sich auf kompressible Strömungsverhältnisse in einfacher Weise übertragen, wenn man mit Busemann von einer räumlichen Erweiterung der Stromlinienanalogie oder der Potentiallinienanalogie Gebrauch macht.

Bei der Stromlinienanalogie wird die Flügelspannweite b im selben Maß verzerrt, wie die Flügeldicke d.

Bei der Potentialflächenanalogie wird bei unveränderter Flügeltiefe t die Spannweite b im selben Maß verlängert, wie die Flügeldicke d und der Anstellwinkel x verkleinert werden. (Das folgt daraus, daß der durch die Staupunkte definierte Flügelumriß mit den Potentialflächen verzerrt wird, während das Flügelprofil erst nachträglich als Stromlinie orthogonal zu den verzerrten Potentialflächen gezeichnet wird.) Die räumliche Anwendung der Potentialflächenanalogie ist auf den Fall näherungsweise abwickelbarer Potentialflächen beschränkt.

Die zum kleinsten Randwiderstand gehörige Auftriebsverteilung ergibt sich im kompressiblen Fall elliptisch über der Flügelspannweite, der Randwiderstand errechnet sich entsprechend.

215. Ergebnisse von Versuchen an Flügelprofilen bei geringer Geschwindigkeit.

Die Ergebnisse der in üblichen Windkanälen mit etwa 20 bis 60 m/sec ungestörter Stromgeschwindigkeit vorgenommenen Versuche an Flügelprofilen haben für unsere Zwecke nur mittelbaren Wert.

Ferner sind die Ergebnisse systematischer Versuchsreihen in den Mitteilungen der jeweiligen Institute (etwa Göttingen, Eiffel usw.) so anschaulich dargestellt und auch bekannt, daß wir hier darauf verweisen können.

Die Einflüsse der systematischen Abänderung der mittleren Profilwölbung, Profildicke, der Ausbildung des Profilkopfes oder der Hinterkante, die Eigenschaften von druckpunktfesten Profilen, Schlitzprofilen usw. können dort studiert werden.

---

[1]) Bateman, Proc. Roy. Soc. London (A) 125, 598, 1929. — Taylor, Zeitschrift für angew. Math. u. Mech. 10, 334, 1930.

[2]) Busemann, in Wien-Harms Handbuch der Experimentalphysik Bd. IV, 1931, S. 441.

216. Ergebnisse von Versuchen an Flügelprofilen bei hoher Geschwindigkeit.

Versuche an Flügelprofilen mit Anblasegeschwindigkeiten von 150 bis 350 m/sec haben für unsere Zwecke große Bedeutung, liegen aber noch sehr spärlich vor.

Die vollständigsten Versuchsreihen wurden im Auftrage der amerikanischen Regierung von Briggs[1]) durchgeführt. Einen kleinen Auszug aus ihren Ergebnissen bringt Abb. 19 und die folgende Zusammenstellung.

1. Abhängigkeit der Auftriebsbeiwerte von der Geschwindigkeit v.

Für das dickste Profil ($t/d = 5$) ist c_a nur für Anstellwinkel um 0^0 und $v/a < 0,65$ konstant, bei größeren Geschwindigkeiten wächst es mit negativen und verkleinert sich mit positiven Anstellwinkeln. Bei dünneren Profilen ändert sich c_a bis zu höheren v/a-Werten nicht, um aber nach Erreichung eines kritischen Wertes plötzlich für alle Winkel abzufallen. Auch bei negativen Anstellwinkeln ist der Abfall festzustellen. Der Winkel zu $c_a = 0$ wird mit wachsender Geschwindigkeit negativer.

2. Polaren der Auftriebs- und Widerstandsbeiwerte c_a und c_w.

Der Randwiderstand ist nach den üblichen Formeln $c_{wi} = (c_a^2/\pi) \cdot (F/b^2)$ für $F/b^2 = 0,24$ aufgetragen. Der restliche Profilwiderstand ist selbst für geringe Geschwindigkeiten nicht konstant. Bei $c_a < 0,4$, also negativem α, ist er ziemlich unklar. Bei höheren Geschwindigkeiten wächst er für gegebenes c_a mehr und mehr und die $c_{a\,max}$ werden kleiner. Die dünnen Profile verhalten sich weitaus günstiger als dicke.

3. Druckverteilungskurven.

Die Druckverteilungskurven zeigen charakteristische Zonen der Strömungsablösung, gekennzeichnet durch eine scharfe Spitze, die von konstantem Abfall gefolgt ist, wie er auch an Zylindern oder Kugeln nach der Strömungsablösung beobachtbar ist. Es läßt sich für jedes Profil ein kritischer Anstellwinkel und eine kritische Geschwindigkeit angeben, wo Strömungsablösung erfolgt. Die Lokalisierung der Ablösung wird erleichtert durch die Tatsache, daß für Wirbelströmung der Druck an der Hinterkante geringer ist als der statische Druck,

---

[1]) Briggs, Hull, Dryden, Aerodynamic Characteristics of airfoils at high speeds. Nat. Advisory Comm. for Aeronautics U.S.A., Rep. 207, 465, 1924. — Briggs, Dryden, Pressure distribution over airfoils at high speeds. Nat. Advisory Comm. for Aeronautics U.S.A., Rep. 255, 555, 1926.

Profile

t/d = 10

t/d = 5

Polaren

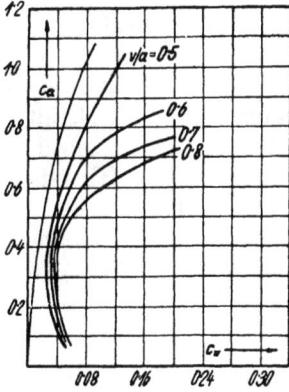

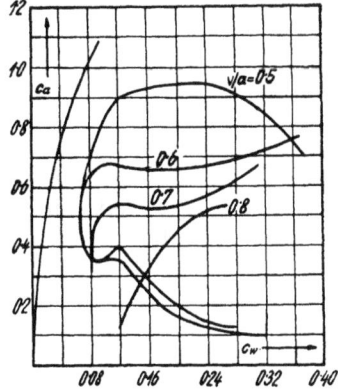

Druckverteilungen

$$\left(\text{Ordinaten:} \frac{p-p_0}{q} = \frac{\Delta p}{q}\right)$$

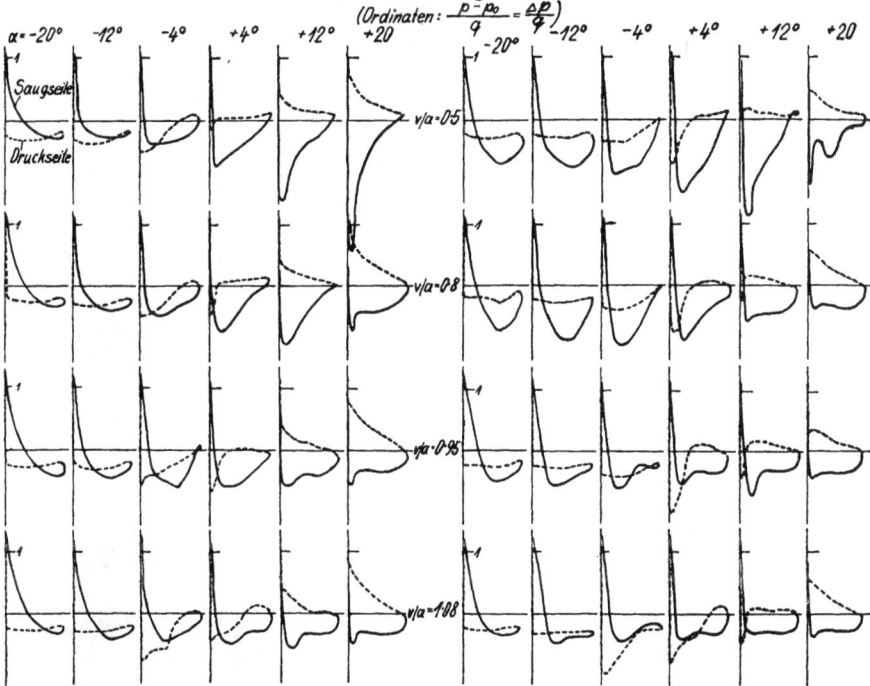

Abb. 19. Auszug aus den Briggsschen Versuchsergebnissen über Luftkräfte an Flügelprofilen bei hoher Geschwindigkeit.

während es bei Laminarströmung umgekehrt ist. Die Ablösung scheint plötzlich auf engem Bereich zu entstehen und vergrößert sich mit der Geschwindigkeit oder mit α sehr rasch. Die Tatsache des Ablösebeginns an der Größtordinate des dünnen Profiles ist nicht ganz klar aus den Druckkurven allein erklärlich, obwohl Anzeichen dafür beobachtbar sind. Das plötzliche Abreißen ist die Ursache des Abfalles von c_a und drückt sich darin deutlich aus. Es tritt für dünne Profile zwischen $0,8a$ und $0,95a$ bei kleinen Winkeln, für dicke Profile zwischen $0,65a$ und $0,80a$ auf. Die Ablösung ergibt sich mehr von der Kompressibilität (v/a) als von der Reynoldsschen Zahl abhängig, ferner scheint auch größere Flügelschlankheit die Ablösung zu begünstigen. Der höchste beobachtete Druckabfall an der Saugseite beträgt 37 cm Hg oder $p/p_0 = 0,51$. Die Ähnlichkeit mit dem kritischen Luftverhältnis $p/p_0 = 0,53$ läßt schließen, daß bei Bernoullischer Strömung dieses Gefälle nicht überschritten werden kann. Geringere Drücke (bis 0,25 at) wurden nur im Wirbelstrom beobachtet. Strömungsbeobachtungen in Profilnähe mittels in Öl gelöster Rußschicht zeigten bei $v/a = 1,08$ und $\alpha = 0^0$ an dem dünnsten ($t/d = 10$) bzw. dicksten ($t/d = 5$) Profil, daß die Strömung in 0,43 bzw. 0,29 der Flügeltiefe Abstand von der Profilnase von der Oberseite abgerissen ist und daß das entstehende Vakuum durch einen Luftstrom von der Flügelunterseite um die Profilhinterkante nach oben und vorn ausgefüllt wird. Es bildet sich an der Oberseite ein gut sichtbares Strömungsgebiet entgegengesetzt der Hauptströmung. Das Wirbelgebiet beginnt bei dünneren Profilen knapp hinter der größten Ordinate, bei dicken Profilen an der Hinterkante. Versuche mit Fäden zeigten dieselben Ergebnisse. Die Gegenströmung ist anfangs außerordentlich dünn und wird mit größerem Anstellwinkel rasch dicker. Bei kleinen Geschwindigkeiten beginnt die Kehrströmung bei relativ großen Anstellwinkeln und ist mit der bekannten Strömungsablösung identisch. Bei hohen Geschwindigkeiten beginnt sie bei kleinen Anstellwinkeln und ist von raschem Abfallen des c_a und raschem Anwachsen des c_w begleitet.

Zusammenfassend haben die umfangreichen Briggsschen Versuche ergeben:

1. c_a fällt für einen festen Anstellwinkel sehr rasch ab, wenn die Geschwindigkeit wächst. Ursache sind scheinbar die Ablöseerscheinungen an der Saugseite und die Auffüllung des entstehenden Vakuums durch Umströmung der Hinterkante.

2. c_w wächst unter denselben Umständen rasch, vermutlich wegen des vermehrten Energieverbrauchs zur Wellenbildung beim örtlichen Überschreiten der Schallgeschwindigkeit an der Profilschulter.

3. Das Druckzentrum wandert gegen die Hinterkante.

4. Die kritische Geschwindigkeit, bei der die rasche Änderung der Beiwerte beginnt, sinkt mit steigendem Anstellwinkel und mit steigender Profildicke.

5. Der Anstellwinkel zu $c_a = 0$ steigt gegen hohe negative Werte und wird dann rasch Null.

6. Die kritische Geschwindigkeit ist durch den Beginn der Strömungsablösung an der Saugseite festgelegt.

22. Auftrieb im Überschallbereich. Allgemeines.

Obwohl der Übergang der Fluggeschwindigkeit von der Unterschallgeschwindigkeit zur Überschallgeschwindigkeit keine unstetige Änderung der Strömungsverhältnisse am Flügelprofil bedeutet, da ja schon bei weit geringerer Fluggeschwindigkeit, als die Schallgeschwindigkeit es ist, an einzelnen Oberflächenstellen die Schallgeschwindigkeit überschritten wird und dieser Bereich sich mit zunehmender Fluggeschwindigkeit nur eben vergrößert, bedeutet trotzdem dieser Übergang für die theoretische Behandlung erhebliche Erleichterungen, da bei genügender Überschreitung nur mehr Überschallstrombilder zu untersuchen sind, deren rechnerische Erfassung teilweise einfacher möglich ist als die der reinen Unterschallströmung, vom Geschwindigkeitsbereich beider Stromarten gar nicht zu sprechen.

Allerdings müssen auch hier einige nur mehr oder weniger zutreffende Annahmen vorweggenommen werden. Zunächst werden die hier allerdings unmittelbar kaum sehr ins Gewicht fallenden Reibungskräfte, wie bei der Behandlung des Unterschallauftriebes, völlig vernachlässigt. Weiters kann aber auch auf die hier sehr bedeutungsvollen Ablösevorgänge an der Saugseite von vornherein keine Rücksicht genommen werden. Schließlich wird die Strömung frei von äußeren Kräften, Wirbeln und frei von Wärmeleitung angenommen.

Wenn sich deshalb für ein gegebenes Profil auch die Kräfte kaum mit voller Sicherheit ausrechnen lassen, so sind die Grenzen, in denen sie zu erwarten sind, doch ziemlich angebbar.

Auf einige Eigenschaften der Überschallströmung möge gleich hier hingewiesen werden.

Während die Luft beim Umströmen eines Körpers mit Unterschallgeschwindigkeit am Körper beschleunigt vorbeifließt, weil der Raum verengt wird, fließt sie mit Überschallgeschwindigkeit verzögert vorbei.

Weiters bilden sich bei der Überschallströmung Wellen, die mit den Oberflächenwellen auf dem Wasser, insbesondere in Begleitung eines fahrenden Schiffes, Ähnlichkeit haben.

Schließlich zeigt die Überschallströmung noch die der Unterschallströmung ganz fremde Tatsache, daß sich Störungen in ihr niemals stromaufwärts geltend machen, sondern nur stromabwärts innerhalb eines Kegels mit der Spitze im Störzentrum und von ganz bestimmtem Öffnungswinkel.

221. Ebene Theorie des Auftriebes am einzelnen Flügel bei reiner Überschallströmung.

2211. Strömung um eine ausspringende Kante.

Die erste analytische Grundlösung dieses ebenen Problems stammt von Prandtl-Meyer[1]). Betrachtet wird zunächst ein Gasstrom mit Überschallgeschwindigkeit parallel über einer Wand $A—B$ (Abb. 20).

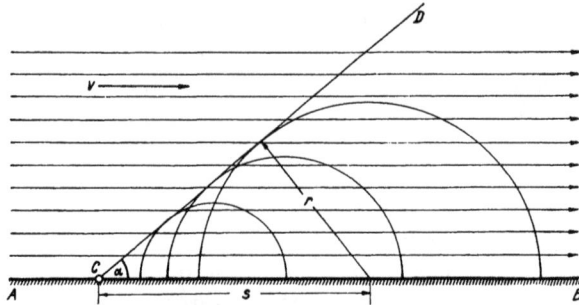

Abb. 20. Ebene Überschallströmung parallel zu einer ebenen Wand.

Ein kleines Hindernis in C verursache eine schwache Störung des gleichmäßigen Gasstromes. Die Störung pflanzt sich relativ zum bewegten Gas mit der zur Gastemperatur gehörigen Schallgeschwindigkeit in Zylinderwellen fort. Die Lage einer solchen Zylinderwelle zu verschiedenen Zeiten wird durch die gezeichneten Kreise dargestellt. Der Kreisradius wächst mit der verstrichenen Zeit $r = a \cdot t$. Der Kreismittelpunkt verschiebt sich mit der Geschwindigkeit v, so daß $s = v \cdot t$. Alle Lagen haben daher eine Einhüllende $C—D$, die mit der Stromrichtung den Winkel m einschließt, der als Machscher Winkel bekannt ist.

$$\sin m = r/s = a/v.$$

Die Einhüllende ist daher nur vorhanden, wenn $v > a$ ist.

Die im Punkt C ständig neu entstehenden Wellen geben nur da eine merkbare Störung, wo sie am dichtesten liegen, also längs der Machschen Linie $C—D$. Nach Überschreitung der Schallgeschwindigkeit kann sich eine Störung im Gas daher nicht entgegen der Strömung

---

[1]) Meyer, Über zweidimensionale Bewegungsvorgänge in einem Gas, das mit Überschallgeschwindigkeit strömt. Mitteilg. Forschungsarbeiten VDI, Heft 62, 1908. Hier teilweise nach der Ackeretschen Darstellung in Scheeles Handbuch der Physik.

fortpflanzen, sondern wird von der Strömung fortgerissen und pflanzt sich unter dem Machschen Winkel in ihr fort.

Hier ist zunächst der Sonderfall der Strömung um eine Ecke zu behandeln (Abb. 21), wo der Gaszustand längs eines Radius derselbe ist. Die Störung des mit Überschallgeschwindigkeit strömenden Gases an der Ecke pflanzt sich unter dem Machschen Winkel ins Gasinnere fort. Die zur Wand $A—C$ parallelen Strömungslinien erfahren längs

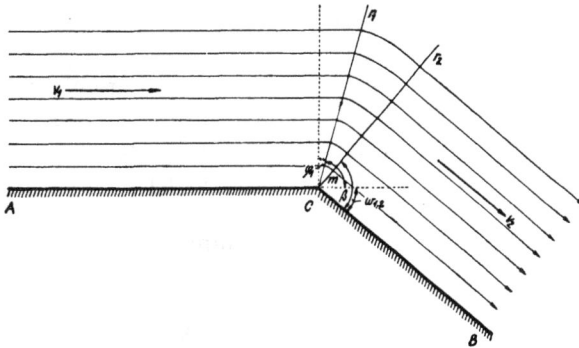

Abb. 21. Ebene Überschallströmung um eine ausspringende Kante.

dieses Radius r_1 eine Ablenkung, da dort die Expansion beginnt. Nach genügender Expansion gehen die Strömungslinien längs des zweiten Machschen Winkels β parallel zur Wand $C—B$ weiter. Die Expansion kann man sich als Vorgang denken, der durch unendlich viele Elementarstörungen hervorgerufen wird, die alle unter Machschen Winkeln von der Ecke aus in den inneren Gasstrom vordringen. Der Vorgang ist im Wesen derselbe, wie bei der Ausströmung eines Gases mit Expansion ins Freie. Da sich zwischen dem ausströmenden Gas und der äußeren, ruhenden Luft eine trennende Schicht bildet, kann die feste Wand $C—B$ auch durch ruhende äußere Gasmasse ersetzt werden, in welche der Strahl expandiert. In diesem Fall expandiert das Gas solange, bis der im Gasstrom herrschende Druck gleich dem Druck der Gasmasse ist, in die er hineinströmt, um dann in parallelen Stromlinien weiterzufließen. Läßt man die stumpfe Ecke gestreckt werden, so ergibt sich der Grenzfall Abb. 20. Bei weiterer Drehung der Wand $C—B$ entsteht Kompression. Die analoge Behandlung wie bisher würde zur Selbstdurchsetzung der Strömung führen. Da das aber nicht möglich ist, entsteht eine Diskontinuität, der Verdichtungsstoß zur plötzlichen Drucksteigerung, den wir getrennt behandeln werden.

Denken wir uns also zur Expansion die Wand $A—C$ in C aufhörend, die Wand $C—B$ daher ganz weg, ferner auf der Unterseite von $A—C$ tieferen Druck als auf der Oberseite, so macht sich die Drucksenkung beim Umströmen von C im Bereich A--C—r_1 wieder nicht bemerkbar, sondern erst vom Radius r_1 ab, der durch den Machschen Winkel $\sin m = a/v$ festgelegt ist. Unter der Drucksenkung kommt es, ganz wie bei der stumpfen Ecke, zur Stromablenkung. Unter der Voraussetzung reibungsloser, kräftefreier Strömung, adiabatischer Zustandsänderung und Wirbelfreiheit ergeben sich wieder sämtliche Zustands- und Geschwindigkeitsgrößen von r unabhängig, der Beginn der Ablenkung liegt am Radius r_1, das Ende am Radius r_2, die Stromlinien sind innerhalb $r_1\,r_2$ gekrümmt, außerhalb gerade. Sie sind ferner geometrisch ähnlich mit dem Ähnlichkeitszentrum in C.

In den weiteren Überlegungen wird zur Vereinfachung zunächst vorausgesetzt, daß das über A—C ankommende Gas eben seine Schallgeschwindigkeit a' habe und daß die Expansion bis auf den Druck Null erfolge, also auf der andern Wandseite der Druck $p = 0$ sei (Abb. 22).

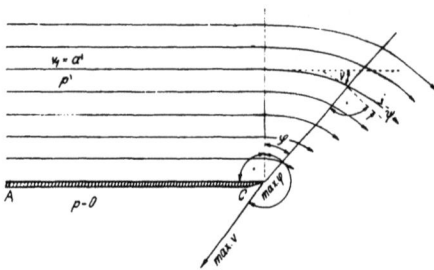

Abb. 22. Ebene Überschallströmung um das Ende einer ebenen Wand.

Die Druckabsenkung beginnt dann längs der von C unter 90^0 zu A—C ausgehenden Machschen Welle, von der aus der Winkel φ gezählt wird.

Das Geschwindigkeitspotential ergibt sich in diesem Fall zu:

$$\Phi = \sqrt{2\,i_0/A} \cdot r \sin\left(\sqrt{\frac{\varkappa-1}{\varkappa+1}}\,\varphi\right),$$

worin A das mechanische Wärmeäquivalent, i_0 der Wärmeinhalt des Gases je Masseneinheit im Zustand vor Bewegungsbeginn, also

$$\sqrt{2\,i_0/A} = v_{\max} = a'\sqrt{(\varkappa+1)/(\varkappa-1)},$$

d. i. die größte Geschwindigkeit bei adiabatischer Expansion auf den Druck Null.

Aus dem Geschwindigkeitspotential folgen die Geschwindigkeitskomponenten:

radial:

$$v_r = \frac{\partial\Phi}{\partial r} = \sqrt{2\,i_0/A}\,\sin\left(\sqrt{\frac{\varkappa-1}{\varkappa+1}}\,\varphi\right),$$

tangential:

$$v_t = \frac{\partial\Phi}{r\,\partial\varphi} = \sqrt{2\,i_0/A}\,\sqrt{\frac{\varkappa-1}{\varkappa+1}}\,\cos\left(\sqrt{\frac{\varkappa-1}{\varkappa+1}}\,\varphi\right),$$

beide von r unabhängig.

Aus $(i_0 - i)/A = (v_r^2 + v_t^2)/2$ folgen die Zustandsgrößen, ebenfalls von r unabhängig, und weiter $v_t = a'$.

Der Druck in Abhängigkeit von φ ergibt sich:

$$\varphi = \frac{1}{2}\sqrt{\frac{\varkappa + 1}{\varkappa - 1}}\ \mathrm{arc}\ \cos\left[(\varkappa + 1)\,(p/p_0)^{\frac{\varkappa - 1}{\varkappa}} - 1\right],$$

worin p_0 der Anfangsdruck im Ruhezustand des Gases.

Bei Expansion ins vollkommene Vakuum wird $p = 0$ und $\varphi_{\max}$ $= \frac{\pi}{2}\sqrt{\frac{\varkappa + 1}{\varkappa - 1}}$, d. h., daß nicht der ganze untere Halbraum von der umbiegenden Strömung erfüllt wird. Für $\varphi_{\max}$ wird $v_t = a' = 0$, die Geschwindigkeit also rein radial, sämtliche Stromlinien nähern sich dieser Richtung. Für Luft ($\varkappa = 1{,}405$) wird $\varphi_{\max} = 219^0\,19'$.

Die Polargleichung der Stromlinien ergibt sich zu

$$r = r_0\left[\cos\left(\varphi\,\sqrt{\frac{\varkappa - 1}{\varkappa + 1}}\right)\right]^{-\frac{\varkappa + 1}{\varkappa - 1}}.$$

Für die praktische Anwendung des Verfahrens sind die in Abb. 22 eingezeichneten Winkel $\psi = \pi/2 - m$ und der Ablenkungswinkel $\nu = \varphi - \psi$ von Interesse. Zwischen φ und ψ besteht die Beziehung:

$$\mathrm{tg}\ \psi = \sqrt{\frac{\varkappa + 1}{\varkappa - 1}}\ \mathrm{tg}\left[\varphi\,\sqrt{\frac{\varkappa - 1}{\varkappa + 1}}\right]\ \text{bzw.}\ \cos\psi = a/v.$$

Da alle Zustandsgrößen, Drücke, Strömungsgeschwindigkeiten usw. nur von einer Variablen abhängen, ψ, φ und ν aber eindeutig zusammenhängen, kann man jeden der drei Winkel als unabhängige Variable wählen. In Abb. 23 und Zahlentafel 22 sind die von Meyer aus den obigen Gleichungen ausgerechneten Zusammenhänge dargestellt für den Bereich von $p/p_0 = 0$ bis $p/p_0 = \left(\frac{2}{\varkappa + 1}\right)^{\frac{\varkappa}{\varkappa - 1}}$ für Luft.

Für $p/p_0 = 0$ erhält man die Funktionswerte für Strömung ins vollkommene Vakuum, für $p/p_0 = 0{,}527$ bei $\varkappa = 1{,}405$ (Luft) die Werte für ein Stromgebiet, wo die Strömungsgeschwindigkeit gleich der Schallgeschwindigkeit ist.

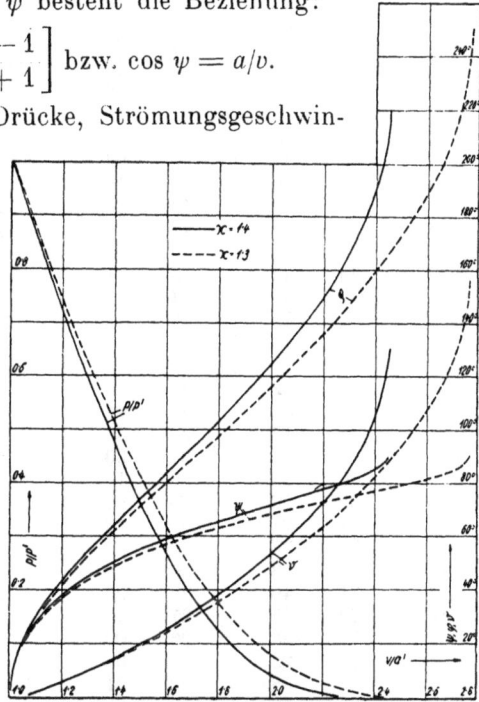

Abb. 23. Schaubild des Zusammenhanges zwischen den Gaszustandsgrößen und dem Ablenkungswinkel bei der Expansion um eine Kante für Luft ($\varkappa = 1{,}4$) und überhitzten Wasserdampf ($\varkappa = 1{,}3$) nach der Betzschen Darstellung.

Zahlentafel 22.

p_f/p_0	q		v^b		$r = q - v^b$		v/a	v/a'	Druckzahl nach Busemann
	0	′	0	′	0	′			
0	219	19	90	00	129	19	∞	2,44	—
0,01	135	33	74	19	61	14	3,70	2,089	—
0,02	125	23	71	51	53	32	—	—	946,50
0,03	118	23	70	06	48	17	2,935	1,942	951,50
0,04	113	05	68	40	44	25	—	—	955,50
0,05	108	39	67	24	41	15	2,600	1,850	958,66
0,06	104	51	66	16	38	35	—	—	961,50
0,07	101	26	65	13	36	13	—	—	963,75
0,08	98	21	64	14	34	07	2,300	1,749	965,80
0,09	95	30	63	17	32	13	—	—	967,80
0,10	92	51	62	23	30	28	2,153	1,695	969,50
0,11	90	22	61	30	28	52	—	—	971,14
0,12	88	00	60	39	27	21	2,040	1,649	972,57
0,13	85	45	59	48	25	57	—	—	974,00
0,14	83	37	58	59	24	38	—	—	975,37
0,15	81	33	58	10	23	23	1,895	1,576	976,63
0,16	79	33	57	21	22	12	—	—	977,78
0,17	77	37	56	33	21	04	—	—	978,89
0,18	75	44	55	45	19	59	—	—	980,00
0,19	73	54	54	57	18	57	—	—	981,00
0,20	72	07	54	09	17	58	1,707	1,480	982,00
0,21	70	21	53	21	17	00	—	—	983,00
0,22	68	38	52	32	16	06	—	—	983,91
0,23	66	56	51	43	15	13	—	—	984,75
0,24	65	16	50	53	14	23	—	—	985,58
0,25	63	37	50	03	13	34	1,558	1,400	986,42
0,26	61	59	49	13	12	46	—	—	987,23
0,27	60	22	48	21	12	01	—	—	988,00
0,28	58	45	47	29	11	16	—	—	988,72
0,29	57	09	46	35	10	34	—	—	989,43
0,30	55	33	45	41	9	52	1,430	1,319	990,13
0,31	53	57	44	45	9	12	—	—	990,80
0,32	52	22	43	48	8	34	—	—	991,44
0,33	50	46	42	50	7	56	—	—	992,06
0,34	49	09	41	50	7	19	—	—	993,69
0,35	47	32	40	48	6	44	1,320	1,240	993,28
0,36	45	54	39	44	6	10	—	—	993,83
0,37	44	15	38	38	5	37	—	—	994,37
0,38	42	35	37	30	5	05	—	—	994,90
0,39	40	53	36	18	4	35	—	—	995,40
0,40	39	10	35	04	4	06	1,221	1,168	995,90
0,41	37	24	33	46	3	38	—	—	996,36
0,42	35	35	32	24	3	11	—	—	996,82
0,43	33	43	30	58	2	45	—	—	997,24
0,44	31	46	29	26	2	20	—	—	997,64
0,45	29	45	27	48	1	57	1,130	1,100	998,04
0,46	27	38	26	03	1	35	—	—	998,41
0,47	25	23	24	08	1	15	—	—	998,78
0,48	22	58	22	01	0	57	—	—	999,08
0,49	20	18	19	38	0	40	—	—	999,27
0,50	17	18	16	53	0	25	1,045	1,037	999,47
0,51	13	44	13	31	0	13	—	—	999,67
0,52	8	56	8	52	0	04	—	—	999,86
0,527	0	00	0	00	0	00	1	1	1000,00

Es muß also jedenfalls $p/p_0 \lesssim 0{,}527$ sein, da sonst die wirbelfreie Überschallströmung nicht aufrechterhalten werden kann und Ablösungserscheinungen auftreten.

Da bei Überschallströmung die Vorgänge an einer bestimmten Stelle von den stromabwärts liegenden Dingen unabhängig sind, kann man aus der Grundströmung (Abb. 22) beliebige, von zwei durch die Kante gezogene Strahlen begrenzte Sektoren herausgreifen und zwischen dazupassende andere Strömungen einschieben. Dadurch ist der Übergang von der besprochenen Grundlösung auf die eingangs erwähnte allgemeine Aufgabe der Strömung um eine ausspringende Kante mit beliebiger Ablenkung $w_{1,2}$ bei gegebener Zuströmgeschwindigkeit v_1 möglich[1]).

In Abb. 23 entspricht dem v_1 ein bestimmter Punkt v_1/a' der Abszissenachse, dessen zugehöriges ν jenen gedachten Ablenkungswinkel ν_1 darstellt, der nötig wäre, um beim Ausgehen von der Schallgeschwindigkeit gemäß der Grundlösung die Geschwindigkeit v_1 zu erreichen. Gleichzeitig findet man die Winkel φ_1 und ψ_1, die die Lage der Machschen Störungslinie r_1 und die Anfangsrichtung der Störung festlegen. Nun erfolgt eine weitere Ablenkung um den Winkel $w_{1,2}$ auf $\nu_2 = \nu_1 + w_{1,2}$, für den die zu ν_2 gehörigen v_2/a', ψ_2 und φ_2 gleichfalls aus dem Diagramm zu entnehmen sind. Damit ist die Geschwindigkeit v_2, der Machsche Winkel $\beta = 90 - \psi_2$ des Radius r_2 und der Winkel φ_2 des Strahles r_2 gewonnen. Die Strömung im Übergangsgebiet zwischen r_1 und r_2 ist identisch mit der Strömung im Sektor zwischen φ_1 und φ_2 der Grundlösung.

Eine andere, vorwiegend graphische Lösung des Problems der Überschallströmung um eine ausspringende Kante wurde entwickelt von Steichen[2]), Busemann[3]) und Prandtl[4]). Eine klare Darstellung der Grundlagen des Verfahrens, der wir hier teilweise folgen, findet sich bei Ackeret[5]). Er schließt folgend: Die Differentialgleichung des Strömungspotentiales Φ ebener, reibungsfreier, stationärer, wärmeleitungsfreier und wirbelfreier Potentialströmung lautet:

$$\Phi_{xx}\left(1 - \frac{\Phi_x^2}{a^2}\right) + \Phi_{yy}\left(1 - \frac{\Phi_y^2}{a^2}\right) - 2\,\frac{\Phi_x \Phi_y}{a^2}\,\Phi_{xy} = 0,$$

[1]) Nach der Betzschen Darstellung in: Hütte I, 1931, S. 420.

[2]) Steichen, Beiträge zur Theorie der zweidimensionalen Bewegungsvorgänge in einem Gas, das mit Überschallgeschwindigkeit strömt. Dissertation Göttingen 1909.

[3]) Busemann, Zeichnerische Ermittlung von ebenen Strömungen mit Überschallgeschwindigkeit. Zeitschrift für ang. Math. und Mech. 1928. — Busemann, Zeichnerische Verfolgung von Überschallströmungen, im Abschnitt Gasdynamik von Wien-Harms Handbuch der Experimentalphysik, Bd. IV, 1931.

[4]) Prandtl-Busemann, Näherungsverfahren zur zeichnerischen Ermittlung von ebenen Strömungen mit Überschallgeschwindigkeit. Stodola-Festschrift, Zürich 1929.

[5]) Ackeret, Gasdynamik. In Geiger-Scheele, Handbuch der Physik, Bd. VII, 1927.

worin die beiden Geschwindigkeitskomponenten selbst:

$$u = \frac{\partial \Phi}{\partial x} = \Phi_x; \quad v = \frac{\partial \Phi}{\partial y} = \Phi_y.$$

Nimmt man darin ein neues, unbekanntes Potential $\chi(u,v) = ux + vy - \Phi(xy)$ an, worin u und v die unabhängigen Variablen sind, so geht die Potentialgleichung über in:

$$\frac{\partial^2 \chi}{\partial u^2} (1 - v^2/a^2) + \frac{\partial^2 \chi}{\partial v^2} (1 - u^2/a^2) + 2 \frac{\partial^2 \chi}{\partial u \partial v} \, uv/a^2 = 0.$$

Wählt man nun in der u-v-Ebene als krummlinige Koordinaten die Grundrisse der charakteristischen Kurven der transformierten Potentialgleichung, so lautet die geschlossen integrierbare Differentialgleichung dieser »Charakteristiken«:

$$\left(\frac{dv}{du}\right)^2 (1 - v^2/a^2) - 2\, dv/du \cdot uv/a^2 + (1 - u^2/a^2) = 0.$$

Dieses Ergebnis läßt eine einfache geometrische Deutung zu: Man zeichnet zwei konzentrische Kreise mit $r_1 = a'$ und $r_2 = a' \sqrt{(\varkappa + 1)/(\varkappa - 1)}$, wo a' die kritische Schallgeschwindigkeit, r_2 die maximale Geschwindig-

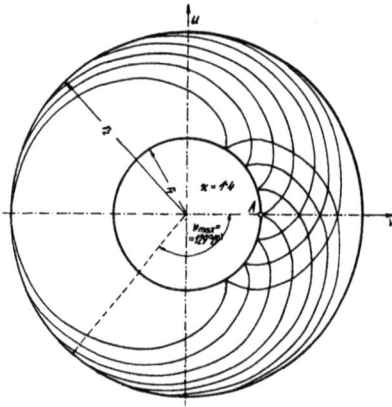

Abb. 24. Charakteristiken nach Ackeret.

keit ist. Läßt man einen Kreis $r = (r_2 - r_1)/2$ zwischen den gezeichneten Kreisen nach Abb. 24 abrollen, so liegen die erhaltenen Punkte auf den Charakteristiken. Busemann findet für die zeichnerische Behandlung des vorliegenden Problemes eine grundlegende Eigenschaft der Charakteristiken. Zeichnet man nämlich zu einer Überschallströmung ein Geschwindigkeitsbild (Hodograph) so, daß man alle in der Ebene vorkommenden Geschwindigkeiten von einem Pol aus aufträgt, so lassen sich alle Punkte mit Überschallgeschwindigkeit, die auf derselben Welle vorkommen können, eindeutig zu einer Charakteristik verbinden, die überall in der Richtung der Wellennormalen verläuft.

Die praktische Anwendung der »Charakteristiken-Methode« kann nun in folgender Art stattfinden[1]):

---

[1]) Siehe die ausführliche Darstellung von Busemann im Handbuch der Experimentalphysik!

Jedem Punkt des Strömungsplanes ist durch dessen Geschwindigkeitsrichtung ein Punkt im Geschwindigkeitsplan zugeordnet.

Da weiters die Punkte längs einer stationären Welle im Strömungs-
plan den Punkten längs einer Charakteristik im Geschwindigkeitsplan
entsprechen, stellen die Charakteristiken die Abbildungen der Wellen

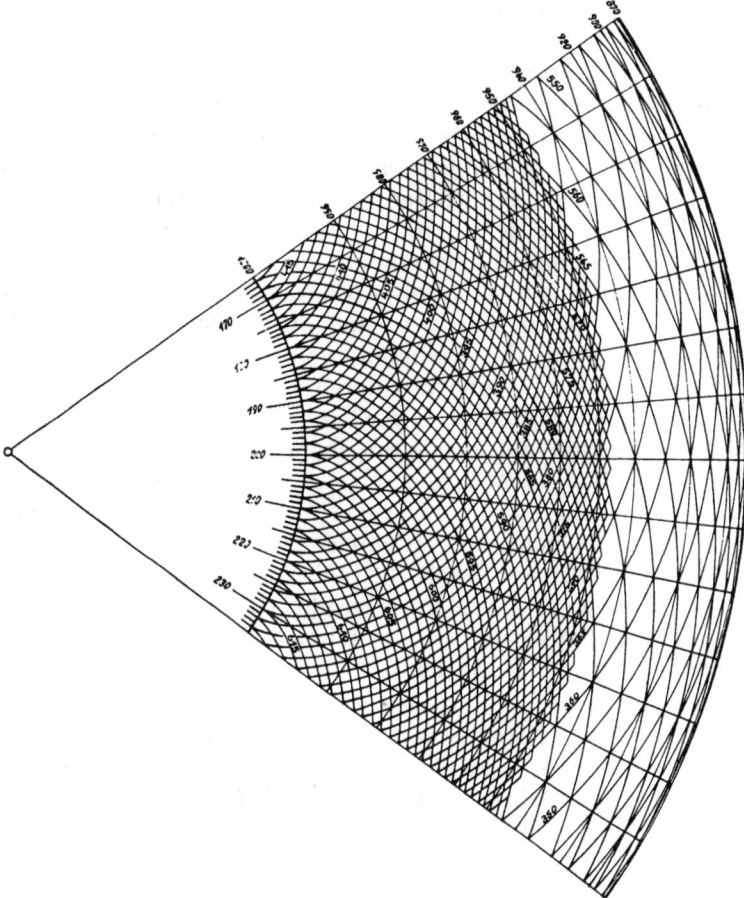

Abb. 25. Charakteristikendiagramm nach der Busemannschen Darstellung.

im Geschwindigkeitsplan dar. Daher sind auch verschiedene Strömungen
mit demselben Charakteristikendiagramm aufeinander abbildbar. Da
bei solcher Abbildung die Wellenrichtungen an entsprechenden Punkten
erhalten bleiben, können sich die Strömungen nur durch die Abstände
der Wellenscharen unterscheiden. Diese Abstände sind zeichnerisch
aus den Randbedingungen ermittelbar.

Zur praktischen Zeichnung kann man ein Charakteristikendiagramm
von der Art der Abb. 25 benützen, wobei man sich auf die Zeichnung

7*

jener Wellen beschränken wird, die den im Diagramm vorhandenen Charakteristiken entsprechen.

Zur Erleichterung des Zeichenvorganges sind die Charakteristiken gegenläufig mit den Ziffern 318 bis 417 und 518 bis 617 bezeichnet. Auf den Kreisen konstanter Geschwindigkeit (und damit konstanten Druckes) haben die einander schneidenden Charakteristiken konstante Summen mit den »Druckzahlen« 870 bis 1000 (deren wirkliche Werte aus Zahlentafel 22 entnommen werden können). Die Geschwindigkeits-richtungen sind durch die Differenzen einander schneidender Charak-teristiken mit den »Richtungszahlen« 165 bis 235 bezeichnet. Benützt man für die Zeichnung nur jede $n$te dieser Charakteristiken in beiden Scharen, so liegen die gemittelten Geschwindigkeiten und Richtungen an den Schnittpunkten der um $n/2$ verschobenen Charakteristiken beider Scharen. Weiters empfiehlt Busemann zur Bezeichnung des Zustandes die Ziffern dieser beiden gemittelten Charakteristiken in jedes Feld des Strömungsplanes so zu schreiben, daß die größere oben, die kleinere darunter steht, wenn die Strömung von links nach rechts verläuft. Tritt die Strömung über eine von unten kommende Welle in ein neues Feld, so ändert sich gegenüber dem eben verlassenen Feld nur die untere Zahl um n Einheiten und analog die obere Feldzahl bei einer von oben kommenden Welle. Je nachdem, ob die Änderung sich als Ansteigen oder Abfallen der Feldzahl ausdrückt, liegt eine voll auszuziehende »Verdichtungslinie« oder eine strichliert zu zeichnende »Verdünnungs-linie« vor. Die Strichart behält die Welle dann bis an den Rand bei. Die Richtung eines Wellenstückes ergibt sich senkrecht zur Verbin-dungslinie jener Punkte im Geschwindigkeitsbild, die durch die Feld-zahlen der beiden durch das Wellenstück getrennten Felder bestimmt sind.

In den Anfangsfeldern ergeben sich die Zahlen durch die Anfangs-bedingungen, an den festen Strahlgrenzen durch die Randbedingungen. Dabei ist die Richtung, also die Differenz der Feldzahlen gegeben, und man hat darauf zu achten, daß diese als Differenzen der Feldzahlen auch wirklich auftreten.

2212. Strömung um konvex gewölbte Fläche[1]).

Die außerordentliche Bedeutung des Prandtl-Meyerschen Verfah-rens für die Behandlung der Überschallflügel liegt in der Tatsache, daß es ebenso wie das graphische Prandtl-Busemannsche Verfahren nicht nur für eine einmalige Strömungsablenkung an einer Ecke, sondern auch für Strömungsablenkungen an einer Reihe konvexer Ecken und in weiterer Folge also auch an einer konvexen stetigen Kurve gültig bleibt.

---

[1]) Nach der Ackeretschen Darstellung in Geiger-Scheele, Handbuch der Physik, Bd. VII, 1927.

Man kann nämlich die Prandtl-Meyersche Strömung auf einem beliebigen Fahrstrahl, etwa A—C der Abb. 26 unterbrechen und ein Stück einer geradlinigen Strömung ansetzen, ohne daß die Strömung in A—B—C irgendwie geändert würde. Wie schon erwähnt, ist die innere Ursache dieser, der Unterschallströmung fremden Tatsache die, daß alle Störungen sich nicht stromaufwärts, sondern nur innerhalb des Machschen Winkels stromabwärts geltend machen können.

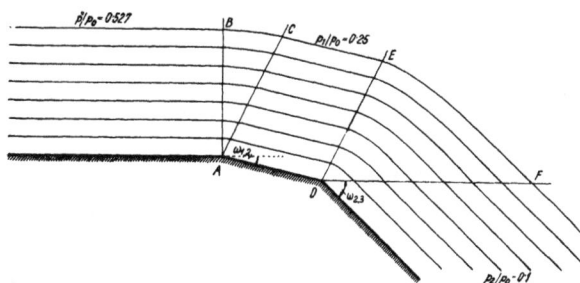

Abb. 26. Ebene Überschallströmung um mehrere ausspringende Kanten.

Strömt z. B. längs einer Wand bis A (Abb. 26) ein Gas mit dem kritischen Druck $p' = 0{,}527\,p_0$, worin p_0 der Druck im ruhenden Gas ist, und legt man in A eine zweite Wand A—D, die mit der Verlängerung der ersten den Winkel $w_{1,2}$ einschließt, so kann man aus dem Verhältnis p'/p_0 und dem Winkel $w_{1,2}$ das Druckverhältnis p_1/p_0 in bekannter Weise errechnen, wenn p_1 der längs der neuen Wand A—D konstante Druck ist. Das Gas expandiert bei diesem Vorgang so lange auf der Kurve v der Abb. 23, bis der Ablenkungswinkel $w_{1,2}$ erreicht ist. Dann ist $v_2 = w_{1,2} + v_1$ und durch Interpolation in der Zahlentafel 22 oder unmittelbar aus dem Diagramm Abb. 23 kann für das Argument v_2 das entsprechende p_1/p_0 gefunden werden. Reiht man mehrere solcher Wände aneinander, so hat man längs der letzten Wand einen der Gesamtablenkung $w_{1,n}$ entsprechenden Druck, wobei $w_{1,n}$ der Winkel zwischen der letzten Wand und der Verlängerung der ersten ist.

Weiters ist dann $v_n = w_{1,n} + v_1$. Alle Wände müssen dabei dem Strahl stumpfe Winkel zukehren, da alle bisherigen Rechnungen nur für Expansion Geltung besitzen.

Verkleinert man die einzelnen Teile unendlich, so geht der polygonale Längsschnitt der Wand in eine stetige Kurve über.

Als Gesamtablenkung bis zu einem bestimmten Punkt P der Kurve $w_{1,p}$ hat man hier den Winkel zwischen der Kurventangente in diesem Punkt und der Anfangsrichtung zu betrachten. Dadurch erhält man das diesem Punkt entsprechende Druckverhältnis, wie oben angegeben. Die stetige Kurve muß dabei der Strömung immer ihre konvexe Seite zuwenden, die Gestalt der Kurve ist im übrigen gleichgültig.

In Abb. 27 kommt der Strom mit Überschallgeschwindigkeit in A an. Die φ-, ψ-, ν-Werte seien dort φ_a, ψ_a, ν_a. An der Oberseite ist der dort einsetzende Expansionsvorgang durch die Neigung der Oberfläche gegen die ursprüngliche Stromrichtung bestimmt. Ist diese im Punkt P gleich $w_{1,p}$, so ist $\nu_p = \nu_a + w_{1,p}$, mit ν_p sind dann auch ψ_p und φ_p gegeben, so daß sich die Störungslinien, längs denen auch hier der Stö-

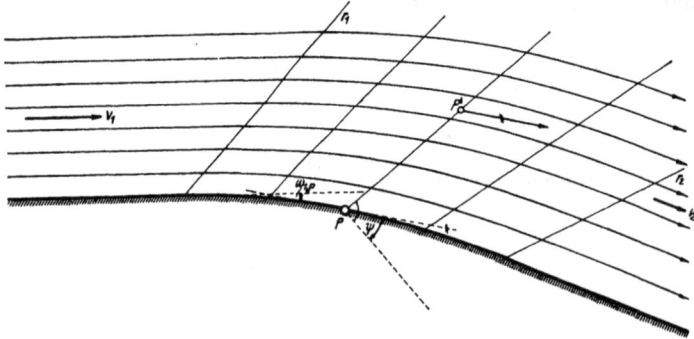

Abb. 27. Ebene Überschallströmung um eine konvex gewölbte Fläche.

rungszustand konstant ist, angeben lassen. Die Machschen Störungslinien bilden mit der Wandnormalen den Winkel ψ. Die Stromlinien lassen sich dadurch einfach konstruieren, daß ihre Tangentenrichtung in einem beliebigen Punkt P' übereinstimmt mit der Tangentenrichtung in jenem Wandpunkt, der auf derselben Störungslinie liegt.

Die Anwendung des neueren graphischen Verfahrens von Prandtl-Busemann auf den Fall der Überschallströmung um eine konvex gewölbte Fläche ergibt sich aus der gegebenen Erläuterung des Verfahrens von selbst und kann daher hier übergangen werden.

2213. Strömung um eine einspringende Kante.

Die erste analytische Lösung dieses ebenen Problems stammt wieder von Prandtl-Meyer[1]). Da sie für die praktische Anwendung etwas weniger handlich erscheint, als das für diesen Fall von Busemann ausgebildete Stoßpolarenverfahren, möge sie kürzer behandelt werden, vorzüglich um an ihr die qualitativen Vorgänge zu erläutern.

Wird einem Gasstrom, der mit Überschallgeschwindigkeit in der Richtung $A—B$ fließt, eine unstetige Ablenkung um den Winkel $w_{1,2}$ aufgezwungen, so kann sich kein Übergangsgebiet wie bei der Umströmung einer ausspringenden Kante einstellen, da die von dort für

[1]) Meyer, Mitt. Forschungsarb. VDI, Heft 62, 1908; hier teilweise nach der Ackeretschen Darstellung in Geiger-Scheele, Handbuch der Physik 1927 und nach der Betzschen Darstellung in Hütte I, 1931.

die hier vorliegenden Verhältnisse übernommenen Strömungsvorgänge
zur Selbstdurchsetzung der Strömung führen würden. Statt dessen
stellt sich bei bestimmten Winkeln $w_{1,2}$ eine zwischen den beiden Machschen Störungslinien liegende Unstetigkeitsfläche ein (Abb. 28), die
vom Knick B ausgeht und mit der anfänglichen Strömungsrichtung
einen Winkel bildet, der weiters zwischen dem Machschen Winkel r_1

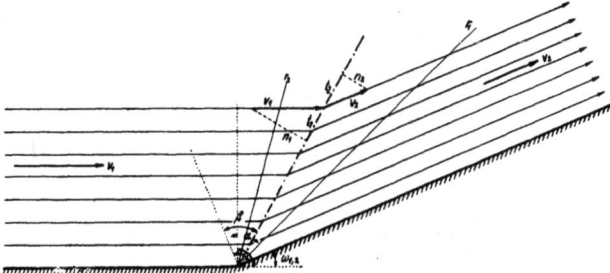

Abb. 28. Ebene Überschallströmung um eine einspringende Kante.

und dem rechten Winkel liegt. Die notwendige Druck- und Geschwindigkeitsänderung findet in dieser Fläche unstetig durch einen schrägen
Verdichtungsstoß statt.

Das Gas fließt nach der Drucksteigerung mit verminderter Geschwindigkeit ($v_2 < v_1$) weiter. Der Verdichtungsstoß selbst ist kein
adiabatischer Vorgang, da bei ihm die Entropie zunimmt.

Während bei adiabatischer Zustandsänderung zur Erzeugung der
Geschwindigkeit v_1 bei dem Druck p_1 ein Ruhedruck des Gases

$$p_0 = p_1 [1 - (v_1/a_0)^2 (\varkappa - 1)/2]^{-\varkappa/(\varkappa - 1)}$$

nötig ist, würde die direkte Erzeugung der Geschwindigkeit v_2 einen
geringeren Ruhedruck p_0^* erfordern. Dieser Druckverlust errechnet sich
aus der Gleichung:

$$\frac{p_0^*}{p_0} = \left(\frac{v_1}{a'}\right)^2 \left(\frac{1 - (v_1/a')^2 (\varkappa - 1)/(\varkappa + 1)}{1 - (a'/v_1)^2 (\varkappa - 1)/(\varkappa + 1)}\right)^{1/(\varkappa - 1)}.$$

Die unstetige Verringerung der Geschwindigkeit v_1 auf v_2 geht so vor
sich, daß die zur Stoßfläche parallele Komponente unverändert bleibt,
also $t_1 = t_2$, wie sich aus Impulsbetrachtungen ergibt, während die zur
Stoßfläche normale Komponente n_1 sich vermindert auf n_2 nach der
Beziehung:

$$n_1 n_2 + \frac{\varkappa - 1}{\varkappa + 1} t^2 = a'^2.$$

Es ergeben sich daraus die Winkel α und β unter Beachtung von tg α
= t/v_1 und tg $\beta = t/v_2$ zu:

$$\cos^2 \alpha = \frac{[(\varkappa - 1) + (\varkappa + 1)\, p_2/p_1]\,(\varkappa - 1)}{4\,\varkappa\,[(p_0/p_1)\,(\varkappa - 1)/\varkappa - 1]}$$

$$\text{und } \operatorname{tg} \beta = \frac{(\varkappa - 1)\, p_1 + (\varkappa + 1)\, p_2}{(\varkappa - 1)\, p_2 + (\varkappa + 1)\, p_1} \operatorname{tg} \alpha.$$

Der Ablenkungswinkel w selbst folgt aus $w = \beta - \alpha$. Die Zusammenhänge zwischen w, p_1/p_0 und p_2/p_0 sind in Abb. 29 und Abb. 30 für $\varkappa = 1{,}405$ zusammengestellt.

Aus der Abb. 29 geht hervor, daß der Verdichtungsstoß nur möglich ist zwischen den Grenzen $p_1/p_0 = p_2/p_0$ und

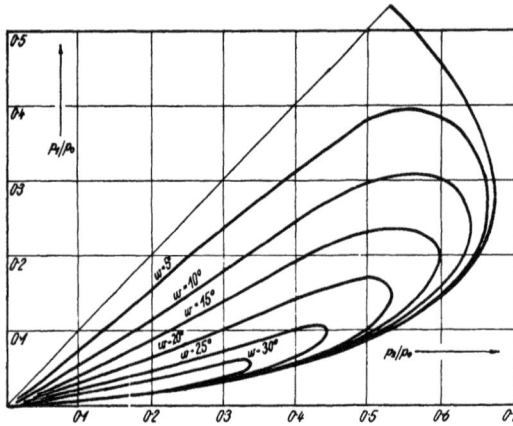

Abb. 29. w-Fläche nach Meyer.

$$p_2/p_0 = p_1/p_0 \cdot$$
$$\frac{1}{\varkappa^2 - 1} \left[4\,\varkappa\,(p_1/p_2)^{(\varkappa - 1)/\varkappa} - (\varkappa + 1)^2 \right].$$

wenn also

$$p_2 > p_1, \quad \cos^2 \alpha < 1, \quad p_1/p_0 < \left(\frac{2}{\varkappa + 1} \right)^{\varkappa/(\varkappa - 1)}.$$

Dabei bedeutet die gerade Begrenzung den Verdichtungsstoß unter dem Machschen Winkel, die krumme Begrenzung den geraden Verdichtungsstoß, $\alpha = \beta = 0$. Die krummlinige Grenzkurve berührt die x-Achse im Ursprung. Im Punkt der Grenzkurve $p_2/p_0 = 0{,}669$, $p_1/p_0 = 0{,}278$ erreicht p_2/p_0 sein Maximum. Grenzkurve und Grenzgerade schneiden sich unter rechtem Winkel. Die größtmögliche Druckdifferenz ergibt sich zu $0{,}456$ aus dem Maximum von $(p_1 - p_2)/p_0$ in $p_1/p_0 = 0{,}126$ und $p_2/p_0 = 0{,}618$.

Eine zweite Methode zur Behandlung der Überschallströmung um eine einspringende Ecke, die für die praktische Anwendung Vorteile bietet, ist

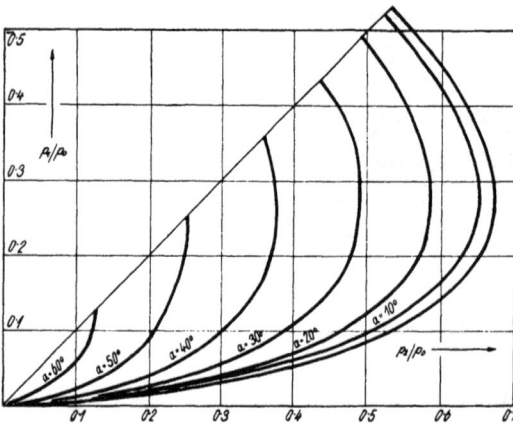

Abb. 30. α-Fläche nach Meyer.

das Stoßpolarenverfahren von Busemann[1]). Aus den unter dem
Prandtl-Meyerschen Verfahren gegebenen allgemeinen Druck-, Ge-
schwindigkeits- und Winkelbeziehungen lassen sich zu jedem Anfangszustand v_1 die bei einer unstetigen Ablenkung um w auftretenden
Größen des Endzustandes, insbesondere die stoßflächenparallele Geschwindigkeitskomponente t und v_2 berechnen. Mit diesen Größen läßt
sich ein Geschwindig-
keitsplan (Abb. 31)
zeichnen. Die Verbin-
dungslinie aller vom
Zustand v durch ver-
schiedene unstetige
Ablenkungen w mög-
lichen Endzustände v_2
ist in Abb. 31 einge-
zeichnet und wird mit
Busemann als »Stoß-

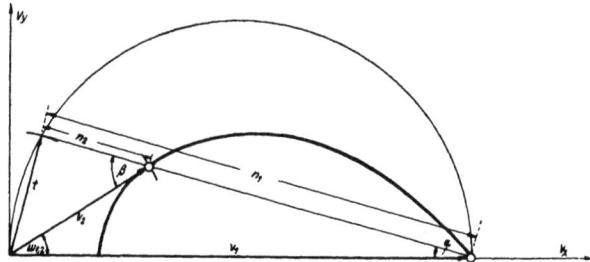

Abb. 31. Die Stoßpolare.

polare« bezeichnet. Es läßt sich für jeden beliebigen Anfangszustand v_1 des Gases eine Stoßpolare zeichnen, die im Endpunkt
von v_1 mit der Abszissenrichtung den Winkel $(90 - m)$ einschließt,
worin m der zu v_1 gehörige Machsche Winkel ist. Die Stoßpolare läßt
auch den kleinstmöglichen Geschwindigkeitswert $v_{2\min}$ erkennen, der
dem geraden Verdichtungsstoß entspricht. Weiters ist der zum Anfangszustand v_1 gehörige größtmögliche Ablenkungswinkel $w_{1,2\max}$ erkennbar.
Bei kleineren Ablenkungswinkeln sind offenbar immer zwei Zustände
möglich, die sich durch die erreichte Endgeschwindigkeit v_2 und den
Enddruck p_2 unterscheiden. Erfahrungsgemäß tritt in Wahrheit der
zum größeren v_2 gehörige Zustand ein. Bei Ablenkungswinkeln über
$w_{1,2\max}$, etwa vor einem stumpfen Hindernis, beginnt der Verdichtungsstoß schon stromaufwärts vor dem Hindernis derart, daß am vordersten
Punkt des Verdichtungsstoßes dessen Stoßfläche senkrecht zur Strömung liegt, also $v_{2\min}$ eintritt, und von dort ab mit abnehmender Neigung der Stoßfläche alle Punkte der Stoßpolaren durchlaufen werden,
bis der Machsche Winkel erreicht ist. Gleichzeitig ist dies der einzige
Fall einer Überschallströmung, wo die Störung sich stromaufwärts geltend macht. Übrigens herrscht auch hier im Punkt $v_{2\min}$ Unterschallgeschwindigkeit, die erst verlassen wird, wenn im Verlauf der veränderlichen Stoßflächenneigung $w_{1,2\max}$ erreicht ist.

Tatsächlich braucht die Stoßpolare übrigens nicht in der angegebenen Art punktweise ermittelt zu werden, da sich ihre geschlossene
Gleichung einfach herleiten läßt.

---

[1] Busemann, »Verdichtungsstöße«, Abschnitt Gasdynamik im Handbuch
der Experimentalphysik.

Busemann findet sie zu:

$$v_{\shortparallel}^2 = (v_1 - v_x)^2 \; \frac{v_x - a'^2/v_1}{[a'^2/v_1 + 2\,v_1/(\varkappa + 1)] - v_x} \; .$$

Das ist die Gleichung der allgemeinen Strophoiden, deren drei Konstante bedeuten, daß:

1. der Doppelpunkt für $v_1 > a'$ oder der singuläre Punkt für $v_1 < a'$ bei $v_x = v_1$,
2. der einfache Schnittpunkt mit der v_x-Achse bei $v_x = a'^2/v_1$,
3. die Asymptote bei $v_x = a'^2/v + 2\,v_1/(\varkappa + 1)$ liegen.

Damit läßt sich die Strophoide in bekannter Art (Abb. 32) konstruieren.

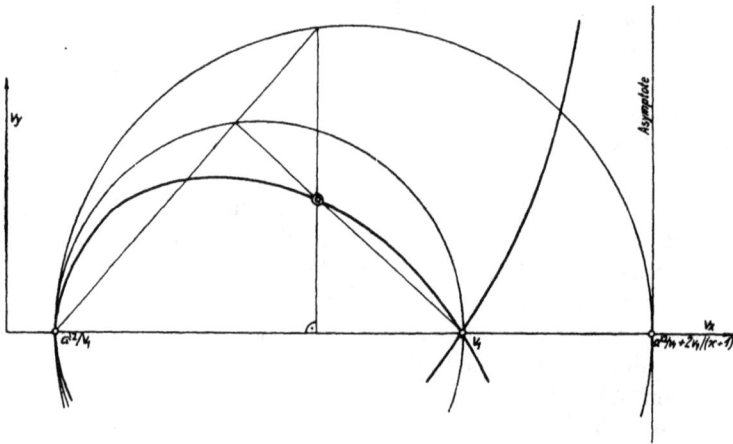

Abb. 32. Konstruktion der Stoßpolaren als Strophoide.

In Abb. 33 ist das Stoßpolarendiagramm auf solche Art für Luft gezeichnet, soweit die Strophoidenäste physikalische Bedeutung haben.

Wenn der Verdichtungsstoß in seinem Verlauf von Störungslinien geschnitten oder überhaupt getroffen wird, bleibt die Stoßintensität nicht über der ganzen Länge konstant, vielmehr ändert sich der Entropiezuwachs. Deshalb sind in Abb. 33 die Kurven gleicher Entropie (Stoßintensität) eigens eingezeichnet und mit den Faktoren p'_0/p_0 bezeichnet, die die Druckverminderung bei den einzelnen Geschwindigkeiten angeben.

Während das Zeichnen von Strömungen, die von konstanten Verdichtungsstößen durchsetzt sind, keine grundsätzlichen Schwierigkeiten macht, wenn man nach dem Verdichtungsstoß mit dem entsprechenden neuen Charakteristikendiagramm fortsetzt, bilden die Stromfäden, die veränderliche Verdichtungsstöße durchlaufen, überhaupt keine Potentialströmung mehr. Busemann empfiehlt dann so vorzugehen, daß man die Strömung durch einige Stromlinien in Streifen annähernder Potentialströmung zerlegt und jeden Streifen für sich behandelt, wobei zu beachten ist, daß die beiderseitigen Nachbarstreifen an der Grenze hinsichtlich Druck und Richtung übereinstimmen. Beim Umfließen von Körpern treten besondere Schwierigkeiten dadurch auf, daß die unstetigen Zustandsänderungen zu beiden Grenzseiten nicht mehr übereinstimmen, so daß man mit veränderlichem »Sprung« zu zeichnen hat, um die entsprechende Genauigkeit zu erzielen.

Zur praktischen Ermittlung der Endgeschwindigkeit v_2 und des Drosselverlustes p_0^*/p_0 aus der Anfangsgeschwindigkeit v_1 und dem

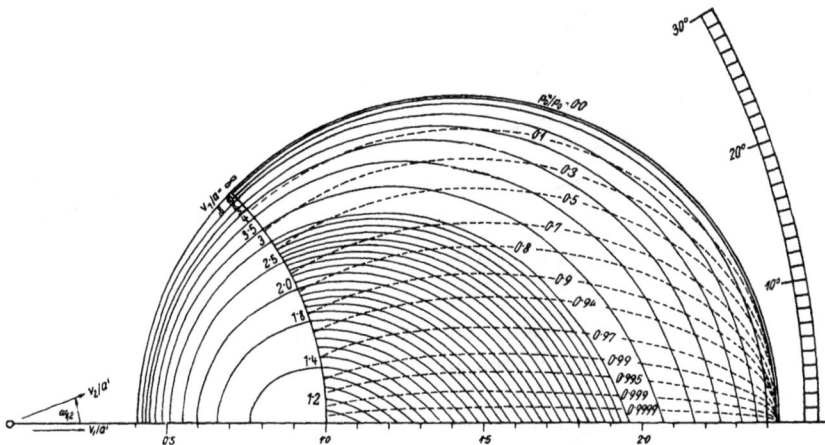

Abb. 33. Busemannsches Stoßpolarendiagramm als Zusammenhang zwischen Anfangsgeschwindigkeit v_1, Endgeschwindigkeit v_2, Ablenkungswinkel $w_{1,2}$ und Drosselungsverlust p_0^*/p_0 (gestrichelt) bei schrägem Verdichtungsstoß in Luft ($\varkappa = 1,4$).

Ablenkungswinkel $w_{1,2}$ beim schrägen Verdichtungsstoß der Luft mit Hilfe des Busemannschen Stoßpolardiagramms geht man so vor, daß zunächst zu v_1 die Verhältnisse v_1/a und damit v_1/a' gerechnet werden. Mit v_1/a' geht man in das Diagramm (siehe horizontale Skala), wählt die zutreffende Stoßpolare und bestimmt deren Schnittpunkt mit dem unter $w_{1,2}$ zur Horizontalen geneigten Strahl durch den Pol. Der Abstand dieses Schnittpunktes vom Pol stellt unmittelbar das gesuchte v_2/a' dar, während der Stoßverlust p_0^*/p_0 von der durch den gewonnenen Punkt gehenden gestrichelten Drucklinie abgelesen wird.

2214. Strömung um eine konkav gewölbte Fläche.

Denkt man sich mit Ackeret[1] in Abb. 34 das Stromlinienstück B—C der gewöhnlichen Meyerschen Expansion materiell ausgeführt und

---

[1] Ackeret, Gasdynamik in Geiger-Scheele, Handbuch d. Physik, 1927.

die Bewegungsrichtung im Sinn des gestrichelten Pfeiles umgekehrt, ohne daß an den Drücken etwas geändert wird (ein bei Überschallströmung bekanntlich zulässiger Vorgang), so liegt der typische Fall der Überschallströmung längs einer konkav gewölbten Fläche vor. Zugleich zeigt sich, daß die konvergierenden Machschen Störungslinien sich im Punkt A treffen. Derartige Überschneidungen von Störungslinien, die sich im allgemeinen auf einen größeren Raum aufteilen werden, erledigen sich nicht durch einfache Durchkreuzung ohne gegenseitige Beeinflussung, sondern führen zu Verdichtungsstößen im ganz gleichen Sinn, wie bei der Meyer-

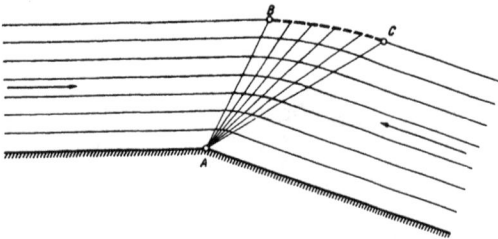

Abb. 34. Ebene Überschallströmung um eine konkav gewölbte Fläche.

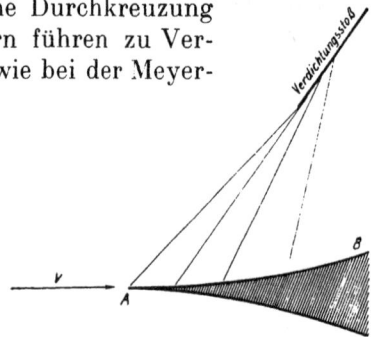

Abb. 35. Entstehung des Verdichtungsstoßes.

schen Kompression. Wenn der Anstieg der konkaven Fläche, wie das bei den hier zu behandelnden praktischen Fällen meist zutreffen wird, entsprechend flah ist (Abb. 35), treffen sich die Machschen Wellen in so großer Entfernung vom Körper, daß die vom Verdichtungsstoß selbst wieder unter Machschen Winkeln ausgehenden Störwellen den Körper nicht mehr treffen und dessen Druckverteilung daher wie bei der Umströmung einer konvex gewölbten Fläche zu berechnen sein wird. Ist der Anstieg der Fläche $A—B$ steiler, so nähert sich der Verdichtungsstoß dem Punkt A mehr und mehr, um ihn schließlich, wenn der Eintrittswinkel bei A einen endlichen Wert annimmt, zu erreichen. Mit weiter wachsendem Eintrittswinkel bleibt der Verdichtungsstoß zunächst in der vom Meyerschen Kompressionsfall her bekannten Weise auf der Spitze A sitzen, bis der Eintrittswinkel den Maximalwinkel $w_{1,2\,max}$ erreicht hat, worauf der Verdichtungsstoß in schon bekannter Art entgegen der Strömungsrichtung von der Spitze weg nach vorne wandert.

2215. Die Luftkräfte am Überschallprofil.

Die Grundlage der Behandlung von Überschallströmungen an schmalen Flügelprofilen wurde 1925 von Ackeret[1]) angegeben, und zwar auf Grund der Meyerschen Strömung um eine konvexe Ecke. Verallgemei-

---

[1]) Ackeret, Luftkräfte auf Flügel, die mit größerer als Schallgeschwindigkeit bewegt werden. ZFM 1925.

nert findet sich das Verfahren bei Busemann[1]), dessen Darstellung wir hier im wesentlichen folgen.

Busemann findet auf Grund seiner Charakteristikenmethode den Überdruck Δp gegenüber dem statischen Druck in der Zuströmung für schmale Profile bei kleinen Winkelablenkungen:

$$\Delta p = \pm 2 q \beta \operatorname{tg} m = \pm \frac{2 q \beta}{\sqrt{v^2/a^2 - 1}},$$

wenn β die Winkelabweichung der Stromlinie von der Zuströmrichtung und $q = \gamma/2g \cdot v^2$ der Staudruck der Zuströmung.

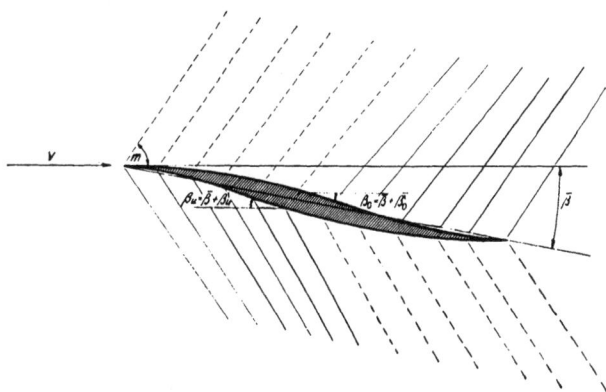

Abb. 36. Überschallprofil.

Daraus ergibt sich Auftrieb und Widerstand für schmale, wenig angestellte Flügelprofile (Abb. 36) auf die Längeneinheit des an sich unendlich lang gedachten Flügels (ebenes Problem)

$$A = \int_0^t (\Delta p_u - \Delta p_0)\, dt = \frac{2q}{\sqrt{v^2/a^2 - 1}} \int_0^t (\beta_u + \beta_0)\, dt = \frac{4qt}{\sqrt{v^2/a^2 - 1}}\, \beta,$$

$$W = \int_0^t (\Delta p_u \beta_u - \Delta p_0 \beta_0)\, dt = \frac{2q}{\sqrt{v^2/a^2 - 1}} \int_0^t (\beta_u^2 + \beta_0^2)\, dt =$$

$$= \frac{2q}{\sqrt{v^2/a^2 - 1}} \int_0^t (\beta_u'^2 + \beta_0'^2)\, dt + \frac{4qt}{\sqrt{v^2/a^2 - 1}}\, \beta^2.$$

Der so errechnete Profilwiderstand zerfällt also in einen Teil, der mit dem Anstellwinkel Null wird und immer gleich dem $\bar\beta$fachen Auftrieb

---

[1]) Busemann, Gasdynamik. Handb. d. Exp. Phys. 1931, Bd. 4.
Busemann-Walchner, Profileigenschaften bei Überschallgeschwindigkeit. Forsch. Arb. Ing. Wesen 1933, Nr. 2.

ist, und einen zweiten Teil, der im Gegensatz zum ersten von der Profilgestalt, insbesondere von der Profildicke, nicht aber vom Anstellwinkel abhängt. Dieser letzte Teil verschwindet für die dünne, ebene Platte, die demnach als das ideale Überschallprofil angesehen werden muß. Der erste Widerstandsanteil ist im ähnlichen Sinn, wie der noch zu besprechende induzierte Widerstand des endlich langen Unterschallflügels die unmittelbare Folge des Auftriebes und vertritt den induzierten Unterschallwiderstand im Überschallbereich, da ein eigentlicher Randwiderstand im Überschallgebiet fehlt. Er ist die Folge des Umstandes, daß die resultierende Luftkraft zur Platte senkrecht stehen muß, wenn man, wie es hier Voraussetzung war, von tangentialen Reibungskräften absieht. Die durch die Widerstände aufgezehrte Energie ist in den erzeugten Luftwellen enthalten. Die allfälligen Verdichtungswellen vereinigen sich infolge ihrer Konvergenz in entsprechender Entfernung vom Profil zu einem Verdichtungsstoß, in den schließlich auch die Verdünnungswellen münden (Abb. 37.) Bei entsprechend großem Querschnitt des Luftstrahles löschen sich die Luftwellen in großer Entfernung vom Körper aus. Energie und Impuls finden sich dann als Erwärmung und Nachströmung eines Teiles der Gasmasse wieder. Die Tatsache, daß der Widerstand proportional dem Quadrat des Ablenkungswinkels mal der Flügeltiefe ist, erklärt

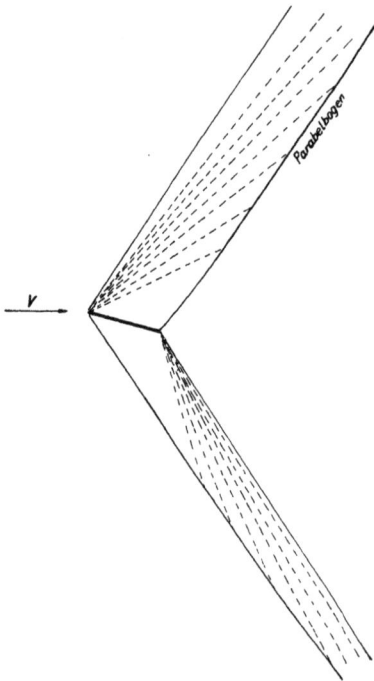

Abb. 37. Auslöschung der Luftwellen in größerer Profilentfernung.

Busemann damit, daß die Entropievermehrung der dritten Potenz der Winkelablenkung proportional ist, die Länge eines Verdichtungsstoßes dagegen der Flügeltiefe, dividiert durch die Winkelablenkung.

Der durch die Verdichtungsstöße erzeugte Widerstand oder der Wellenwiderstand tritt bei dicken Profilen stärker hervor, so daß das mitgeteilte Ackeretsche Verfahren gerade für die guten Profile gut zutrifft.

Sehr interessant ist, daß bei sehr großen Überschallgeschwindigkeiten die anfänglich lineare Abhängigkeit des Überdruckes Δp von der Ablenkung verschwindet und dafür eine mehr und mehr quadratische tritt, wie die alte Newtonsche Widerstandstheorie sie angibt. Wir werden uns mit diesem Umstand noch eingehend befassen.

Bezieht man die Auftriebskräfte, wie üblich, auf den Staudruck, so findet man den Auftriebsbeiwert von der Geschwindigkeit anfangs sehr, später weit weniger abhängig:

$$c_a = A/qF = \frac{4\,\beta}{\sqrt{v^2/a^2 - 1}}\,.$$

Veranschaulicht wird dieser Verlauf durch Abb. 38.

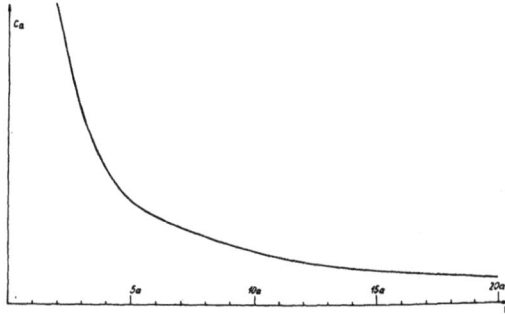

Abb. 38. Verlauf der Auftriebsbeiwerte im Überschallbereich.

Ähnlich ergibt sich für den Widerstand:

$$c_w = W/qF = \frac{2\,k}{t\sqrt{v^2/a^2 - 1}}\,,$$

worin k die Profil- bzw. Anstellkonstante:

$$k = \int_0^t (\beta_n'^2 + \beta_0'^2)\,dt + 2\,t\,\beta^2.$$

Wir wollen diese einfachen Formeln nach den Anfangsbuchstaben der Namen ihrer Entdecker weiterhin kurz »A.B.-Formeln« nennen. Die Profilgüte eines guten Überschallprofiles folgt mit:

$$c_a/c_w = 2\,\beta\,t/k = \frac{2\,\beta\,t}{\int_0^t (\beta_n'^2 + \beta_0'^2)\,dt + 2\,t\,\beta^2}\,,$$

ist also von der Fluggeschwindigkeit unabhängig. Diese Flügelgüte bezieht sich auf den Wellenwiderstand allein, ist in dieser Fassung also am Unterschallflügel noch unendlich groß. Bei weiteren Gütebetrachtungen ist zu beachten, daß der Kehrwert der Gesamtgüte gleich der Kehrwertsumme der Einzelgüten ist. Versuchsmäßig wurde die Richtigkeit der Ackeretschen Überschallflügeltheorie von englischer Seite bestätigt[1]).

---

[1]) Taylor, Applications to Aeronautics of Ackerets theorie of aerofoils, moving at speeds greather than that of sound. Aeron. Res. Comm. R. & M. Nr. 1467, April 1932, London.

2216. Die ebene Platte.

Die Untersuchungen der letzten Seiten haben uns die wichtige Erkenntnis vermittelt, daß die dünne, ebene Platte das grundsätzlich beste Überschallprofil darstellt. Da außerdem an ihr alle Erscheinungen in ihrer einfachsten Form auftreten, scheint sie zum theoretischen Studium der Eigenschaften von Überschallflügeln besonders geeignet und interessant.

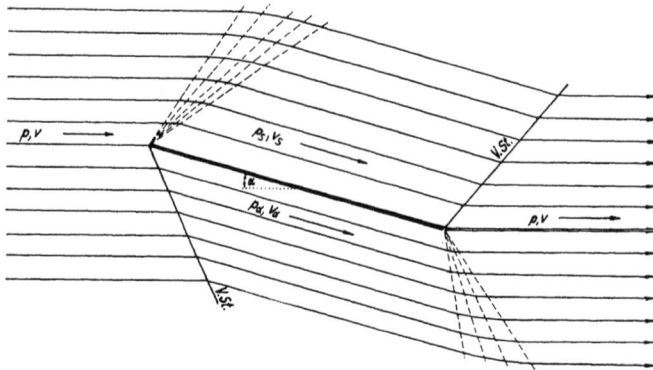

Abb. 39. Ebene Überschallströmung an der ebenen Platte.

Um uns zunächst von den einschränkenden Voraussetzungen der A.B.-Formeln für Auftrieb und Widerstand frei zu halten, berechnen wir diese Kräfte einmal aus den ebenen Elementarströmungen unmittelbar für einige Anstellwinkel und Fluggeschwindigkeiten für Luft von $p = 10^4 \text{ kg/m}^2$ Druck und 15^0C Temperatur. ($T = 288^0$, $a = 340$ m/sec, $\varrho = 0,128 \text{ kgsec}^2/\text{m}^4$.)

Z. B.:

$\alpha = 3^0$, $v = 2\,a = 680$ m/sec.

$v/a = 2$, $a' = \sqrt{2/(\varkappa + 1)}\sqrt{a^2 + v^2(\varkappa - 1)/2} = 418 \text{ m/sec}$; $v/a' = 1,625$;

aus Abb. 23 folgt zu v/a' das $p/p' = 0,225$, $p' = p/0,225 = 4,45 \cdot 10^4 \text{ kg/m}^2$.

Saugseite: Entsprechend $v/a' = 1,625$ ergibt sich aus Abb. 23 ein fiktiver Vorablenkungswinkel von: $\nu_0 = 28^0$, daher ist die Gesamtablenkung $\nu = \nu_0 + \alpha = 28 + 3 = 31^0$, womit wieder aus Abb. 23 folgt:

$$v_s/a' = 1,645; \quad v_s = 418 \cdot 1,645 = 688 \text{ m/sec}; \quad p_s/p' = 0,195; \quad p_s = 0,195 \cdot 4,45 \cdot 10^4 = 0,870 \cdot 10^4 \text{ kg/m}^2.$$

Druckseite: An der Vorderkante tritt zunächst ein schräger Verdichtungsstoß mit der unstetigen Ablenkung $w_{1,2} = \alpha = 3^0$ auf. Aus Abb. 33 ergibt sich zu $v/a = 2$ und $w = 3^0$ ein $v_d/a' = 1,585$ und ein

$p_0^*/p_0 \fallingdotseq 0{,}999$ (könnte also völlig vernachlässigt werden, doch wollen wir die Zahl zur allgemeinen Veranschaulichung des Verfahrens hier mitschleppen). Zu $v_d/a' = 1{,}585$ ergibt sich aus Abb. 23:

$$(p_d)/p' = 0{,}278, \text{ also } p_d/p' = 0{,}278 \cdot 0{,}999 = 0{,}278; \text{ daher } p_d = 0{,}278\, p'$$
$$= 0{,}278 \cdot 4{,}45 \cdot 10^4 = 1{,}235 \cdot 10^4 \text{ kg/m}^2.$$

Die Kraft P auf die Fläche F ergibt sich somit zu: $P = F\,(p_d - p_s)$; Auftrieb und Widerstand folgen daher mit $A = P \cos \alpha$; $W = P \sin \alpha$; und schließlich ergeben sich die auf den Staudruck bezogenen Beiwerte für Auftrieb und Widerstand:

$$c_a = (p_d - p_s) \cos 3^0/q = (1{,}235 - 0{,}870)\ 10^4 \cdot 0{,}999/(0{,}064 \cdot 680^2)$$
$$= 0{,}1235.$$

$$c_w = c_a \operatorname{tg} 3^0 = 0{,}1235 \cdot 0{,}0524 = 0{,}00647.$$

(Dazu käme noch der Widerstand durch Oberflächenreibung!)

Die Profilgüte c_a/c_w ergibt sich zu $\cot \alpha$: $1/\varepsilon = c_a/c_w = 19{,}08$.

$\alpha = 6^0$, $v = 2a = 680$ m/sec.

p' bleibt gleich wie oben: $p' = 4{,}45 \cdot 10^4$ kg/m^2.

$\nu_0 = 28^0$, $\nu = 34^0$, $v_s/a' = 1{,}74$, $v_s = 728$ m/sec, $p_s/p' = 0{,}166$, $p_s = 0{,}740 \cdot 10^4$ kg/m^2.

$\alpha = 6^0$, $v_d/a' = 1{,}52$, $p_d/p' = 0{,}333$, $p_d = 1{,}48 \cdot 10^4$ kg/m^2.

$c_a = (1{,}48 - 0{,}74)/2{,}955 = 0{,}250$.

$c_w = 0{,}250 \cdot 0{,}1051 = 0{,}0263$.

$\quad 1/\varepsilon = 9{,}51$.

$\alpha = 9^0$, $v = 2a = 680$ m/sec.

$p' = 4{,}45 \cdot 10^4$ kg/m^2, $p_s = 0{,}615 \cdot 10^4$ kg/m^2, $p_d = 1{,}720 \cdot 10^4$ kg/m^2, $c_a = 0{,}379$, $c_w = 0{,}0598$,

$\alpha = 12^0$, $v = 2a = 680$ m/sec.

$p' = 4{,}45 \cdot 10^4$ kg/m^2, $p_s = 0{,}49 \cdot 10^4$ kg/m^2, $p_d = 1{,}96 \cdot 10^4$ kg/m^2, $c_a = 0{,}487$, $c_w = 0{,}1036$.

Diese Art der direkten Berechnung ist zwar die genaueste, aber, wie man sieht, ziemlich umständlich und wird dies noch weit mehr bei größeren Geschwindigkeiten, wo die vorbereiteten Diagramme der Grundströmungen unverwendbar werden.

Daher liegt es nahe, nachzusehen, bis zu welchen Anstellwinkeln die nur für sehr kleine Anstellwinkel gültigen A.B.-Formeln für c_a und c_w praktisch noch verwendbar sind.

Unter 2215. fanden wir:

$$c_a = \frac{4\,\alpha}{\sqrt{v^2/a^2 - 1}}\,; \quad c_w = \frac{2\,k}{t\sqrt{v^2/a^2 - 1}}\,; \quad \varepsilon = 2\,\alpha\, t/k.$$

Für die Verhältnisse der ebenen Platte vereinfachen sich die Formeln zu:

$$c_a = \frac{4\,\alpha}{\sqrt{v^2/a^2 - 1}}; \quad c_w = \frac{4\,\alpha^2}{\sqrt{v^2/a^2 - 1}}; \quad \varepsilon = \alpha.$$

In den früher genau berechneten Fällen liefern die Formeln die Werte der Zahlentafel 23.

Zahlentafel 23.

Berechnet nach	$v = 2\,a = 680$ m/sec											
	$\alpha = 3^0$			$\alpha = 6^0$			$\alpha = 9^0$			$\alpha = 12^0$		
	c_a	c_w	$1/\varepsilon$	c_a	c_w	$1/\varepsilon$	c_a	c_w	$1/\varepsilon$	c_a	c_w	$1/\varepsilon$
genauer Meth.	0,123	0,0065	19,08	0,250	0,0263	9,51	0,379	0,0598	6,31	0,487	0,1040	4,70
A.B.-Formel .	0,121	0,0063	19,10	0,242	0,0259	9,55	0,363	0,0570	6,37	0,484	0,1012	4,78

Die Übereinstimmung ist in den praktisch in Frage kommenden Güte-(Anstell-)Bereichen völlig befriedigend, so daß wir weiterhin nach den einfachen A.B.-Formeln rechnen werden.

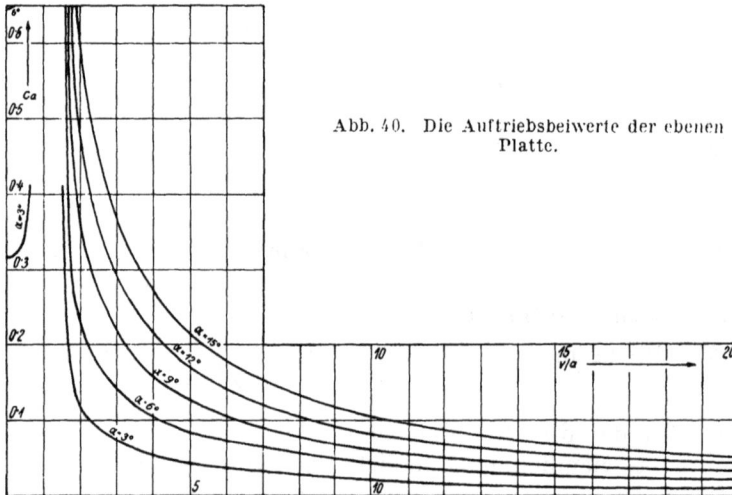

Abb. 40. Die Auftriebsbeiwerte der ebenen Platte.

In den Abb. 40 und 41 stellen wir die Auftriebsbeiwerte in Abhängigkeit von Anstellwinkel und Fluggeschwindigkeit bzw. die Polaren bei verschiedenen Fluggeschwindigkeiten der ebenen Platte zusammen, wie die A.B.-Gleichungen sie liefern. Abb. 40 zeigt, daß sich die Auftriebsbeiwerte — und mit ihnen die Widerstandsbeiwerte — mit zunehmender Geschwindigkeit rasch vermindern, derart, daß die Profilgüte konstant bleibt. Die qualitative Ähnlichkeit mit den bekannten ballistischen

Widerstandskurven ist erkennbar. Abb. 41 zeigt, daß die rein rechnerisch gewonnenen Polaren mit den von Briggs versuchsmäßig gewonnenen Polaren gewisse qualitative Ähnlichkeit haben, und daß weiter alle Polaren geometrisch ähnlich sind, mit dem Ähnlichkeitszentrum im Koordinatenursprung.

Einer gewissen praktisch bedeutungslosen Einschränkung unterliegt das verwendete A.B.-Verfahren für den vorliegenden Fall insofern,

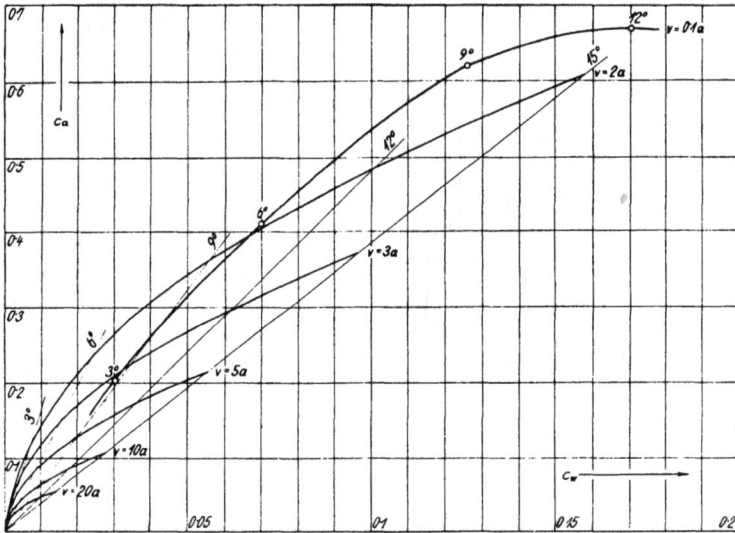

Abb. 41. Polaren der ebenen Platte.

als im Geschwindigkeitsbereich von $v = a$ bis etwa $v = 1,3\,a$ die kritischen Stoßwinkel w_{max} so klein sind, daß sie an die verwendeten Anstellwinkel heranreichen, so daß der als sehr klein vernachlässigte Verdichtungsstoß in diesem Geschwindigkeitsbereich eigentlich unzutreffend berechnet wurde. Anderseits tritt eine Unstimmigkeit in den Verdichtungsstoßverhältnissen wieder bei sehr großen Geschwindigkeiten, etwa bei $v \doteq 10\,a$ auf, wenn der Machsche Winkel kleiner als der Anstellwinkel wird.

Bemerkenswert ist noch die absolute Größe der Luftkräfte in Erdnähe selbst. Der heute gewohnten Güte eines Flügels von etwa 10 entspricht der Anstellwinkel von $x = 6^0$ ungefähr. Aus den Polaren entnehmen wir für $v = 2\,a$ einen Beiwert von etwa $c_a = 0,25$.

Die Flächenbelastung eines derartigen Flügels ergibt sich damit zu:

$$A/F = c_a \cdot q = 0,25 \cdot 2,9 \cdot 10^4 = 7200 \text{ kg/m}^2.$$

8*

2217. Die gewölbte Platte[1]).

Wenn die Eintrittstangente parallel zur Flugrichtung liegt oder mit ihr nur kleine Winkel einschließt, kann die Wirkung des Verdichtungsstoßes außer acht gelassen werden und die Strömung stellt einfache Meyersche Expansionen dar, die sich stetig über die ganze Profiltiefe verteilen. Das jeweilige Maß der Ablenkung ist wieder durch die jeweilige Oberflächenneigung des Flügels bestimmt. Auf der Profiloberkante findet ständig Expansion, auf der Druckseite ständig Kompression statt. Bei letzterer ist sachter Druckanstieg nötig, damit die konvergierenden Machschen Kompressionswellen sich nicht in Profilnähe treffen, reflektieren und die Druckverteilung am Profil stören. Aus 2215. ergibt sich der Auftriebsbeiwert c_a zu:

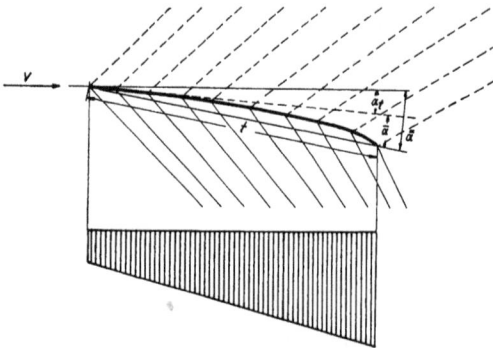

Abb. 42. Ebene Überschallströmung an der gewölbten Platte.

$$c_a = \frac{4\,\alpha}{\sqrt{v^2/a^2 - 1}},$$

also von der Profilgestalt völlig unabhängig.

Der Widerstandsbeiwert wird:

$$c_w = \frac{2\int_0^t (\alpha_u'^2 + \alpha_0'^2)\,dt}{t\sqrt{v^2/a^2 - 1}} + \frac{4\,\alpha^2}{\sqrt{v^2/a^2 - 1}}.$$

Hier müssen nun für die Flügelform allerdings bestimmte Annahmen getroffen werden, z. B. $y = -ax^2$, also Parabelform, wobei die Eintrittstangente parallel zur Stromrichtung liegt. Es ergeben sich für diesen Fall

$$\alpha_0' = \frac{dy}{dx} - \alpha; \quad \alpha_u' = -\frac{dy}{dx} + \alpha.$$

Ist der Winkel der Eintrittstangente ein von Null verschiedener kleiner Winkel α_t, so addiert er sich den bezeichneten Winkeln einfach:

---

[1]) Ackeret, Luftkräfte auf Flügel, die mit größerer als Schallgeschwindigkeit bewegt werden. ZFM 1925.

$$\alpha_0' = \frac{dy}{dx} - \alpha + \alpha_t = -2ax - \alpha + \alpha_t = -2ax + \alpha - \alpha$$

$$\alpha_u' = -\frac{dy}{dx} + \alpha + \alpha_t = 2ax + \alpha + x_t = -2ax + \varkappa.$$

Damit wird:

$$c_w = \frac{2}{t\sqrt{v^2/a^2 - 1}} \left[\int_0^t (\alpha_0'^2 + \alpha_u'^2)\, dx + 2\,\alpha^2 t \right].$$

Der Widerstand ist also größer als an der ebenen Platte, während der Auftrieb gleichbleibt.

Die Druckverteilung besteht in einem linearen Kraftanstieg bzw. Abfall gegen die Hinterkante. Die aus der Druckverteilung notwendige Umströmung der Flügelhinterkante kann die Druckverteilung selbst nicht stören.

2218. Abreißvorgänge im Überschallgebiet.

Alle bisherigen Profiluntersuchungen haben auf die von Unterschallprofilen her bekannten Abreißvorgänge bei gewissen Anstellwinkeln keine Rücksicht genommen. Grundsätzlich liegen die Verhältnisse an der Saugseite eines Überschallflügels auch deswegen günstiger, weil sich bei ihm der am Unterschallflügel verhängnisvolle Druckanstieg von der Profilschulter zur Hinterkante, der zur Grenzschichtablösung ausschlaggebend beiträgt, vermeiden, ja sich in der Regel sogar ein Druckabfall in dieser Richtung erzwingen läßt, so daß sich hier die Grenzschichtströmung statt verzögern sogar beschleunigen läßt.

Im genauen Gegensatz zu diesen erfreulichen Überlegungen scheinen allerdings die Briggsschen Versuchsergebnisse zu stehen, und Briggs gibt direkt an, daß die Strömungsablösung an der Saugseite spätestens in dem Augenblick einsetze, wo der örtliche Druck bis auf den 0,51fachen Außendruck gesunken ist. Briggs bringt diese Zahl mit dem kritischen Druckverhältnis der Luft, $p'/p_0 = 0,527$ in Verbindung.

Es ist zweifellos einleuchtend, daß der Augenblick des Überganges von der Unterschall- zur Überschallströmung wegen der unstetigen Strömungsverhältnisse und der Verdichtungsstöße Anlaß zur Grenzschichtablösung werden könnte.

Ob diese Ablösung dann bei reiner Überschallströmung nicht mehr zu fürchten ist, scheint unsicher. Jedenfalls werden an der Saugseite eines Profiles Verdichtungsstöße peinlichst zu vermeiden sein, da diese leicht den sonst fehlenden Druckanstieg ersetzen und Ursache von Strömungsablösungen werden können.

2219. Grenz- und Summenkurven des saug- und druckseitigen Auftriebes von $v = 0$ bis $v = 8000$ m/sec.

Aus dem bisher Besprochenen ergibt sich, daß der Auftrieb einer Profildruckseite, zumal wenn diese eben oder nur sehr schwach gekrümmt ist, sich im Überschallbereich mit guter Genauigkeit vorherrechnen läßt. Die theoretische Behandlung der Saugseite jedoch verursacht wegen der rechnerisch unerfaßbaren Reibungs- und Ablöseerscheinungen große Schwierigkeiten. Es scheint für den praktischen Gebrauch daher eine mehr übersichtliche und summarische Behandlung erwünscht, die die zu erwartenden Fehler leicht abzuschätzen gestattet.

Zu diesem Zweck tragen wir uns den Auftriebsbeiwert c_a, getrennt nach seinem von der Saugseite (c_{as}) und der Druckseite (c_{ad}) herrührenden Anteil über der Geschwindigkeit graphisch auf, wobei wir die Geschwindigkeit über den ganzen, für unsere Zwecke in Betracht kommenden Bereich, also von $v = 0$ bis $v = 8000$ m/sec nehmen.

c_{as}, der von der Saugseite herrührende Auftriebsbeiwert, läßt sich im Unterschallbereich vom Gesamtauftrieb weniger scharf trennen, doch ist in diesem Bereich das Bedürfnis zur Trennung auch geringer. Wir nehmen daher in Übereinstimmung mit gebräuchlichen Näherungsannahmen rd. $c_{as} = 2/3\ c_a$. Mit dem praktischen Höchstwert für c_a; $c_{a\,max} = 1{,}2$ ergibt sich das größtmögliche c_{as} zu $c_{as} = 0{,}8$. Tatsächlich wird der Flügel meist mit dem Anstellwinkel der besten Gleitzahl benützt, bei dem das c_a nur etwa die Hälfte seines Höchstwertes beträgt, so daß sich das praktisch interessierende c_{as} etwa um 0,4 bei geringen Geschwindigkeiten ergibt. Von diesem, aus den Verhältnissen inkompressibler Strömung abgeleiteten und streng genommen nur bei sehr kleinen v gültigem Wert steigt der Auftriebsbeiwert mit zunehmender Geschwindigkeit unter dem wachsenden Einfluß der Kompressibilität nach der früher besprochenen Prandtl-Glauertschen Beziehung:

$$c_{as\,kompr.} = c_{as\,inkompr.}\ (1 - v^2/a^2)^{-1/2},$$

bis an irgendeiner Stelle der Profiloberfläche die örtliche Strömungsgeschwindigkeit die Schallgeschwindigkeit erreicht. Das tritt in der Regel an der Profilschulter, d. i. die Stelle der Saugseite mit der größten Ordinate, und zwar bei den hier ausschließlich in Frage kommenden dünnen ($t/d = 10$) bis sehr dünnen Profilen bei etwa $v = 0{,}8\,a$ ein. Von dieser Grenze an treten am Profil also sowohl Unterschall- als auch Überschallströmungen auf, so daß die theoretische Behandlung in hoffnungslose Schwierigkeiten gerät. Aus empirischen Untersuchungen, insbesondere jenen Briggs, wissen wir jedoch, daß von diesem Augenblick an der Auftrieb ziemlich kräftig mit zunehmendem v abfällt.

Theoretisch erfaßbare Verhältnisse treten erst wieder ein, wenn die Fluggeschwindigkeit die Schallgeschwindigkeit überschreitet. Der saugseitige Unterdruck der wirbelfreien Überschallströmung ist theoretisch nach 2215. angebbar und außer von der Geschwindigkeit noch von der Profilform und dem Anstellwinkel abhängig. Die mit steigender Geschwindigkeit bei schon immer kleineren Anstellwinkeln einsetzenden Ablösevorgänge stören diese Unterdruckverhältnisse jedoch derart, daß im Wirbelgebiet nach den Briggsschen Versuchsergebnissen höhere Drücke als bei der wirbelfreien Überschallströmung auftreten. Das infolge des Abreißens der Strömung von der Oberfläche der Saugseite zunächst entstehende Vakuum (welches dem maximalen c_{as} entsprechen würde) wird durch Umströmung der Flügelhinterkante, Einströmung von den Flügelenden her und Auflösung der abgerissenen Laminarströmung rasch mit durchwirbelter Luft aufgefüllt, so daß der Druck von Null wieder ansteigt, und zwar nach den Briggsschen Versuchsergebnissen in der Umgebung der Schallgrenze auf höhere Durchschnittswerte als vor dem Abreißen der Laminarströmung, so daß das c_{as} durch das Abreißen kleiner wird. Ob dieses Auffüllen des saugseitigen Vakuums auch bei sehr hohen Geschwindigkeiten in diesem Maß stattfindet oder ob dort der Vakuumdruck mit seinem hohen c_{as} besser erhalten bleibt, entzieht sich gegenwärtig unserer Kenntnis. Für sehr große Geschwindigkeiten ($v = 3\,a$ und höher) genügt für praktische Zwecke die Feststellung, daß der saugseitige Druck höchstens bis zum Wert Null sinken kann, womit sich dann der Grenzwert des saugseitigen Auftriebsbeiwertes errechnet zu:

$$A = F\,p_a \cos \alpha = c_{as\,max} \cdot \gamma/2\,g \cdot F\,v^2 ;$$

$$c_{as\,max} = \Delta p/q = \frac{p_a \cos \alpha}{\gamma/2\,g \cdot v^2} = \frac{\varrho_a\,R\,T_a\,g \cos \alpha}{\varrho/2 \cdot v^2} =$$

$$= \frac{2}{\varkappa} \cos \alpha \, \frac{a^2}{v^2} \doteq 165\,300 \cos \alpha/v^2,$$

wenn man beachtet, daß $p_a/\varrho_a = R\,T_a\,g$ und $a_a = \sqrt{\varkappa\,g\,R\,T_a}$. Die Beizahl $_a$ bedeutet immer die Größe in der äußeren, ruhenden Luft.

c_{ad}, der von der Druckseite herrührende Auftriebsbeiwert, ergibt sich im Unterschallbereich für $v \doteq 0$ nach den Ausführungen über c_{as} zu maximal etwa $c_{ad\,max} = 0{,}4$; im Bereich der gebräuchlichen Anstellwinkel zu $c_{ad} \doteq 0{,}2$ und steigt mit zunehmender Geschwindigkeit unter dem Einfluß der Kompressibilität gleichfalls nach der Beziehung:

$$c_{ad\,kompr.} = c_{ad\,inkompr.}\,(1 - v^2/a^2)^{-1/2}$$

bis zu den für c_{as} gültigen Grenzen. Der nun folgende Bereich bis $v = a$ dürfte auch druckseitig einen Abfall des Auftriebes wegen der durch die saugseitigen Überschall- und Abreißvorgänge verminderten Zirkulation aufweisen. Ab $v = a$ ist der druckseitige Auftrieb nach dem Ackeret-Meyerschen Verfahren einwandfrei erfaßbar. Auch der

Verlauf des c_{ad} läßt im Überschallbereich eine einfache mechanische Deutung zu die den Vorteil großer Anschaulichkeit besitzt und Angaben über den — allerdings unteren — Grenzwert des c_{ad} gestattet. Wir können uns nämlich den druckseitigen Auftrieb nach Abb. 43 hervorgerufen denken durch die völlig verlustfreie isotherme Umlenkung eines Gasstrahles vom Querschnitt $k \cdot F \cdot \sin x$ und der Geschwindigkeit v um den Winkel α. Die Impulskomponente

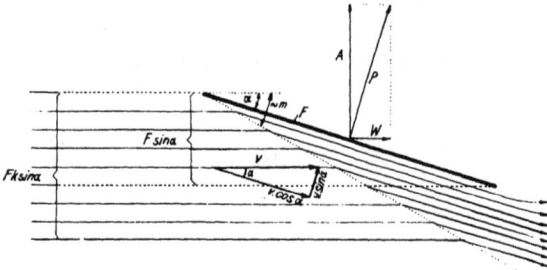

Abb. 43. Die Grenzwerte des druckseitigen Auftriebes.

des Stromes senkrecht zur Plattenrichtung $k \cdot m \cdot v \cdot \sin \alpha = k \cdot F \cdot \sin \alpha \cdot v \cdot \gamma/g \cdot v \cdot \sin \alpha = k \cdot \gamma/g \cdot F \cdot v^2 \cdot \sin^2 \alpha$ sinkt im Laufe einer Sekunde stetig von diesem Wert auf Null ab, beträgt also im Mittel $k \cdot \gamma/2g \cdot F \cdot v^2 \cdot \sin^2 \alpha$. Nach dem Impulssatz ist dieser durchschnittliche Impulsverlust gleich der zur Platte senkrechten äußeren Kraft P

$$P = k \cdot \sin^2 \alpha \cdot \gamma/2\,g \cdot F \cdot v^2,$$

somit

$$A_d = k \cdot \sin^2 \alpha \cdot \cos \alpha \cdot \gamma/2\,g \cdot F \cdot v^2$$

und

$$c_{ad} = k \sin^2 \alpha \cos \alpha.$$

k stellt darin vor, eine wievielmal größere Querschnittsfläche des Gasstrahles vom Impulsverlust vollständig betroffen wird, als die Fläche der Flügelprojektion in die Flugrichtung beträgt. Es ist vorstellbar, daß dieser »Einflußbereich« mit zunehmender Geschwindigkeit kleiner wird, so daß also c_{ad} mit wachsendem v sinkt, wie die exakte Theorie es verlangt, es ist aber schlecht vorstellbar, daß k kleiner als Eins würde. Es scheint weiter glaubhaft, daß k etwa dann gleich Eins wird, also nur mehr die in der Bewegungsrichtung vor dem Flügel durch den Querschnitt $F \cdot \sin \alpha$ strömende Luftmasse zur Impulsäußerung auf den Flügel gelangt, wenn die Fluggeschwindigkeit so groß geworden ist, daß der Verdichtungsstoß bzw. die Machschen Störungswellen sich der Druckseite anlegen, also näherungsweise Anstellwinkel und Machscher Winkel gleich sind. Aus der Bedingung $\alpha = m$ folgt diese Geschwindigkeitsgrenze zu etwa:

$$v \cdot a/\sin \alpha.$$

Über dieser Geschwindigkeit wird man mit einiger Berechtigung die alte Newtonsche Beziehung in ihrer ursprünglichen Form setzen dürfen:

$$c_{ad} = \sin^2 \alpha \cdot \cos \alpha$$

oder für sehr kleine Winkel einfach: $c_{ad} \div \alpha^2$.

Betrachtet man bei der großen freien Weglänge der Luftmoleküle in den fraglichen Flughöhen die Luft nicht als kontinuierliches Medium, sondern mit Newton als zusammenhangslose Ansammlung kleiner, materieller Körperchen, so wäre der volle Impulsverlust, also $P = 2\,k \cdot \sin^2 \alpha \cdot \gamma/2\,g \cdot F \cdot v^2$ als Kraftäußerung auf den Körper zu setzen. Unter dieser Voraussetzung sind in allen weiteren Betrachtungen die aus der Grenzbeziehung des Überdruckes abgeleiteten Auftriebs- und Widerstandskräfte zu verdoppeln.

Beachtet man, daß die Luft unter den betrachteten Verhältnissen kein unzusammendrückbarer Körper ist, so erhält man unter Zugrundelegung adiabatischer Zustandsänderung den druckseitigen Überdruck Δp gegenüber dem Druck der ruhenden Luft p_a statt wie bisher

$$\Delta p = q \sin^2 \alpha = \gamma/2\,g \cdot v^2 \sin^2 \alpha = p_a \cdot \varkappa/2 \cdot v^2/a^2 \cdot \sin^2 \alpha$$

zu dem neuen Wert:

$$\Delta p_{ad} = q_{ad} \sin^2 \alpha = p_a \left[\left(\frac{\varkappa - 1}{2}\, v^2/a^2 + 1 \right)^{\varkappa/(\varkappa - 1)} - 1 \right] \sin^2 \alpha.$$

Damit würde c_{ad}:

$$c_{ad} = \Delta p_{ad}/q \cdot \alpha^2 = \frac{[(\varkappa - 1)/2 \cdot v^2/a^2 + 1]^{\varkappa/(\varkappa - 1)} - 1}{\varkappa/2 \cdot v^2/a^2}\, \alpha^2.$$

Der gesamte Auftriebsbeiwert c_a ergibt sich durch Addition von c_{as} und c_{ad}.

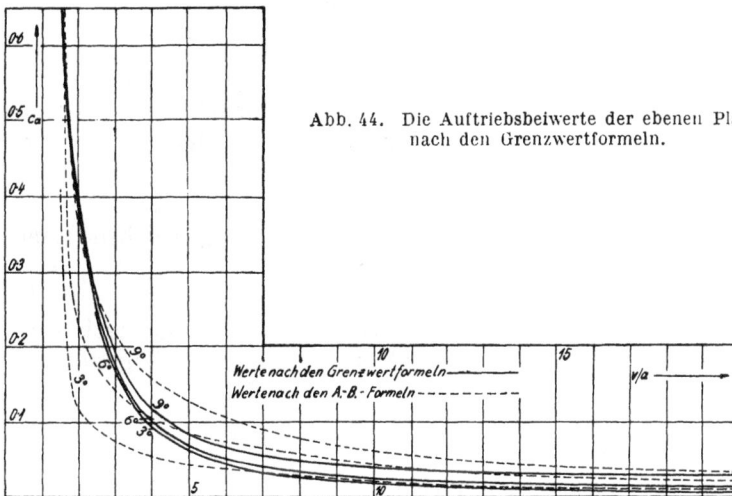

Abb. 44. Die Auftriebsbeiwerte der ebenen Platte nach den Grenzwertformeln.

In der Abb. 44 haben wir versucht, die besprochenen Verhältnisse zu veranschaulichen.

Für Geschwindigkeiten über $v = a/\sin \alpha$ dürfte daher die Grenzbeziehung $c_a = 165300 \cos \alpha/v^2 + \sin^2 \alpha \cos \alpha$ für alle Anstellwinkel genügend genaue Werte liefern.

Für Geschwindigkeiten zwischen $v = a/\sin \alpha$ und etwa $v = 1{,}5a$ kommen die A.B.-Formeln oder noch besser die genaue Berechnung aus den Grundströmungen der Wahrheit sicher näher.

Im Geschwindigkeitsbereich zwischen etwa $v = 0{,}8a$ und $v = 1{,}5a$ liegen die Verhältnisse völlig undurchsichtig, doch ist diese Gegend aus empirischen Untersuchungen wenigstens so weit bekannt, daß keine erheblichen Überraschungen in ihr zu fürchten sind.

Der Geschwindigkeitsbereich zwischen $v = 0$ und $v = 0{,}8a$ ist durch Verbindung leicht durchzuführender Windkanalversuche und theoretischer Überlegungen, insbesondere nach Prandtl-Glauert, befriedigend geklärt.

In den späteren theoretischen Flugbahnuntersuchungen wird noch einfacher so gerechnet, daß bis über die Schallgeschwindigkeit hinaus der vom Windkanal bekannte c_a-Wert als konstant angenommen wird, während für die höherliegenden Geschwindigkeiten sogleich die einfachen Grenzwertformeln benützt werden. Die Grenze zwischen beiden Bereichen ist durch den Schnittpunkt beider Kurven festgelegt.

222. Räumliche Theorie des Auftriebes am einzelnen Flügel bei reiner Überschallströmung.

An den Enden des Überschallflügels von endlicher Länge tritt ein Abfall der Auftriebskräfte, aber nach Busemann zugleich auch der Widerstandskräfte derart ein, daß bei vermindertem Auftrieb des endlich langen Flügels die Gleitzahl gleich der des Flügels von unbegrenzter Spannweite ist. Diese Aussage gilt genau für die ebene Platte und genähert für mäßig dicke Profile.

Der Überschallflügel kennt daher keinen eigentlichen Randwiderstand.

Über die Größe des Auftriebsabfalles durch die Flügelenden sind keine Untersuchungen bekannt. Aus der Natur der Überschallströmung heraus kann man annehmen, daß er bei üblichen Flügelschlankheiten unerheblich ist und sich höchstens unter dem Machschen Winkel geltend machen kann.

223. Grundsätze zur Formgebung der Flügel im Überschallbereich.

Als Hauptgrundsatz für die Formgebung von Überschallflügeln kann gelten, daß die ebene, unendlich dünne Platte den theoretisch besten Überschallflügel darstellt und daß die praktisch mit endlicher Dicke auszuführenden Flügel um so besser sind, je mehr sie sich dieser Form nähern. Die Güte ist bei der dünnen Platte gleich dem Kehrwert des Anstellwinkels und verschlechtert sich bei endlich dicken Profilen mit der Profilschlankheit t/d. Der theoretischen Forderung nach möglichst dünnen Flügelquerschnitten kommt konstruktiv der Umstand entgegen, daß infolge Wegfalls des Randwiderstandes die Flügelschlankheit b^2/F bis zu gewissem Grade ohne Einfluß auf die Flügelgüte ist, so daß die Verwendung sehr kurzer, breiter Flügel mit geringen statischen Holmwurzelmomenten ratsam scheint.

Bei endlich dicken Profilen ist die Nase jedenfalls scharfkantig auszubilden, derart, daß der Winkel zwischen den Eintrittstangenten höchstens gleich dem betriebsmäßigen Anstellwinkel ist, damit an der Saugseite jedenfalls nur Unterdruck entsteht.

Mit Rücksicht auf die besseren Unterschalleigenschaften eines Profiles mit nach oben konvexer mittlerer Krümmung, und um ein Überschneiden und daraus folgende Reflexions- und Störungserscheinungen der druckseitigen Verdichtungswellen zu vermeiden, dürfte sich die völlig ebene Druckseite am besten empfehlen.

Die saugseitige Profilkontur ist durch die aus baulichen Gründen gegebene geringstmögliche Flügeldicke und durch die Richtung der Eintrittstangente in großen Zügen festgelegt. Im Interesse hoher Profilgüte soll auch sie die Bedingung, daß $\int p \cos \alpha_x / \int p \sin \alpha_x$ ein Maximum wird, tunlichst erfüllen.

Hinsichtlich der Verwendung dieser Profile gilt, daß sie mit keinem so kleinen Anstellwinkel geflogen werden dürfen, daß an der saugseitigen Profilnase Überdrücke entstehen.

Es scheint theoretisch richtig, die Profilnase so schlank auszuziehen, daß der Winkel zwischen den Eintrittstangenten sich der Null nähert und diese Spitze in die Flugrichtung nach vorn abzubiegen, um stoßfreien Eintritt zu erzielen. Praktisch sind die Verluste aus dem druckseitigen Verdichtungsstoß der endlich angestellten Druckseite jedoch so gering, daß ihre konstruktive Berücksichtigung überflüssig ist.

23. Widerstand im Unterschallbereich. Allgemeines.

Wir wenden uns nun jener Komponente der Luftkraft eines allgemein geformten Körpers zu, die entgegen der Bewegungsrichtung wirkt und zu deren Überwindung eine sekundliche Arbeit von der Größe $W \cdot v$ geleistet werden muß. Der letztere Punkt ist auch die Ursache des großen konstruktiven Interesses, den der Widerstand erfordert, da er die Größe der erforderlichen Antriebsleistung bestimmt.

Die klassische Hydrodynamik setzt zunächst ein ideales Medium voraus, bei dem der Druck in einem beliebigen Punkt nach allen Richtungen dieselbe Größe hat und das ferner vollkommen unzusammendrückbar ist. Unter diesen Annahmen gelangt man bezüglich der Widerstandsverhältnisse des in einem solchen Medium bewegten Körpers folgerichtig zum d'Alembertschen Paradoxon, demzufolge z. B. die Bewegungsvorgänge und damit die Druckverteilung an der Vorder- und Rückseite einer Kugel vollständig symmetrisch sind, diese also — ebenso wie jeder andere Körper — keinen Widerstand bei der Bewegung durch Luft erfährt.

Daher läßt man notgedrungen zunächst die erste Bedingung, Reibungslosigkeit der idealen Flüssigkeit fallen und gelangt durch Annahme einer Zähigkeit zunächst zu tangentiellen Reibungskräften an der Oberfläche des Körpers, zur Annahme einer »Grenzschicht« an dieser Oberfläche und in weiterer Folge zur Ablösung dieser Grenzschicht und Ausbildung eines Formwiderstandes.

Bei Geschwindigkeiten bis zur Größenordnung der gegenwärtig üblichen Fluggeschwindigkeiten bekommt man solcherart mit den Erfahrungen übereinstimmende Rechenergebnisse.

Mit weiterer Erhöhung der Geschwindigkeit macht sich jedoch die Unrichtigkeit auch der zweiten Bedingung des idealen Mediums, der vorausgesetzten Unzusammendrückbarkeit der Luft in praktisch nicht mehr zu vernachlässigender Weise geltend. Für eine dahingehende Berichtigung der Rechenergebnisse im Geschwindigkeitsbereich zwischen den üblichen Fluggeschwindigkeiten und der Schallgeschwindigkeit liegen einige brauchbare Ansätze vor, die im folgenden besprochen werden.

Eine Sonderstellung nimmt der induzierte Widerstand einer Tragfläche von endlicher Längserstreckung ein, der demgemäß auch gesondert behandelt wird.

231. Reibungswiderstand.

Der Reibungswiderstand ist im Unterschallbereich dadurch unmittelbar von großer Bedeutung, daß c_{wr} — der Beiwert des Reibungswiderstandes — an den üblicherweise stromlinienförmigen Körpern, die im Flugzeugbau Verwendung finden, den überwiegendsten Anteil am Gesamtwiderstand ausmacht. Mittelbar hat er außerdem große Bedeutung dadurch, daß er durch Einleitung der Grenzschichtablösung und in weiterer Folge der Abreißvorgänge an der Saugseite stark angestellter Flügel, stumpfendiger Widerstandskörper usw. den Formwiderstand beeinflußt.

Die Notwendigkeit der Annahme innerer Reibung bzw. Zähigkeit der Luft bei Bewegungsvorgängen mit endlicher Geschwindigkeit v führt zu Scherspannungen zwischen zwei benachbarten, parallelen Luftschichten vom Abstand dy, die dem Geschwindigkeitsgefälle proportional sind

$$\tau = \eta \cdot \frac{dv}{dy}.$$

Darin ist η die Zähigkeit in kgsec/m².

Zur Wahrung der mechanischen Ähnlichkeit bei der Übertragung von Reibungskräften auf Körper verschiedener Größenverhältnisse hat sich die Reynoldssche Zahl, das Verhältnis der Trägheitskräfte zu den Reibungskräften, als dimensionslose Maßzahl eingebürgert.

$$R = v \cdot t/\nu.$$

Darin ist v die ungestörte Strömungsgeschwindigkeit relativ zur Wand, t die Länge der Wandfläche in der Stromrichtung und $\nu = \eta/\varrho$ die kinematische Zähigkeit in m²/sec.

Die praktische Flugtechnik verwendet statt der wirklichen Reynoldsschen Zahl eine Kennziffer von ungefähr derselben Größe:

$$R = 70 \cdot v^{[m/sec]} \cdot d^{[mm]}.$$

Die in der Reynoldsschen Zahl nicht berücksichtigte Kompressibilität hat dann noch eine weitere Übertragungskonstante v^2/a^2 zur Folge. Die Zähigkeit der Luft ist von der Temperatur t sehr abhängig und beträgt:

$$10^6 \eta = 1{,}712 \mid \overline{1 + 0{,}003665\, t}\, (1 + 0{,}00080\, t)^2.$$

Damit wird z. B. die Scherkraft zwischen zwei parallelen Luftflächen von je 1 m² Größe, 1 mm Abstand und 1 m/sec relativer Geschwindigkeit bei 0° C:

$$\tau = 1{,}712 \cdot 10^{-3} = 0{,}001712 \text{ kg/m}^2.$$

Der Reibungskoeffizient der Luft ist also sehr klein, daher sind auch die Reibungskräfte im Verhältnis zu den Massen- und Druckkräften sehr klein, die Reynoldssche Zahl ist also sehr groß, und die aus der Theorie idealer Medien erhaltenen Vorstellungen — z. B. Potentialströmung um einen Körper — treffen auch auf die wirkliche Luft gut zu, wenn man von festen Begrenzungen absieht, wo ihre Gültigkeit völlig versagt, da sie das Haften an der Oberfläche nicht zu erklären vermögen.

Für die Scherspannung zwischen einer festen Wand und der relativ dazu bewegten Luft kommt man nämlich auf Grund molekulartheoretischer Überlegungen zur Scherspannung unendlich, d. h., die unmittelbar an der Wand anliegenden Luftteile haften an dieser, die tangentielle Bewegungskomponente ist Null.

Über diese Schwierigkeit hilft in vollkommen befriedigender Weise die Annahme der Prandtlschen Grenzschicht hinweg. Die Grenzschichttheorie nimmt im wesentlichen an, daß die Strömungsvorgänge in der freien Luft unter überwiegender Wirkung der Trägheitskräfte erfolgen, also den Gesetzen idealer Flüssigkeiten gut gehorchen, während sie in der Nähe einer festen Begrenzung in einer dünnen Grenzschicht überwiegend unter dem Einfluß der Zähigkeit vor sich gehen, wobei also die Trägheitskräfte eine untergeordnete Rolle spielen. In dieser dünnen

Übergangsschicht ist die Strömungsgeschwindigkeit durch die Reibung an der Wand vermindert, unmittelbar an der Wand ist die Geschwindigkeit überhaupt Null. Für die Dicke einer laminaren Grenzschicht findet man, daß sie proportional $1/\sqrt{R}$ ist. Die Strömung in der Grenzschicht selbst erfolgt bei kleinen Reynoldsschen Zahlen laminar, die Geschwindigkeit nimmt daher vom Wert Null mit der Entfernung von der Wand linear zu, bis die volle Strömungsgeschwindigkeit erreicht ist. Oberhalb einer gewissen kritischen Reynoldsschen Zahl schlägt die laminare Strömung in turbulente um und die Geschwindigkeit in der Grenzschicht nimmt mit der Entfernung von der Wand nach dem Gesetz $\sqrt[7]{y}$ zu (Abb. 45). An einer ebenen Platte mit laminarer Strömung wächst die Dicke der Grenzschicht stromabwärts nach der Beziehung $\vartheta = 5{,}83\,(v/v)^{1/2} \cdot x^{-1/2}$, worin x der Abstand von der Vorderkante ist.

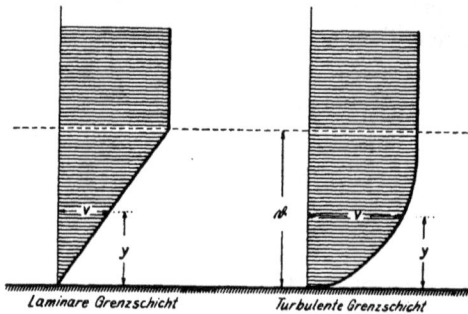

Laminare Grenzschicht   Turbulente Grenzschicht

Abb. 45. Grenzschichten.

Der Widerstand der einseitig benetzten Platte von der Oberfläche O und der Tiefe t ergibt sich bei der Geschwindigkeit v außerhalb der Grenzschicht zu:

$$W_f = c_f \cdot \gamma/2\,g \cdot O \cdot v^2,$$

worin:

$$c_f = 1{,}327/R^{1/2}.$$

An der ebenen Platte mit turbulenter Grenzschicht wächst die Grenzschichtdicke stromabwärts rascher nach der Beziehung:

$$\vartheta = 0{,}370\,(v/v)^{1/5}\,x^{4/5}.$$

Der Widerstand errechnet sich wie früher, nur daß $c_f = 0{,}072/R^{1/5}$. Tatsächlich treten an einer ebenen Platte meist beide Strömungen auf, und zwar am Vorderende laminare Grenzschicht, die bei einer kritischen Reynoldsschen Zahl (etwa $R \doteq 10^5$) in turbulenten Zustand umschlägt. Man rechnet nach Prandtl-Gebers dann mit $c_f = 0{,}073/R^{1/5}$ — $1600/R$ so lange, als nicht die Formel für laminare Strömung größere Werte gibt.

Diese Reibungszahlen stellen untere Grenzwerte für sehr glatte Oberflächen (Metall, sechsmal zellonierter Stoff usw.) dar. Rauhere Oberflächen, deren Einzelerhebungen von der Größenordnung der Grenzschichtdicke werden, ergeben größere Reibungszahlen, die schließlich von der Reynoldsschen Zahl sogar ziemlich unabhängig sind.

An schwach gekrümmten Oberflächen (Flügel, Rümpfe usw.) ist die Strömung bis zur Stelle des kleinsten Druckes laminar, dann turbulent. Der Widerstand stimmt mit dem einer ebenen Platte gleicher

Oberfläche ziemlich überein. Die Druckverteilung läßt sich aus der Potentialströmung ableiten, da diese durch die dünne Grenzschicht nicht beeinflußt wird.

Wieweit sich diese Ergebnisse auch auf höhere Geschwindigkeiten als etwa $0,2a$ anwenden lassen, ist nicht näher erforscht. Qualitativ ist durch die Kompressibilität kein Einfluß auf die Grenzschicht zu erwarten, doch beeinflußt sie die Reynoldssche Zahl im Verhältnis v^2/a^2, so daß c_{wr} von der Geschwindigkeit nicht unabhängig scheint.

Es ist festzuhalten, daß, solange die Druckunterschiede gegenüber dem äußeren Luftdruck sehr gering sind, der Reibungswiderstand zunächst grundsätzlich proportional der ersten Potenz von v ist, und daß er erst durch Art und Dicke der Grenzschicht rascher, aber kaum mit der zweiten Potenz wächst. Bei den dünneren laminaren Grenzschichten findet man $W = k_1 \cdot v^{1,5}$. Bei der dickeren turbulenten Grenzschicht ist: $W = k_2 \cdot v^{1,8}$.

In der turbulenten Grenzschicht spielt Impulsaustausch eine überwiegende Rolle und führt zu höheren Energieverlusten, so daß die Schubspannung mit mehr als der ersten Potenz von v wächst, nach hydraulischen Erfahrungen sogar fast mit der zweiten Potenz. Jedenfalls muß der auf ein quadratisches Widerstandsgesetz bezogene Widerstandsbeiwert der Körper, solange ihr Widerstand überwiegend Reibungswiderstand ist, mit zunehmender Geschwindigkeit zunächst abnehmen. Eine übrigens gut bekannte Erscheinung.

232. Formwiderstand.

Während bei den geringen, üblichen Flugzeuggeschwindigkeiten der Reibungswiderstand den Hauptteil des Gesamtwiderstandes gut stromlinienförmiger Körper ausmacht und der Formwiderstand daneben kaum zur Geltung kommt, ändert sich das Bild bei weniger gut geformten Körpern schon bei geringen Geschwindigkeiten und auch bei bester Formgebung bei höheren Geschwindigkeiten, die von der Schallgeschwindigkeit noch weit entfernt sein können, erheblich.

Jene Flüssigkeitsteile, die aus dem freien, praktisch reibungslosen Potentialstrom in die Nähe der festen Körperoberfläche und damit in den Bereich der zähen Grenzschicht gekommen sind, erfahren dort eine Wirbelung.

Werden diese verwirbelten Flüssigkeitsteile später wieder vom Körper weg in die freie Strömung geführt, so können sie nach den Gesetzen reibungsloser Flüssigkeiten diese Wirbel nicht mehr verlieren, die Wirbelschichten lösen sich in Wirbelstraßen auf und führen vom Körper ständig Energie weg, die zur ständigen Neubildung der Wirbel innerhalb der Grenzschicht geleistet werden muß. Der so entstehende Widerstand gegen die Relativbewegung von Körper und Flüssigkeit wird mit Formwiderstand bezeichnet, weil durch die Formgebung des Körpers die ihn hervorrufende Grenzschichtablösung weitgehend beeinflußt werden kann.

Die Ursachen der Grenzschichtablösung lassen sich nach Betz kurz folgend zusammenfassen:

1. Starker Druckanstieg längs der Wand in der Strömungsrichtung. (Hauptsächlich hinter stark konvexen Krümmungen, besonders hinter scharfen Kanten.) Die langsam strömende Grenzschicht kann mit ihrer geringen kinetischen Energie nicht in das Gebiet höheren Druckes einströmen, sie kommt zum Stillstand, staut sich und löst sich schließlich ab.

2. Beschleunigte, nichtstationäre Strömung vermindert die Neigung zum Ablösen, verzögerte vermehrt sie.

3. Dicke Grenzschichten, z. B. durch eine lange, vor der betreffenden Stelle befindliche Oberfläche verursacht, lösen sich leichter ab als dünne.

4. Turbulente Grenzschichten lösen sich später ab als laminare.

5. Rauhe Oberflächenbeschaffenheit begünstigt im allgemeinen die Ablösung, kann sie aber unter Umständen verzögern, wenn sie nach 4. die laminare Grenzschicht turbulent macht.

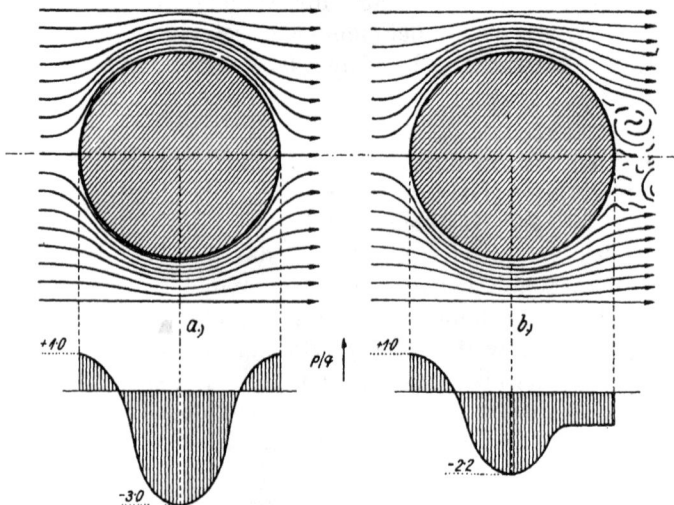

Abb. 46. Entstehung des Formwiderstandes im Unterschallbereich.

Für die Beurteilung des zu erwartenden Formwiderstandes ist also die Druckverteilung maßgebend. Die aus der Potentialtheorie reibungsfreier Flüssigkeiten folgende symmetrische Umströmung z. B. eines Zylinders zeitgt eine gleichfalls symmetrische Druckverteilung (Abb. 46a), die also keinen Formwiderstand zur Folge hat. In Wahrheit bildet sich durch die Luftreibung in Oberflächennähe eine Grenzschichte verminderter Stromgeschwindigkeit, die, wie Abb. 46a zeigt, nach Überschreitung des Hauptspantes gegen stark ansteigenden Druck strömen muß. Es liegt also Fall 1. der obengenannten Ablösungsursachen vor, die Grenzschichtdicke wächst rasch, ihre Strömungsgeschwindigkeit nimmt ab, bis sie Null erreicht, die Grenzschicht staut sich an einer bestimmten, unter Umständen rechnerisch bestimmbaren Ablösungsstelle, löst sich vom Körper ab und wandert in die freie Potentialströmung der oberflächenfernen Nachstromzonen, diese mit Wirbeln durchsetzend, wodurch die Druckverteilung eine erhebliche Änderung erfährt (Abb. 46b). Die Lage der Ablösungsstelle hängt vom Verhältnis der Trägheitskräfte zu den Reibungskräften, also von der Reynoldsschen Zahl, in hohem Maß ab. Die Druckresultierenden auf der Vorder- und Rückseite heben sich nicht mehr auf, sondern ergeben eine restliche Widerstandskraft entgegen der Strömungsrichtung, der also durch eine äußere Kraft (z. B. Motorzugkraft) das Gleichgewicht gehalten werden muß.

Aus den besprochenen Stromablösungsursachen ergibt sich weiterhin, daß die Ablösung der Grenzschicht und damit der resultierende Sog in der Strömungsrichtung geringer wird, wenn die Teile des angeströmten Körpers hinter dem Hauptspant eine schlankverlaufende, »stromlinienförmige« Gestalt mit großen Krümmungsradien der Meridiane besitzen.

Mit wachsender Reynoldsscher Zahl nähert sich die Druckverteilung immer mehr der theoretischen aus der Potentialströmung. Nach Überschreitung der kritischen Reynoldsschen Zahl drängt sich das Gebiet der Abströmung in einem schmaleren Streifen hinter dem Körper zusammen.

Sehr plastisch tritt der Formwiderstand an Flügelprofilen bei zunehmendem Anstellwinkel zutage. Da bei den üblichen Geschwindigkeiten der Randwiderstand und der Reibungswiderstand gut berechenbar sind, ergibt sich aus der versuchsmäßig gewonnenen Polaren als Restwiderstand der Formwiderstand in Abhängigkeit vom Anstellwinkel (Abb. 47). Bei kleinem Anstellwinkel besteht der Profilwiderstand fast nur aus Oberflächenreibungswiderstand, mit zunehmendem α nimmt die Grenzschichtdicke an der Saugseite rasch zu und führt zu Ablösungserscheinungen (Totwasser), die sich schließlich über den ganzen

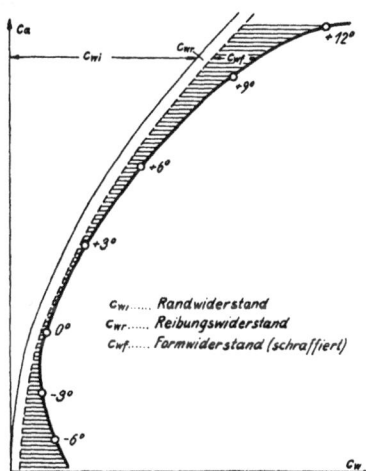

Abb. 47. Formwiderstand eines Flügels.

rückwärtigen Teil der Saugseite erstrecken. (Abreißen der Strömung.)

Bei höheren Geschwindigkeiten (über etwa 0,2 a) wird neben dem
Verhältnis von Trägheitskraft zu Reibungskraft (Reynoldssche Zahl)
das weitere Verhältnis der Trägheitskraft zum statischen Druck von
erheblichem Belang. (Kompressibilität.) Über den Weg der graphischen
Darstellung ebener und rotationssymmetrischer kompressibler Potentialströmung liegt ein gutes Verfahren vor[1]), doch haben solche Zeich-
nungen natürlich noch geringeren Wert für die Abschätzung der Widerstandskräfte als etwa Abb. 46a.

Mit zunehmender Geschwindigkeit bestimmt das Verhältnis der
Trägheitskräfte zu den statischen Drücken die Ablösungserscheinungen

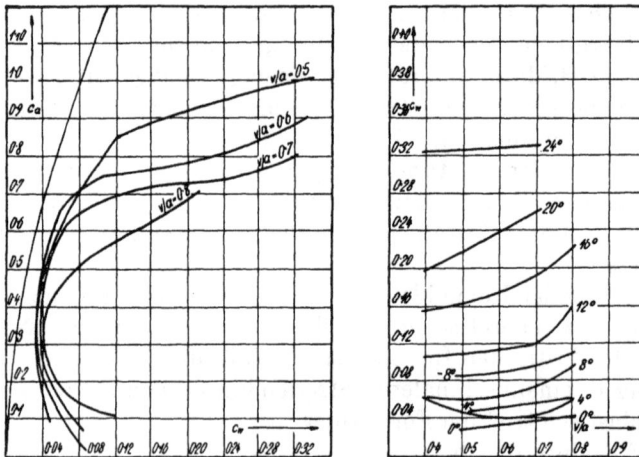

Abb. 48a und b. Formwiderstand eines Flügels bei höheren Unterschallgeschwindigkeiten.

überwiegend und die Zähigkeitskräfte sinken zu untergeordneter Bedeutung. Die anwachsenden Trägheitskräfte begünstigen natürlich die
Ablösung außerordentlich, so daß sich die leeseitigen Unterdruckgebiete
am rasch umströmten Körper schnell vergrößern und der Widerstandsbeiwert sehr anwächst. Ein gutes Beispiel dafür zeigen die Briggsschen
Messungen an Flügelprofilen bei hohen Geschwindigkeiten. Abb. 48a
zeigt die Polaren ein und desselben Profiles bei verschiedenen Geschwindigkeiten als Gegenüberstellung zu Abb. 47. Noch anschaulicher ist
vielleicht die Zusammenstellung der Widerstandsbeiwerte eines Profiles
bei jeweils gleichen Anstellwinkeln in Abhängigkeit von v (Abb. 48b).

---

[1]) Bryan, The Effect of Compressibility of Stream Line Motions. Techn.
Rep. of the Advisory Comm. for Aeronautics, London, Nr. 55 (1918) and Nr. 640
(1919).

Der Formwiderstand besteht also im Wesen aus der Differenz der vorder- und rückseitigen Druckresultierenden und erreicht hohe Werte besonders durch den Unterdruck an der Saugseite gegenüber dem statischen Druck des ungestörten Mediums, der durch die Ablösung der Strömung von der Körperoberfläche verursacht ist. Diese Ablösung ist bei geringen Geschwindigkeiten, wo also das Verhältnis Zähigkeit/Trägheit überwiegt gegen Druck/Trägheit, gering, wenn die Zähigkeit klein wird gegenüber der Trägheit (große R.Z.). Bei hohen Geschwindigkeiten, wo das Trägheit/Druck-Verhältnis fühlbar wird, nehmen die Ablösungsvorgänge sehr zu, und das verwirbelte Nachstromgebiet umfaßt immer größere Teile der Rückseite. Der saugseitige Unterdruck (Sog) könnte im Grenzfall gleich dem Luftdruck p_a werden, erreicht im Unterschallbereich diesen Wert aber bei weitem nicht. Über die gesetzmäßige Abhängigkeit dieses durchschnittlichen Soges von der Geschwindigkeit, Körperform usw. ist wenig bekannt, es lassen sich lediglich einige allgemeine Schlüsse aus den Versuchsergebnissen über den Gesamtwiderstand ziehen.

233. Induzierter Widerstand.

Bisher wurde der Bewegungswiderstand von Körpern betrachtet, die in einem Medium so bewegt werden, daß eine Kraftkomponente quer zur Bewegungsrichtung (Quertrieb, Auftrieb) nicht auftrat. Bei Flügeln gilt diese Beschränkung nicht mehr, und wir müssen den aus der Auftriebswirkung folgenden weiteren »induzierten« Widerstand gesondert betrachten. Die Entstehung des Randwiderstandes am Flügel hat folgende Ursachen (siehe auch 212.). Der in der Mitte eines langen Flügels auf der Druckseite herrschende Überdruck und der auf der Saugseite (Oberseite) herrschende Unterdruck können sich an den Flügelenden durch Umströmung um den Flügelrand ausgleichen. Dementsprechend nehmen Unter- und Überdruck gegen die Flügelenden hin ab. Die trotzdem noch außerordentlich lebhafte Umströmung von der Druckseite um den seitlichen Flügelrand nach der Saugseite überlagert sich der profilparallelen Hauptströmung und ergibt damit einen spiralartigen Wirbel, dessen Achse etwa mit der Flugrichtung zusammenfällt. Diese Randwirbelschleppe, von jedem Flügelende ausgehend, bleibt in dem praktisch reibungsfreien Nachstrom des Flügels erhalten, erstreckt sich also vom Startplatz des Flugzeuges längs der ganzen Flugbahn bis zum Landeplatz und muß während des Fluges ununterbrochen unter Energieabgabe erzeugt werden. Der daherrührende, von den Flügelrändern erzeugte »Rand«-Widerstand übertrifft die übrigen Flugwiderstände meist um ein Vielfaches und bedarf daher besonderer Aufmerksamkeit. Er wird am kleinsten, wenn der Auftrieb sich über die Spannweite b des Flügels in Form einer halben Ellipse verteilt, was wieder dann eintritt,

9*

wenn der Flügelumriß elliptisch ist. Für diesen Fall gelang Prandtl seine exakte Berechnung. Er findet[1]):

$$W_i = A^2/\pi \, q \, b^2.$$

Der Widerstandsbeiwert c_{wi} des induzierten Widerstandes wird daraus $c_{wi} = (c_a^2/\pi) \, (F/b^2)$, worin b^2/F die Flügelschlankheit bedeutet.

Bei nicht elliptischem Flügelumriß gelten die Formeln nur näherungsweise, doch sind erhebliche Abweichungen nur bei Flügeln zu erwarten, die z. B. im mittleren Teil Unterbrechungen aufweisen. Der induzierte Widerstand kann dabei erheblich größer werden.

Bei der baugebräuchlichen Flügelschlankheit $b^2/F = 5$ beträgt der Randwiderstand guter Profile etwa das 2- bis 3fache des übrigen Profilwiderstandes, er ist es daher vor allem, der einer Verbesserung der Flügelgüte $1/\varepsilon = A/W$ hindernd im Wege steht. Da durch diese Flügelgüte die Wirtschaftlichkeit und Reichweite üblicher Flugzeuge maßgebend bestimmt wird, sind die konstruktiven Bemühungen zu seiner Verminderung begreiflich. Der wirksamste Weg ergibt sich schon aus dem Aufbau der Formel für den Widerstandsbeiwert selbst, mit der Verwendung sehr schlanker Flügel. Wo die Beherrschung der durch sehr schlanke Flügel entstehenden großen statischen Biegemomente möglich war, hat man von diesem einfachen Hilfsmittel auch ausgiebig Gebrauch gemacht (Segelflugzeuge). Bei Verkehrsflugzeugen fand man vorerst an der Verminderung der sog. »schädlichen« Widerstände (Fahrgestell, Rumpf usw.) genügend Stoff zur schrittweisen Verbesserung der aerodynamischen Güte, so daß man dort zu schlanken Flügeln wohl erst mit breiterer Verwendung direkt belasteter Flügeltragwerke übergehen wird.

Da die Änderung der Beiwerte eines Flügels bei Änderung seiner Schlankheit nur vom Randwiderstand abhängt, kann man nach Betz[2]) die für einen Flügel mit der Schlankheit b_1^2/F_1 gefundenen Auftriebs- und Widerstandsbeiwerte für einen anderen Flügel vom gleichen Profil, aber mit anderer Schlankheit b_2^2/F_2 an der entsprechenden Stelle einfach umrechnen:

$$c_a = c_{a1} = c_{a2}$$

$$c_{w2} = c_{w1} + \frac{c_a^2}{\pi} \, (F_2/b_2^2 - F_1/b_1^2)$$

$$\alpha_2 = \alpha_1 + c_a/\pi \cdot (F_2/b_2^2 - F_1/b_1^2)$$

(Anstellwinkel im absoluten Winkelmaß). Ein zweiter, scheinbar recht naheliegender Weg zur Herabminderung des Randwiderstandes besteht darin, die Umströmung der Flügelenden durch dünne Endscheiben zu verhindern. Praktisch hat man damit keine Erfolge erzielt.

---

[1]) Hütte I, 26. Aufl., S. 402.
[2]) Hütte I, 26. Aufl., S. 402.

Eines ganz eigenartigen und wirkungsvollen Mittels scheint sich die Natur bei den großen Segelvögeln zu bedienen, dessen Nachahmung allerdings bisher nicht gelungen ist. Durch Verwendung druckseitig konkaver Flügelprofile und eines nach außen sich verjüngenden Flügelumrisses entsteht die unter 212. geschilderte kräftige, druckseitige Strömung in der Längsrichtung des Segelvogelflügels, die nach Beobachtungen von Hankin und G. Lilienthal die Flügelspitze zu überschießen scheint und dadurch die Randwirbelbildung wohl zu beeinflussen geeignet wäre. Praktische Erfolge wurden auch damit bisher nicht erzielt.

Im übrigen sind diese Verhältnisse für unsere Zwecke von untergeordneter Bedeutung, da, wie wir schon eingangs erwähnten und später noch zu beweisen sein wird, die aerodynamische Güte des Raketenflugzeuges und damit des Raketenflügels auf dessen Wirtschaftlichkeit und Leistungsfähigkeit von ungleich geringerem Einfluß ist, als dies für das übliche Verkehrsflugzeug zutrifft.

Von Interesse wäre noch das Verhalten des Randwiderstandes bei größeren Geschwindigkeiten. Es sind darüber keine tiefergehenden Untersuchungen bekannt, doch dürfte bis zur Schallgeschwindigkeit der Briggssche Vorschlag, den Randwiderstand in gleicher Weise wie, es hier für kleine Geschwindigkeiten gezeigt wurde, aus dem Auftrieb zu berechnen, genügend genaue Resultate ergeben. Für die Berechnung des Auftriebes selbst sind ausreichende Berechnungsverfahren bekannt. Bei reiner Überschallströmung liegen die Verhältnisse vollständig anders, Randwiderstand tritt dort nach Busemann im allgemeinen überhaupt nicht auf.

234. Gesamtwiderstand.

Der Gesamtwiderstand eines mit Unterschallgeschwindigkeit in Luft so bewegten Körpers, daß eine Kraftkomponente quer zur Bewegungsrichtung nicht auftritt, setzt sich aus dem Reibungswiderstand und dem Formwiderstand zusammen. Über beide Widerstandskomponenten lassen sich ziemlich weitgehende qualitative Aussagen — insbesonders mittels der Prandtlschen Grenzschichttheorie — machen. Die rein rechnerische Ermittlung der Widerstände eines durch die Luft bewegten Körpers aus seinen geometrischen Eigenschaften ist aber quantitativ bisher nur in ganz wenigen, praktisch bedeutungslosen Fällen möglich. Jedoch gelingt es in den allermeisten Fällen, durch Kombination der bekannten theoretischen Zusammenhänge mit unter gewissen, vereinfachten Annahmen durchgeführten Versuchen, besonders Modellversuchen, mit für die Zwecke des Ingenieurs ausreichender Genauigkeit Aufschluß über die zu erwartenden Kräfte zu erlangen. Die meist im künstlichen Luftstrom oder durch Schießversuche gewonnenen Erfahrungszahlen lassen in der Regel die beiden Widerstandskomponenten nicht auseinanderhalten, was für den Ingenieur meist keinen Nachteil bedeutet. Wo die gesonderte Bestimmung einer der beiden Komponenten für sich erforderlich wird, bleibt jedoch immer der — allerdings mühevolle — Weg der Messung der Druckverteilung an einem mit feinen Bohrungen versehenen Modell.

Allgemein läßt sich nur sagen, daß bei Körpern mit stumpfer Rückseite (senkrecht angeströmte Platten, stark angestellte Flügel, Geschosse usw.) der Formwiderstand den größten Anteil am Gesamtwiderstand hat, während an Körpern, bei welchen durch geeignete Formgebung (schlanke Hinterseite) die Ablösung verzögert wird, der hier sehr kleine Gesamtwiderstand im wesentlichen Reibungswiderstand ist.

Daß die Newtonsche Annahme, der Luftwiderstand sei proportional dem Quadrat der Geschwindigkeit, die Erfahrung im Unterschallbereich durchaus nicht zu decken vermag, ist bekannt. Dennoch behält man aus Zweckmäßigkeitsgründen die Newtonsche Widerstandsformel

$$W = c_w \cdot \gamma/2\,g \cdot F \cdot v^2$$

in der Flugtechnik bei und erfaßt die Abweichungen von der nur in sehr roher Näherung zutreffenden quadratischen Abhängigkeit dadurch, daß man den Widerstandsbeiwert c_w auch von der Geschwindigkeit abhängig macht. Ganz allgemein läßt sich dann sagen, daß bei sehr geringen Geschwindigkeiten, etwa bis zu $0{,}05\,a$, wo also die Reibungskräfte alle anderen Widerstände überwiegen, bei allen Körpern, demgemäß bei sehr gut stromlinienförmigen Körpern auch bei noch höheren Geschwindigkeiten, der Widerstand nur mit der 1,5- bis 1,8fachen Potenz der Geschwindigkeit zunimmt, in der gewählten Darstellung das c_w also ziemlich stark mit zunehmender Geschwindigkeit fallen muß. Sobald die Trägheitskräfte mit steigender Geschwindigkeit sich in der Strömung gegenüber der Zähigkeit durchzusetzen vermögen, verhält sich c_w von der Geschwindigkeit unabhängiger, um dann bei noch höheren Geschwindigkeiten, wenn die Trägheitskräfte sich auch gegenüber den statischen Druckkräften bemerkbar machen, wieder anzusteigen. Der Bereich des ersten, sehr erheblichen Abfalles der c_w ist für das hier behandelte Interessengebiet ohne Belang, da er sich im Bereich der Reynoldsschen Zahlen von $R = 10^1$ bis etwa $R = 10^5$ bewegt, was selbst bei den kleinsten, in Frage kommenden Flugzeugabmessungen belanglos kleinen Fluggeschwindigkeiten (meist unter der unteren Schwebegeschwindigkeit) entspricht. Im c_w-Diagramm (z. B. Abb. 49) ist der Bereich gut zu erkennen. Von weit größerem Interesse ist der Bereich des schon von der etwa 0,2fachen Schallgeschwindigkeit erst fühlbar und dann immer rascher anwachsenden c_w. Von etwa $0{,}2\,a$ an werden die hydrodynamischen Betrachtungsweisen abgelöst durch die gasdynamischen. Die Tatsache dieses Anstieges selbst war schon 1790 bekannt. Erstmalige eingehende Untersuchungen an Kugeln stammen von Bashforth 1870. Der H. Lorenzsche Versuch, den Anstieg als Resonanzeffekt zu deuten[1]), wird heute vielfach besonders deswegen als unzutreffend angesehen, weil der Höchstwert des c_w nicht bei der Schallgeschwindigkeit, sondern erheblich darüber erreicht wird. Von Sommerfeld[2]) stammt der Hinweis auf gewisse Ähnlichkeiten mit der älteren Elektronentheorie. Daß der Anstieg schon unter der Schallgeschwindigkeit sehr bedeutend ist, dürfte seine Ursache neben der stark vermehrten Grenzschichtablösung vorzüglich darin haben, daß schon dann, wenn der bewegte Körper sich relativ zur ungestörten Luft mit noch weit geringerer als Schallgeschwindigkeit bewegt, die örtliche Strömungsgeschwindigkeit an manchen Teilen der Körperoberfläche schon die Schallgeschwindigkeit erreicht oder überschritten hat (beim lotrecht zur Achse mit kompressiblem Medium angeblasenen Kreiszylinder tritt dies z. B. schon bei $v = 0,4\,a$ ein) und dort bereits Wellenwiderstände entstehen, auf die wir noch näher zu sprechen kommen.

Für diese Anschauung spricht auch der Umstand, daß schlanke Körper, bei denen die örtlichen Erhöhungen der Strömungsgeschwindigkeit geringer sind, einen viel späteren und sanfteren Anstieg aufweisen, als kurze, dicke Körper.

Einen formalen Weg zur Berechnung des Anstieges, wenn das c_{w0} bei kleineren Geschwindigkeiten, bei der Schallgeschwindigkeit (c_{wa}) und der Größtwert $c_{w\,\mathrm{max}}$ bei der Geschwindigkeit v_m bekannt sind, gibt Lechner[3]) an. Er findet:

$$c_w = c_{w0}\,\frac{(a + b\,v)\,a}{(a + b\,v)\,a - v},$$

worin

$$a = 2\,c_{w0}\,\frac{v_m^2}{a^2}\,\frac{c_{wm} - c_{wa}}{(c_{w0} - c_{wa})^2\,(1 - a^2/v_m^2)};$$

$$b = 2\,c_{w0}\,\frac{v_m^2}{a^3}\,\frac{c_{wa} - c_{wm}}{(c_{w0} - c_{wa})^2\,(1 - a^2/v_m^2)} - \frac{c_{wa}}{a\,(c_{w0} - c_{wa})}.$$

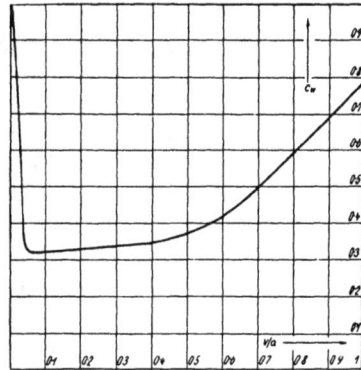

Abb. 49. Die Widerstandsbeiwerte der Kugel im Unterschallbereich.

In Abb. 49 sind die Widerstandsbeiwerte der Kugel, teilweise nach ballistischen Versuchen von Hélie, in Abhängigkeit von v dargestellt. Ähn-

---

[1]) H. Lorenz, Phys. Z.S. Bd. 18, S. 209, 1917.
[2]) Klein-Sommerfeld, Theorie des Kreisels. 1898.
[3]) Lechner, Über den Einfluß der Wellenbewegung auf den Bewegungswiderstand. Österr. Flugzeitschrift 1918.

liche Kurven lassen sich für jeden Körper ermitteln, auch Abb. 48 in 232 gehört hierher.

Weitere, teilweise theoretisch fundierte Beziehungen, die diesen Bereich miterfassen, siehe unter 24.

24. Widerstand im Überschallbereich. Allgemeines.

Die schon bei Unterschallgeschwindigkeit getroffene Annahme, daß der Luftwiderstand proportional sei:

1. einem von der Form des Körpers abhängigen Koeffizienten c_w,
2. der Luftdichte γ/g,
3. dem größten Spantquerschnitt senkrecht zur Längsachse bzw. der Flügelfläche F,
4. einer gewissen Funktion der Fluggeschwindigkeit $f(v)$,

daß diese Faktoren aber untereinander praktisch unabhängig seien, wird auch hier beibehalten. Diese Annahme führte uns zu der Widerstandsgleichung

$$W = c_w \cdot \gamma/2\,g \cdot F \cdot f(v).$$

Wir räumten weiterhin dem Widerstandsbeiwert c_w eine gewisse Abhängigkeit von v ein und erhielten so die übliche Schreibweise:

$$W = c_w \cdot \gamma/2\,g \cdot F \cdot v^2,$$

die wir auch im Überschallgebiet beibehalten wollen.

Auf die Ermittlung des nunmehr von der Körperform und der Fluggeschwindigkeit abhängigen Widerstandsbeiwertes c_w laufen auch hier alle Untersuchungen hinaus.

Die im Unterschallbereich gefundenen beiden Widerstandskomponenten des querkraftfrei durch die Luft bewegten Körpers, nämlich Reibungswiderstand und Formwiderstand, treten auch hier wieder auf. Der mit weniger als der zweiten Potenz der Fluggeschwindigkeit wachsende Reibungswiderstand bildet im Überschallbereich einen ganz unerheblichen Anteil, den wir daher nur sehr kurz behandeln werden. Der Formwiderstand zerfällt hier in zwei deutlich getrennte Komponenten: Den vorderseitigen Formdruckwiderstand, der etwa mit dem Quadrat der Geschwindigkeit anwächst, dessen c_{wfd} also näherungsweise eine Konstante darstellt, und den rückseitigen Sog. Dieser wächst nach Überschreitung der Schallgrenze bald seinem Grenzwert zu, der durch das absolute Vakuum an der ganzen, hinter dem Hauptspant liegenden Körperoberfläche gegeben ist, bei normalen Luftdruckverhältnissen also etwa 1 kg/cm² beträgt. In den hinter dem Körper sich ausbildenden luftverdünnten Raum strömt die Luft unter Reibungswirbeln ein, die dazu verbrauchte Energie findet sich nach Cranz teils als Wärme im Nachstrom des Körpers vor, teils geht sie als Bewegungsenergie nach außen und wird z. B. als Pfeifen der Geschosse bemerkbar. Dieser Widerstandsanteil hängt von der Ausbildung des Körperendes ab, sein Widerstandsbeiwert c_{wfs} nähert sich asymptotisch dem Nullwert. Neu tritt nach Überschreitung der Schallgrenze der Wellenwiderstand hinzu, dessen Beiwert c_{ww} kurz nach der Schallgrenze zu beträchtlichen Werten ansteigt, um bei gut geformten Körpern später wieder abzufallen und sich gleichfalls asymptotisch dem Nullwert zu nähern. Er tritt an allen vorspringenden Teilen, besonders am Kopf, auf, die von ihm verzehrte Energie geht als Wellenenergie nach außen und wird z. B. als Geschoßknall bemerkbar. Für die Größe dieses Widerstandes ist die Form des Körperkopfes von ausschlaggebender Bedeutung.[1]

241. Reibungswiderstand.

Zur Veranschaulichung des Wesens der tangentialen Reibungskräfte, besonders im Überschallgebiet, können einige Betrachtungen aus der kinetischen Gastheorie dienen[2].

Diese erklärt den Druck eines ruhenden Gases gegen eine abschließende Wand bekanntlich als die resultierende Stoßkraft der anprallenden, in heftiger Wärmebewegung befindlichen Gasmoleküle. Bezeichnet man mit c_i die Komponente des Mittelwertes der Molekulargeschwindigkeiten in einer bestimmten Richtung i, so ergibt sich der Gasdruck der anprallenden und wieder elastisch zurückprallenden Moleküle zu:

$$p_i = \varrho \, c_i^2.$$

Die resultierende mittlere Molekulargeschwindigkeit c selbst folgt damit aus einer einfachen Überlegung über die Gleichheit ihrer drei Komponenten zu:

$$c = \sqrt{3\,R\,T}.$$

(Z. B. bei $0°$ C für Luft 485 m/sec, Wasserstoff 1844 m/sec, Kohlendioxyd 396 m/sec, Wasser in perm. Gaszustand 621 m/sec.)

Weiters errechnet sich die freie Weglänge l, die ein Molekül durchschnittlich zurücklegt, bis es mit einem andern Molekül zusammenprallt, aus der Molekülzahl pro Masseneinheit N und dem Moleküldurchmesser d zu:

$$l = \frac{0{,}677}{\varrho \, N \, \pi \, d^2}.$$

(Z. B. für Luft von normalen Druck- und Temperaturverhältnissen $l = 0{,}96 \cdot 10^{-5}$ cm.)

---

[1] Siehe auch: Kármán-Moore, Resistance of slender bodies moving with supersonic velocities, with special reference to projectiles, Trans. Amer. Soc. mech. Eng. (Appl. mech.) 1932, Nr. 23.

[2] Siehe u. a.: Jaeger, Kinetische Theorie der Gase in Geiger-Scheel, Handbuch der Physik, Bd. 9, Springer 1926.

Gaskinetisch erklärt sich nun die Reibung eines über einer festen Wand hinstreichenden Gasstromes damit, daß aus diesem Gasstrom ständig Moleküle durch ihre Wärmebewegung quer zur Strömungsrichtung aus den Strömungsschichten geringerer Strömungsgeschwindigkeit in jene höhere Geschwindigkeit und umgekehrt und aus dem freien Strom an die Wand gelangen und dort jeweils Änderungen an Bewegungsgröße durch die Zusammenstöße mit den andern Luft- und Wandmolekülen erfahren, also beschleunigt bzw. verzögert werden.

Die schon aus der Unterschallreibung bekannte Gaszähigkeit η hängt mit der freien Weglänge nach Jaeger mittels der Beziehung zusammen[1]):

$$\eta = 0,419 \, \varrho \, c \, l,$$

ist daher aus den Molekulareigenschaften des Gases berechenbar zu $\eta = 0,09 \, c/N \, d^2$. Die Reibungsvorgänge selbst spielen sich zunächst im Überschallbereich in qualitativ ganz gleicher Weise wie im Unterschallbereich in der Grenzschicht zwischen der festen Oberfläche und der freien Strömung ab. Die Strömungsgeschwindigkeit in der Grenzschicht liegt zum Teil unter, zum Teil über der Schallgrenze, daher haben die Beziehungen der Unterschallreibung teilweise Gültigkeit, insbesondere ist auch das Auftreten turbulenter Grenzschichtreibung zu erwarten.

Über die zahlenmäßigen Größenverhältnisse der Überschallreibung ist wenig bekannt. Als Grundlage ihrer Abschätzung kann die Zähigkeit der Luft und der Umstand dienen, daß die Grenzschichtdicke bei den hohen Geschwindigkeiten sehr gering ist, daher bei dem hohen Geschwindigkeitsgefälle hohe Schubspannungen zu erwarten sind.

Nach einer brieflichen Mitteilung Dr. Busemanns an den Verfasser kann man diese Schubspannungen zu 0,3 % des Staudruckes ansetzen, so daß z. B. der Reibungsbeiwert einer ebenen Platte wegen der Reibung auf beiden Seiten $c_{wr} = 0,006$ betrüge. Ein derartiger fester Wert würde allerdings bei sehr hohen Überschallgeschwindigkeiten ein Überwiegen des Reibungswiderstandes gegenüber allen andern Widerstandsanteilen bedeuten, wenn man schlanke Bauformen voraussetzt.

Das ist wenig wahrscheinlich. Der Reibungswiderstand fällt bei nicht zu hohen Überschallgeschwindigkeiten jedenfalls gegenüber den anderen Widerständen erwiesenermaßen sehr klein aus und die Extrapolation der bekannten Versuchswerte auf höhere Geschwindigkeiten ergibt auch nur unter dieser Voraussetzung einigermaßen stetige Kurven (siehe z. B. Abb. 70).

Weiters gelten die geschilderten Verhältnisse zunächst für normale Gasdrücke und nach Versuchen von Kundt-Warburg[2]) bis herab zu Drücken von etwa 0,017 at, entsprechend einer Flughöhe von etwa

---

[1]) G. Jaeger, Wiener Berichte (2a), Bd. 108, S. 452, 1899.
[2]) Kundt-Warburg, Pogg. Annalen, Bd. 155, S. 337 und 525, 1875.

30 km. Bei geringeren Luftdichten und daher größeren freien Weglängen der Moleküle entsteht an der festen Wand eine merkbare Schicht,
wo die Moleküle auf die Wand treffen, ehe sie ihre mittlere freie Weglänge durchlaufen haben, so daß sich das Gas dort anders verhält als in
seinem freien Inneren.

Mit weiter anwachsender freier Weglänge nimmt der Reibungskoeffizient der Luft daher ab. Es wird die freie Weglänge von ähnlicher
Größe wie die rechnungsmäßige Grenzschichtdicke oder die unvermeid-
liche Rauhigkeit der Flugzeugoberfläche, so daß die übliche Grenz-
schichtausbildung gestört ist und die Luft in diesem Zusammenhang
nicht mehr als kontinuierliches Medium betrachtet werden darf.

Wird schließlich bei sehr geringen Luftdichten die mittlere freie
Weglänge mit der Größe der Körperabmessungen vergleichbar, so daß
die Molekularstöße untereinander zurücktreten gegenüber den Mole-
kularstößen gegen die Wand, so gehorcht die Reibungsspannung dem
einfachen Gesetz[1]):

$$\tau = \varrho \, c \, v/4 = p/4 \cdot \sqrt{3/R \, T} \, v.$$

In 60 km Flughöhe, wo dieses Gesetz stark verdünnter Gase vielleicht noch nicht in vollem Maß gilt, ergäbe sich bei den zugehörigen
Fluggeschwindigkeiten der Reibungsbeiwert für eine zur Flugrichtung
nicht geneigte Fläche um ein Mehrtausendfaches geringer als 0,003.

Nach obiger Beziehung wird bei stark verdünnten Gasen die Reibung vom Gasdruck p abhängig, so daß auf sie auch der Anstellwinkel α
einer Fläche gegen den Luftstrom von ähnlichem Einfluß wird, wie
dies beim Formdruckwiderstand gilt, so daß also stärker angestellte
Flächen größere Reibungskräfte erleiden, als wenig oder gar nicht gegen
den Luftstrom geneigte Flächen.

Ist schließlich die Körperoberfläche im gaskinetischen Sinn nicht
vollständig rauh, d. h. wird den auftreffenden Luftmolekülen die Geschwindigkeit der mit v fliegenden Wand nur teilweise erteilt, so tritt
nicht einmal die angegebene, äußerst geringe Reibungskraft mehr in
vollem Umfang auf.

Aus all diesen Überlegungen ist zu schließen, daß wir in den weiteren Betrachtungen den Reibungswiderstand gegenüber den übrigen
Widerstandskomponenten bei den uns vorliegenden Verhältnissen vollständig vernachlässigen dürfen.

Der Reibungswiderstand ist jedoch auch noch von einem anderen
Gesichtspunkt von größtem Interesse.

In der Prandtlschen Grenzschicht zwischen der festen Körperoberfläche und der freien Strömung genügend dichten Gases entsteht ständig
Reibungswärme, die in den Nachstrom abgeführt wird und in den

---

[1]) Handb. d. Physik, Bd. 9, S. 442.

Schlierenbildern fliegender Geschosse als stark erhitztes Nachstromgebiet deutlich in Erscheinung tritt.

Über die Höhe der infolge der Reibungswärme auftretenden Temperaturen finden wir bei Busemann[1]), daß die an der Wand unmittelbar
haftende, innerste Schicht der Grenzschichte jene Temperatur hat, die
sich auch aus der adiabatischen Verdichtung im Staupunkt ergeben
würde (siehe 242.). Diese Temperatur fällt innerhalb der im Überschallbereich äußerst dünnen Grenzschicht auf die Temperatur außerhalb
der Grenzschicht ab. Wegen der tatsächlich vorhandenen Wärme-
leitungs- und Strahlungsverluste gegen die Außenluft in dem sehr
kleinen und langsam strömenden Gasbereich dürfte diese theoretische
Temperaturspitze bei hohen Überschallgeschwindigkeiten sehr abge-
stumpft sein. Insbesondere machen sich bei höheren Temperaturen die
von der Düse her bekannten Abweichungen vom adiabatischen Verhalten, besonders die Dissoziationsverhältnisse geltend.

In den zu hohen Überschallgeschwindigkeiten raketenflugtechnisch
nötigen großen Flughöhen wirkt sich schließlich auch die große freie
Weglänge im schon besprochenen Sinn derart aus, daß es zur Ausbildung einer lebhaft aufheizenden Grenzschicht kaum kommt.

Wiewelt sich dann die Wand des Flugzeuges auf die noch verblei-
bende höchste Luftreibungstemperatur miterwärmt, ist weitgehend eine
Frage ihrer Wärmekapazität und der Dauer der Temperatureinwirkung,
da die verfügbaren Wärmemengen, besonders bei der äußerst geringen
Luftdichte in den fraglichen Flughöhen außerordentlich klein sind.

Eine Gefahr für die Entwicklung des Raketenfluges braucht darin
kaum erblickt zu werden.

Zusammenfassend können wir in den weiteren Untersuchungen in
erster Näherung also sowohl die Kraftwirkungen als auch die Wärme-
wirkungen des Reibungswiderstandes außer Betrachtung lassen.

242. Formwiderstand.

Der Formwiderstand wurde unter 232. definiert als die Differenz
aus den vorderseitigen und rückseitigen Resultierenden der Druckverteilung, wobei Vorder- und Rückseite getrennt werden durch die Verbindungslinie jener Oberflächenpunkte, in denen der Druck vom vorderseitigen Überdruck gegen den rückseitigen Unterdruck abfallend den
Nullwert erreicht. Der Formwiderstand zerfällt daher in den vorderseitigen Überdruck (Formdruckwiderstand) und den rückseitigen Sog.

Der Überdruck läßt sich einfach so darstellen, daß eine bestimmte,
die $k$fache Hauptspantfläche F in der Zeiteinheit treffende Luftmasse
$\gamma/g \cdot k \cdot F \cdot v$ ihren gesamten Bewegungsimpuls in der Flugrichtung

---

[1]) Handbuch der Experimentalphysik, Bd. 4, S. 365/366.

$\gamma/g \cdot k \cdot F \cdot v^2$ im Laufe der Zeiteinheit allmählich verliert. Dieser durchschnittliche Impulsverlust $\gamma/2g \cdot k \cdot F \cdot v^2$ ist nach dem Impulssatz unmittelbar gleich der Widerstandskraft W_{fd}, also:

$$W_{fd} = k \cdot \frac{\gamma}{2\,g} \cdot F \cdot v^2,$$

womit zunächst:

$$c_{wfd} = k.$$

Tatsächlich kann natürlich die erfaßte Luftmasse unter Umständen einen Teil ihres in die Flugrichtung fallenden Impulses behalten und seitlich um den Körper abströmen. Um wieviel c_{wfd} dann kleiner als k ausfällt, hängt hauptsächlich von der Formgebung der Körpervorderseite ab. Für rein zylindrische Körper, deren vordere Begrenzungsfläche von der Größe der Hauptspantfläche zur Flugrichtung senkrecht steht, wird der Wert $c_{wfd} = k = 1$ ziemlich zutreffen, soweit nicht ein vorne sich ausbildender Staukegel das Umfließen begünstigt. Bei kegelförmiger Spitze (Abb. 50) mit dem halben Öffnungswinkel α kann man

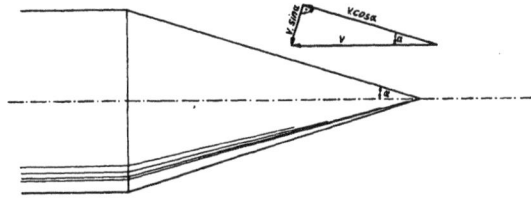

Abb. 50. Höchstüberschallströmung gegen Kegelspitze.

mit gewisser Näherung annehmen, daß in der Flugrichtung nur der Impulsanteil $k \cdot \gamma/g \cdot F \cdot v \cdot v \cdot \sin^2 \alpha$ verloren geht, so daß hier der Druckwiderstand:

$$W_{fd} = k \cdot \sin^2 \alpha \cdot \gamma/2\,g \cdot F \cdot v^2$$

und $c_{wfd} = k \cdot \sin^2 \alpha$. Mit $\alpha = 90^0$ kommen wir wieder an den früher bestimmten Grenzwert. Mit $\alpha = 22,5^0$, einem an gut geformten Geschossen vorkommenden Durchschnittswinkel, ergibt sich $c_{wfd} \doteq 0,15$, wenn wir $k = 1$ annehmen. Diese Betrachtungen sind im Unterschallbereich und auch im anfänglichen Überschallbereich gewiß nur sehr bedingt zutreffend. Erreicht die Fluggeschwindigkeit aber solche Größen, daß der Machsche Winkel gleich oder kleiner als der halbe Öffnungswinkel α wird, also die ganze Spitze völlig in ungestörte Luft taucht (ein Vorgang, der nach Cranz an sehr schnellen Ogivalgeschossen andeutungsweise schon erkennbar ist), so kann die Annahme $k = 1$ gewisse Berechtigung erlangen und der Wert $c_{wfd} \doteq \sin^2 \alpha$ eine verwendbare Näherung darstellen.

Jedenfalls erkennt man, daß die Formgebung der Körpervorderseite von einschneidendstem Einfluß auf den Formdruckwiderstand ist.

Bei Fluggeschwindigkeiten unter $v = a/\sin \alpha$ ist die Wahrscheinlichkeit groß, daß auch Luftmassen außerhalb des Querschnittsbereiches F Impulsverluste erleiden, also $k > 1$ ist. Über diesen Bereich liegen genauere Betrachtungen von Prandtl und Busemann vor, auf die wir unter 243. zu sprechen kommen.

Beachtet man auch hier, daß die Luft elastisch zusammendrückbar ist, so erhält man wieder unter Zugrundelegung adiabatischer Zustandsänderung idealer Gase den vorderseitigen Überdruck Δp gegenüber dem Druck der ruhenden Luft p_a statt wie bisher

$$\Delta p = q = \gamma/2\, g \cdot v^2 = p_a \cdot \varkappa/2 \cdot v^2/a^2$$

zu dem neuen Wert:

$$\Delta p_{ad} = q_{ad} = p_a \left[\left(\frac{\varkappa - 1}{2}\, v^2/a^2 + 1 \right)^{\varkappa/(\varkappa - 1)} - 1 \right].$$

Damit wird der Formdruckbeiwert von vornherein veränderlich nach der Beziehung:

$$c_{wfd} = k\, \Delta p_{ad}/q = k\, \frac{[(\varkappa - 1)/2 \cdot v^2/a^2 + 1]^{\varkappa/(\varkappa - 1)} - 1}{\varkappa/2 \cdot v^2/a^2} .$$

Die dem adiabatischen Luftstau um Δp entsprechende Lufterwärmung ΔT beträgt:

$$\Delta T = T_a \frac{\varkappa - 1}{2}\, v^2/a^2.$$

Die Beizahl a bedeutet wieder die Größe in der äußeren, ruhenden Luft.

Eine weitere, sehr fatale Bedeutung gewinnt der Formdruckwiderstand außer durch seine zahlenmäßig erhebliche Größe dadurch, daß durch ihn der Kopf des bewegten Körpers erwärmt wird, und daß diese Erwärmung, wie wir aus dem Beispiel der glühenden und verdampfenden Meteore wissen, sich bei sehr hohen Geschwindigkeiten zu außerordentlichen Temperaturen steigern kann.

Allen bekannten Methoden zur Berechnung dieser Erwärmung haften sehr große Unsicherheiten an[1]). Den ungünstigsten Grenzfall trifft jedenfalls ein Ansatz, der auf die Verdichtungswärme der Luft im Bereich des druckseitigen Aufstaues aufgebaut ist und demnach der in den Betrachtungen zur Abb. 50 enthaltene Verlust an kinetischer Energie pro Luftmasseneinheit von $v^2 \sin^2 \alpha/2$ völlig in einen entsprechenden Mehrbetrag an Wärme des aufgestauten Gases umgewandelt wird, also eine Übertemperatur gegenüber der Körpertemperatur besitzt, so daß es zwischen Körper und Luft zum Wärmeübergang kommt, der die Körpertemperatur so lange steigert, bis diese Wärmeaufnahme und die Wärmeabgabe des Körpers sich das Gleichgewicht halten.

Diese Stautemperaturen der Luft erscheinen zunächst dadurch viel unangenehmer als die früher erwähnten Reibungstemperaturen, daß sie mit wesentlich größeren Wärmemengen verbunden sind.

[1]) Siehe H. Oberth, Wege zur Raumschiffahrt. 1929.

Aus der gasdynamischen Energiegleichung für adiabatische Strömung

$$A v^2/2 g - J = 0$$

folgt:

$$A v^2/2 g - c_p T = 0.$$

Beim Stau der Geschwindigkeitskomponente $(v \sin \varkappa)$ erleidet die Luft also eine Temperatursteigerung um:

$$\varDelta T = A v^2 \sin^2 \alpha/2 g c_p = v^2 \sin^2 \alpha/2000.$$

Mit den bekannten Beziehungen $a = \sqrt{\varkappa g R T_a}$ und $c_p - c_v = A R$ kann man auch schreiben:

$$\varDelta T = T_a (\varkappa - 1)/2 \cdot v^2 \sin^2 \alpha/a^2,$$

wenn T_a die absolute Temperatur der ungestörten Außenluft ist.

Wieweit infolge der lebhaften Strahlung des hochkomprimierten Gases diese Temperaturen überhaupt erreicht werden und wieweit die durch sie in der verdichteten Luft dargestellte Wärme sich dem Körper selbst mitteilt, läßt sich schwer angeben.

Für eine mit $v = 6000$ m/sec in den Grenzgebieten der Atmosphäre $(T_0 = 270^0)$ fliegende Kegelspitze von $\sin \alpha = 0,1$ ergäbe sich z. B. eine gesamte Stautemperatur der Luft von etwa $T = 450^0$.

Mit Hilfe einiger allerdings recht unsicherer Annahmen über die Wärmeübergangsverhältnisse zwischen Körperwand und der gestauten Luft und weiters mit Hilfe des Stephan-Bolzmannschen Gesetzes für die nur durch Strahlung angenommene Wiederabgabe der Kompressionswärme gelangt Oberth zu einer Gleichung für die Wandtemperatur ϑ:

$$\vartheta = (\gamma/\gamma_0)^{1/6} \cdot v \cdot \sin^{1/3} \left(\alpha + \frac{19\,000}{v} \right),$$

gültig für α zwischen 45^0 und 90^0 und v zwischen 5000 und 15 000 m/sec, die die von Meteoren bekannten Verhältnisse einigermaßen deckt. Die Abweichungen von dieser Formel können aber nach Oberth selbst $\pm 1000\%$ betragen. In ähnlicher Größenordnung halten sich auch die von P. Vieille[1]) theoretisch hergeleiteten Temperaturen. Zahlentafel 51

Zahlentafel 51.

v [m/sec]	Temperatur [^{0}C]
1 200	680
2 000	1 741
4 000	7 751
10 000	48 490

[1]) Cranz, Ballistik. 1. Bd.

zeigt einige von ihm für stumpfköpfige Geschosse berechnete Werte bei erdnaher Luftdichte. Für andere Luftdichten ist zu beachten, daß der Wärmeübergang der Wurzel aus der Luftdichte proportional ist. Zusammenfassend kann man sagen, daß bei den in Frage kommenden sehr schlanken Kopfformen der Körper und den kleinen Anstellwinkeln der

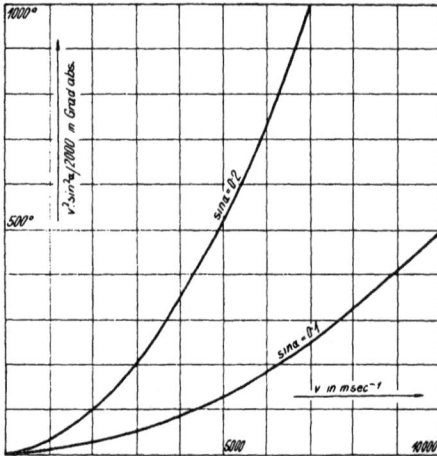

Abb. 51. Obere Grenzwerte der Stautemperatur an der Körperwand.

Flügel aus der Stautemperatur wahrscheinlich keine bedenklichen Wandtemperaturen zu fürchten sind.

Abb. 51 zeigt noch die Abhängigkeit der Stautemperatur $v^2 \cdot \sin^2 \alpha /2000$ von Fluggeschwindigkeit v und halbem Öffnungswinkel bzw. Anstellwinkel α und läßt auch erkennen, daß nur die ungünstigen stumpfen Köpfe bei hohen Geschwindigkeiten gefährdet sind.

Eine wesentlich genauere Ermittlung der Stautemperatur in Abhängigkeit von der Fluggeschwindigkeit ergibt die Vereinigung der Gleichungen adiabatischer Luftverdichtung mit den Druckgleichungen von Busemann. (Siehe 2215. bzw. 243.)

Z. B. findet man die adiabatische Stautemperatur der vollständig stumpfen Spitze ($\alpha = \pi/2$) zu

$$T = T_0 \left(\frac{\varkappa - 1}{2} \, v^2/a^2 + 1 \right),$$

wenn T_0 die Temperatur der ungestörten Außenluft ist. Dieser Temperaturwert wäre dem in 241. erwähnten theoretischen Spitzenwert der Reibungstemperatur gleich.

Besonders zu beachten ist, daß die Reibungstemperatur nur innerhalb der Grenzschicht, die Stautemperatur jedoch im ganzen gestauten Luftraum auftritt, so daß die Temperaturen sich nur in der Grenzschicht überlagern, wobei gegebenenfalls auf die an der Außengrenze der Grenzschicht bereits gestaute Geschwindigkeit in der Berechnung der Reibungstemperatur geachtet werden muß. D. h. die Stautemperatur an der stumpfen Spitze ist jedenfalls die höchstmögliche, aber theoretisch an der ganzen Körperoberfläche auftretende Temperatur. Vom Verhältnis der tatsächlichen Stautemperatur zu der Reibungshöchsttemperatur an der betrachteten Stelle hängt es nun ab, wie weit die hohen Lufttemperaturen auch in den äußeren Grenzschichtzonen und außerhalb der Grenzschicht auftreten.

Die zweite Komponente des Formwiderstandes ist die Resultierende des rückseitigen Unterdruckes, der Formsaugwiderstand, kurz Sog. Während der Formdruckwiderstand mit der Geschwindigkeit ohne bekannte Grenzen zu wachsen vermag, ist der Sog durch die absolute Luftleere an der Rückseite des Körpers begrenzt, kann also je Spantflächeneinheit höchstens gleich dem äußeren Luftdruck sein, d. i. in Erdnähe 10330 kg/m². Damit ergibt sich die obere Grenze des c_{wfs} einfach zu:

$$c_{wfs} = p_a/q = \frac{\varrho_a\, R\, T_a\, g\, \varkappa}{\varrho_a/2 \cdot v^2\, \varkappa} = \frac{2}{\varkappa} \cdot \frac{a^2}{v^2} = 165\,300/v^2$$

unabhängig vom Luftdruck.

Für Körper mit konkaver Rückseite (z. B. Geschosse mit hohlem Boden, Düsenansatz der Rakete) wird dieses absolute Vakuum erreicht, wenn die Fluggeschwindigkeit v gleich jener Geschwindigkeit v_{max} wird, mit der die Luft in den leeren Raum eindringt. Bekanntlich errechnet sich v_{max} aus der allgemeinen gasdynamischen Grundbeziehung für adiabatische Vorgänge:

$$v^2 = \frac{2\,\varkappa}{\varkappa - 1} \cdot \frac{p_0}{\varrho_0}\left[1 - (p/p_0)^{(\varkappa - 1)/\varkappa}\right]$$

zu:

$$v_{max} = a_0 \sqrt{2/(\varkappa - 1)} = 2{,}23\, a_0.$$

Wie schon betont, gilt diese einfache Beziehung aber nur im rückwärtigen Teil mehr oder weniger zylindrischer Körper mit hohlem, d. h. konkavem Boden.

Es ist z. B. eine ballistische Erfahrungstatsache, daß ein derart konkaver Geschoßboden höheren Sog ausübt, als ein ebener oder nach auswärts gewölbter Boden.

Nach den zunächst allerdings nur für ebene Strömungen geltenden Meyerschen Berechnungen müssen wir annehmen, daß bei nach rückwärts sich stetig verjüngenden Körperquerschnitten die absolute Luftleere bei viel höheren Geschwindigkeiten bzw. überhaupt nicht erreicht wird. Wohl aber nähert sich bei hohen Geschwindigkeiten der leeseitige Druck stark dem Nullwert. Wir führen unter 243. eine genauere Berechnung der Druckverhältnisse dieser Strömung in Anlehnung an das von Busemann für den räumlichen Fall abgeänderte Meyersche Verfahren für Kompressionsströmung an, aus der sich ergibt, daß bei sehr günstiger Formgebung des Körperkopfes ein schlecht geformter Rückteil sehr erhebliche Anteile am Gesamtwiderstand verursachen kann, so daß der Formgebung des Körperendes auch im Überschallbereich sehr große Bedeutung zukommt. Bei dem verhältnismäßig noch sehr gedrungen ausgebildeten Kopf des deutschen S-Geschosses beträgt der

Gesamtwiderstand bei 800 m/sec etwa 5 kg/cm², also der Sog etwa 20% des Gesamtwiderstandes. Zwischen $v = 0$ und $v = 2,23\,a$ bzw. der entsprechend höheren Gültigkeitsgrenze der Grenzwertformel steigt der Sog in einer rechnerisch nur teilweise erfaßbaren, wahrscheinlich stetigen Weise von $c_{wfs} = 0$ auf $c_{wfs} = 165\,300/v^2$ an.

243. Wellenwiderstand.

Eine brauchbare Theorie des Wellenwiderstandes bei $v > a$ gibt es für den dreidimensionalen Fall bis heute nicht. Theoretische Ansätze sind jedoch in sehr großer Zahl vorhanden, von denen nur einige wenige zu praktisch verwendbaren Ergebnissen führen.

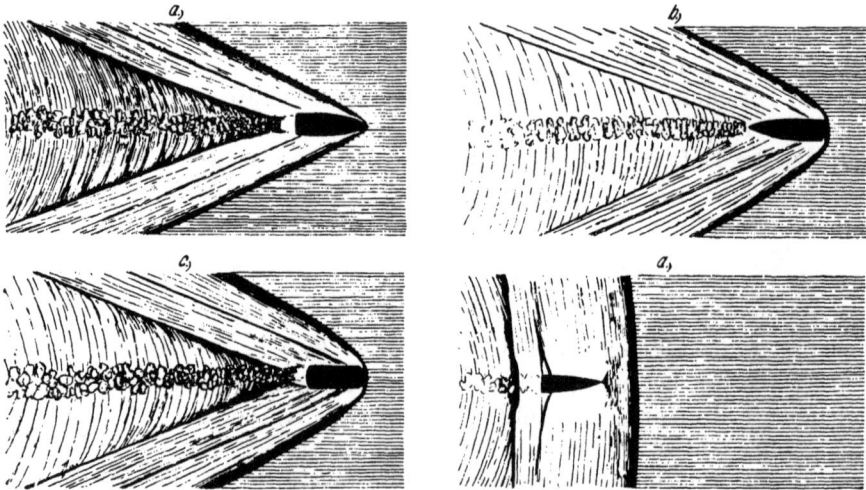

Abb. 52. Strichzeichnungen nach den mit Hilfe des Schlierenverfahrens photographierten Druckverteilungen um fliegende Geschosse (dunkle Zonen bedeuten Überdruck, helle Zonen Unterdruck).
a) Luftwellen und Luftwirbel um Spitzgeschoß, das mit etwa $v = 880$ m/sec fliegt.
b) Dasselbe Geschoß mit gleicher Geschwindigkeit in umgekehrter Stellung fliegend.
c) Zylindrisches Geschoß mit etwa $v = 880$ m/sec fliegend.
d) Spitzgeschoß mit etwa $v = 340$ m/sec ($=$ Schallgeschwindigkeit) fliegend. (Nach Cranz, Ballistik.)

Bewegt sich ein Körper mit Unterschallgeschwindigkeit durch Luft, so breiten sich vor seinem Kopf kugelförmige Verdichtungswellen mit Schallgeschwindigkeit aus, die Verdichtung eilt also dem Körper in bekannter Weise voran. Überschreitet die Fluggeschwindigkeit des Körpers jedoch die Schallgeschwindigkeit, so bleiben die Verdichtungswellen hinter dem sie hervorrufenden Punkt zurück, und alle Störungswellen besitzen eine kegelförmige Einhüllende, mit der Spitze im Kopf des Körpers, den sog. Machschen Wellenkegel, dessen halber Öffnungswinkel m nach der unter 221. näher erörterten Beziehung $\sin m = a/v$ berechenbar ist. In den Abb. 52 und 53 sind die von Cranz nach der Schlierenmethode photographierten Wellen an fliegenden Geschossen gut sichtbar. Am wirklichen Körper sind die Kopfwellen wegen des endlich breiten Kopfquerschnittes vorne immer mehr oder weniger abgeflacht. Vor einer zur Flugrichtung senkrechten Ebene pflanzt sich die Verdichtung mit $v = a$ fort ($a \neq a_0$), m ist dort 90°. Mit zunehmender Entfernung von diesem stumpfen Kopf sinkt die Luftdichte und damit die Schallgeschwindigkeit, die Kopfwelle verläuft gekrümmt mit abnehmendem m, bis die normale Schallgeschwindigkeit erreicht ist, worauf sie sich geradlinig fortsetzt. Der Scheitel der Kopfwelle liegt dem Körperkopf um so näher, je größer die Fluggeschwindigkeit ist. Nach Cranz beginnt bei spitzem Körperkopf und sehr großer Überschallgeschwindigkeit die Kopfwelle sogar etwas hinter der Spitze, so daß diese in ganz ungestörte Luft eintaucht. Bei geringer Fluggeschwindigkeit, die sich der Schallgeschwindigkeit nähert, rückt der Wellenscheitel vom Kopf ab und der Öffnungswinkel nähert sich π (Abb. 52d). Die im Nachstrom der Körper sichtbaren Wirbel bestehen aus den längs des Mantels abgeströmten, durch Reibung stark erhitzten Grenz-

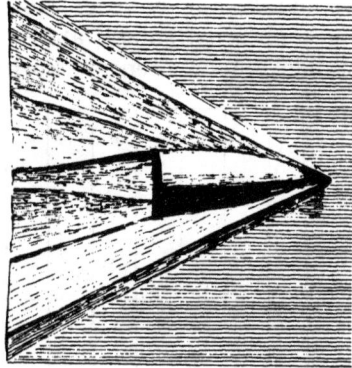

Abb. 53. Darstellung eines Gipsmodells nach Cranz, in dem die in der Umgebung eines fliegenden Geschosses herrschenden Luftdrücke von einer durch die Geschoßachse gelegten Ebene aus senkrecht aufgetragen sind. Die entstehende Fläche ist parallel zu dieser Ebene und senkrecht zur Geschoßachse von oben her beleuchtet gedacht.

schichtteilchen. Die Bilder sind so aufgenommen, daß dunkle Flächen Überdruck, helle Flächen Unterdruck darstellen. Der Vorteil des spitzen Kopfes mit dem Wegfall des ebenen Stoßes vor dem Kopf erhellt aus den Abbildungen. Der Wellenwiderstand hat seinem Wesen nach mit Reibungswiderstand oder Formwiderstand nichts gemein, am ehesten läßt er sich nach Ackeret mit dem Randwiderstand endlich langer Flügel vergleichen. Er ist ein reiner Druckwiderstand. Die Erscheinungen der Überschallwellen in Luft haben zahlreiche Ähnlichkeiten mit den Wellenerscheinungen an einem in Wasser von beschränkter Tiefe t fahrenden Schiff. Die von der Wassertiefe abhängige Wellenfortpflanzungsgeschwindigkeit im Wasser entspricht der Schallgeschwindigkeit, das Eintauchen des Buges in den ungestörten Bereich bei großen Geschwindigkeiten ist beobachtbar, der Wasserwiderstandsbeiwert, in Abhängigkeit von v aufgetragen, zeigt wie bei der Bewegung in Luft einen Buckel bei der Wellengeschwindigkeit usw.

Cranz schließt aus diesen Ähnlichkeiten, daß auch an Überschallkörpern, ähnlich wie an Schiffen, der Ausbildung des rückwärtigen Körperendes erhöhte Aufmerksamkeit zu schenken wäre.

10*

Lorenz[1]) hat auf diese Analogien seine Luftwiderstandsformel aufgebaut

$$W = k_1 \cdot F \cdot v^2 + k_2 \cdot l \cdot v + \frac{k_3 \cdot F \cdot v^4 + k_4 \cdot l \cdot v^3}{\sqrt{(a^2 - v^2)^2 + k_5 \cdot l^2 \cdot v^2}},$$

worin l die Körperlänge und $k, k_1, k_2, k_3, k_4, k_5$ Konstante sind, von denen
k_1 und k_3 nur von der Körperform, die anderen auch von der Oberflächenbeschaffenheit abhängen. Die einzelnen besprochenen Widerstandskomponenten — Formwiderstand, Reibungswiderstand, Wellen-

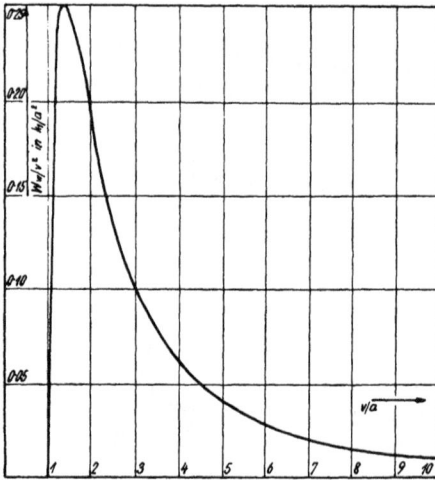

Abb. 54. Wellenwiderstand nach Sommerfeld.

widerstand — sind unschwer zu
erkennen. Die Formel zeigt 'richtig, daß der spezifische Widerstand W/F mit abnehmendem
Querschnitt steigt, und daß der
Faktor W/v^2 in der Nähe der Schallgeschwindigkeit einen Buckel besitzt. Im übrigen verläuft sie ähnlich, wie die versuchsmäßig gefundenen Kurven. Die fünf Konstanten müssen jeweils aus Versuchen ermittelt werden.

Einen grundsätzlich anderen
Weg geht Sommerfeld[2]). Er setzt
den mit Überschallgeschwindigkeit bewegten Körper in Analogie zu einem mit Überlicht-
geschwindigkeit bewegten Elek-
tron und wendet die für den durch Strahlung verursachten elektrischen Energieverlust bekannten Formeln auf den Überschallwiderstand,
soweit er Wellenwiderstand ist, an. Er findet:

$$W_w = k_1 \left(1 - a^2/v^2\right),$$

wenn $v > a$, die gegenwärtig als am zutreffendsten anzusehende Wellen-
widerstandsformel. Abb. 54 zeigt den Verlauf von W_w/v^2 in Abhängigkeit von v.

Eine mechanische Ableitung der Sommerfeldschen Formel gibt
Lechner[3]) folgendermaßen:

Die Wellenbewegung enthält Energie, die aus der Bewegungsenergie des Körpers oder aus einem Antriebsmotor bestritten werden
muß. Diese Wellenenergie ist auf der Oberfläche des Machschen Hüll-

---

[1]) Lorenz, Z. VDI 1916, S. 625; 1907, S. 1824. — Lorenz, Ballistik.
[2]) Klein-Sommerfeld, Die Theorie des Kreisels. Heft IV, 1910.
[3]) Lechner, Über den Einfluß der Wellenbewegung auf den Wellenwiderstand. Österr. Flugzeitschrift 1918.

kegels konzentriert. Die mittlere Energiedichte des Mantels sei e, die gesamte, in der Zeiteinheit abgegebene Mantelenergie ist dann: $L = l \cdot \pi \cdot r \cdot e$, worin r der Radius des auf den Ablauf einer Zeiteinheit

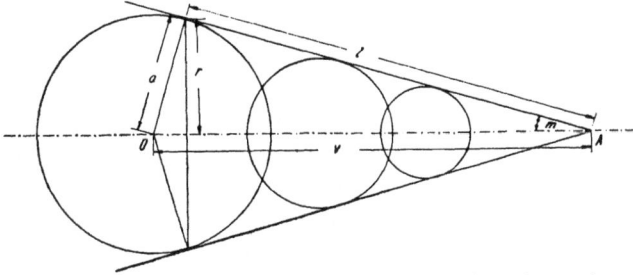

Abb. 55. Lechners Ableitung des Sommerfeldschen Wellenwiderstandsgesetzes.

bezogenen Basiskreises und l die Länge der Kegelerzeugenden ist (Abb. 55). Da $O - A = a$ und $\sin m = a/v$, folgt:

$$L = e\,\pi\,a\,v\,\cos^2 m = e\,\pi\,a\,v\,(1 - \sin^2 m) = e\,\pi\,a\,v\,(1 - a^2/v^2).$$

Aus $W_w = L/v$ folgt:

$$W_w = e\,\pi\,a\,(1 - a^2/v^2),$$

also die Sommerfeldsche Formel mit $k_1 = e\,\pi\,a$.

Weiters ist:

$$c_{ww} = W_w/q = k_1/v^2 \cdot (1 - a^2/v^2),$$

dessen Verlauf durch Abb. 56 dargestellt ist.

Setzt man mit Sommerfeld alle übrigen Widerstände $W_r = k_2 \cdot v^2$, so folgt für den Gesamtwiderstand:

$$y = W/v^2 = k_2 + \frac{e\,\pi\,a}{v^2}\,(1 - a^2/v^2).$$

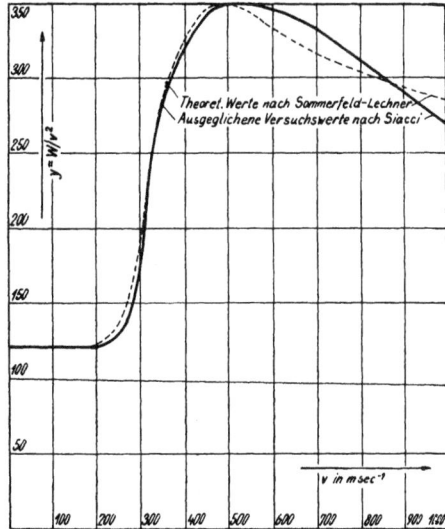

Abb. 56. Übereinstimmung der theoretischen Luftwiderstandskurve nach Sommerfeld-Lechner und der empirischen Kurve von Siacci.

Aus $dy/dv = 0$ folgt das Maximum dieser Kurve bei $v = a \mid 2$, mit $a = 340$ m/sec also bei $v = 479$ m/sec in sehr guter Übereinstimmung mit Versuchsergebnissen. Darüber nimmt y wieder ab und nähert sich mit $v = \infty$ dem Wert $y = k_2$. Nimmt man die zu $v = 480$ m/sec gehörige Ordinate mit $y = 350$ aus der empirischen Mittelwertkurve von Siacci, so ergibt sich e zu 34500, also $k = 306000$ und

$$c_{ww} = 306000/v^2 \cdot (1 - a^2/v^2).$$

Die Werte der Gleichung zeigen dann gewisse Übereinstimmung mit dem Verlauf der in Abb. 56 voll eingezeichneten Kurve von Siacci. Für $v = a$ wird der Wellenwiderstand zu Null angenommen und nähert sich mit $v = \infty$ einem festen Grenzwert.

Die Körperform wird durch das Sommerfeldsche Gesetz allerdings noch nicht direkt erfaßt. Man darf dabei auch nicht vergessen, daß zwischen der Fluggeschwindigkeit v und der örtlich größten Strömungsgeschwindigkeiten der Körperoberfläche meist eine von der Körperform abhängige, erhebliche Spanne besteht, so daß Wellenwiderstand schon bei weit kleineren Fluggeschwindigkeiten auftritt, als die Schallgeschwindigkeit es ist, wie ja das schon unter der Schallgeschwindigkeit beginnende deutliche Ansteigen der c-Kurve andeutet. Man kann geradezu dieses erste deutliche Ansteigen als das Zeichen der beginnenden Wellenwiderstände und der damit zusammenhängenden starken Strömungsablösungen betrachten.

Eine ältere Beziehung zwischen dem spezifischen Luftwiderstand p und der Fluggeschwindigkeit v, die aber Anspruch erhebt, auch für kosmische Geschwindigkeiten Geltung zu besitzen, wurde von P. Vieille für Körper mit einer ebenen, zur Achse senkrechten vorderen Begrenzungsfläche aus der Fortpflanzung ebener Wellen abgeleitet zu:

$$v = \sqrt{\frac{g\,p_0}{2\,\gamma}\left[2\,\varkappa + (\varkappa + 1)\,\frac{p - p_0}{p_0}\right]}.$$

In Zahlentafel 25 sind nach dieser Formel von Vieille berechnete und beobachtete Werte gegenübergestellt.

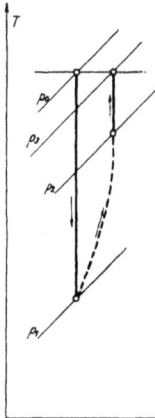

Abb. 57. Verdichtungsvorgang im Entropiediagramm.

Zahlentafel 25.

v [m/sec]	$W_{ger.}$ [kg/cm²]	$W_{beob.}$ [kg/cm²]
400	1,58	1,25
800	6,85	6,23
1 200	15,64	15,01
2 000	43,80	—
4 000	175,6	—
10 000	1098	—

Die Verdichtungsvorgänge in der Nähe des vorderen Staupunktes und damit die Druckerhöhung an der Körpervorderseite lassen sich nach Prandtl rechnerisch verfolgen. Die Verdichtung selbst erfolgt in zwei Stufen, erst dem unstetigen Verdichtungsstoß, der zum Wellenwiderstand führt, nichtadiabatisch erfolgt und im Entropiediagramm (Abb. 57) durch die Drucksteigerung von p_1 nach p_2 zum Ausdruck kommt, nachdem schon vorher das Gas aus dem Ruhezustand p_0, ϱ_0 auf den ungestörten Bewegungszustand p_1, v_1, ϱ_1 expandiert hatte. Die zweite Stufe besteht dann in der nachfolgenden adiabatischen Kompression von p_2 auf p_3, die auf den ursprünglichen Wärmeinhalt $i_3 = i_0$ zurückführt (wobei für ideale Gase auch $T_3 = T_0$).

Die zweite Stufe entspricht dem Formdruckwiderstand. Wegen der Nichtumkehrbarkeit des ganzen Prozesses ist aber p_3 kleiner als p_0. Die Druckerhöhung rechnet sich nun aus dem Ansatz:

$$p_3 - p_1 = c \cdot \gamma_1/2\,g \cdot v_1{}^2 = (c_1 + c_2)\,\gamma_1/2\,g \cdot v_1{}^2,$$

worin c_1 für den unstetigen Vorgang (Wellenwiderstand) und c_2 für den stetigen Vorgang (Formdruckwiderstand) gelten. Für diese beiden Werte gibt Prandtl die Formeln:

$$c_1 = \frac{4}{\varkappa + 1}\,(1 - a^2/v_1{}^2)$$

$$c_2 = \frac{(\varkappa - 1 + 2\,a^2/v_1{}^2)\,[9\,\varkappa - 1 + (6 - 4\,\varkappa)\,a^2/v_1{}^2]}{[2\,\varkappa - (\varkappa - 1)\,a^2/v_1{}^2]\,4\,(\varkappa + 1)}.$$

Da c_1 und c_2 mit den entsprechenden Widerstandsbeiwerten ihrer Definition gemäß sehr nahe verwandt sind (sie würden mit diesen identisch sein, wenn der Überdruck $p_3 - p_1$ über der ganzen Spantfläche F gleichmäßig vorhanden wäre, während sie tatsächlich ein bestimmtes, mit der Geschwindigkeit allerdings veränderliches Vielfaches von c_{ww} bzw. c_{wfd} darstellen), ergibt ihre graphische Auftragung den charakteristischen Verlauf der c_{ww} bzw. c_{wfd} in Abhängigkeit von v. Bei Unterschallgeschwindigkeit tritt natürlich nur c_{wfd} auf (Abb. 58). Die Prandtlsche Rechnung bezieht sich auf eine zur Flugrichtung senkrechte ebene Platte, die Ergebnisse haben daher mit den Versuchsergebnissen an stumpfköpfigen, zylindrischen Geschossen die größte Ähnlichkeit.

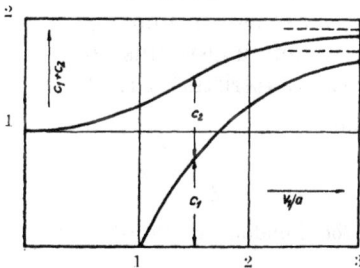

Abb. 58. Theoretische Beiwerte c_1 und c_2 nach Prandtl.

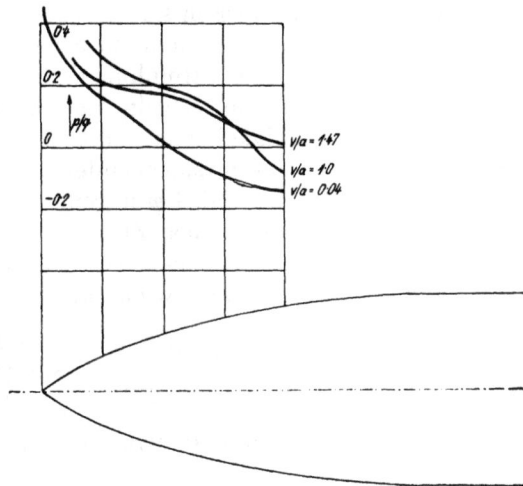

Abb. 59. Gemessene Druckverteilung an einem Geschoßkopf.

Die Druckverteilung an den Köpfen fliegender Geschosse wurde von Bairstow, Fowler und Hartree[1]) mittels brennender Lunten gemessen. Ergebnisse zeigt Abb. 59 für verschiedene Geschwindigkeiten. Δp ist der Über- bzw. Unterdruck gegenüber ruhender Luft.

Von Busemann[2]) stammt eine Weiterbildung des Meyerschen Verfahrens der Berechnung ebener Überschallströmung für die Ermittlung der Drücke auf kegelförmige Spitzen. Bei der Anströmung der Kegelspitze mit Überschallgeschwindigkeit sind alle koaxialen Kegel mit derselben Spitze Flächen konstanten Druckes. Die Druckänderung ist im Machschen Kegel als Verdichtungsstoß zusammengefaßt. Beim entsprechenden ebenen Problem (Abb. 60) wird der Machsche Kegel zur Machschen Ebene, in der die Geschwindigkeitsverminderung und senkrecht zu der der Druckanstieg und die Richtung der Geschwindigkeitsänderung liegen. Der halbe Öffnungswinkel α jenes Machschen Kegels, in dem bei gleicher Fluggeschwindigkeit v ein Verdichtungsstoß von gleicher Intensität auftritt, ist bestimmbar. Unmittelbar nach dem Stoß bilden die Stromlinien am Kegel denselben Winkel $w_{1,2}$ mit der Achse, wie beim Keil. Im Laufe der weiteren Strömung müssen sie sich jedoch zusammendrängen, damit der Stromröhrenquerschnitt mit wachsender Entfernung von der Kegelachse endlich bleibt. Diese Stromlinienkrümmung hat adiabatische Kompression zur Folge, mit Kegeln als Flächen gleichen Druckes.

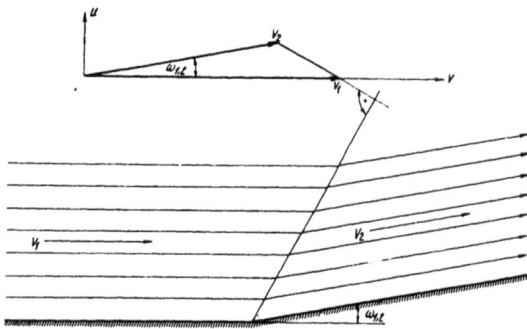

Abb. 60. Geschwindigkeitsplan.

Im Geschwindigkeitsplan muß die Geschwindigkeitsänderung dv jeweils senkrecht zur entsprechenden Kegelfläche gleichen Druckes mit dem halben Öffnungswinkel φ liegen. Mit Hilfe der Kontinuitätsbedingung findet Busemann einen Zusammenhang zwischen dv und $d\varphi$ und als Quotienten dieser beiden Größen den Krümmungsradius R des Stromlinienbildes im Geschwindigkeitsplan (Charakteristik) zu:

$$dv/d\varphi = R = \frac{v \sin \beta / \sin \varphi}{1 - \dfrac{\sin^2(\varphi - \beta)}{(\varkappa + 1)/2 \cdot v'^2/v^2 - (\varkappa - 1)/2}} .$$

[1]) Bairstow, Fowler, Hartree, Proc. Roy. Soc. London (A), Bd. 97, S. 202, 1920.

[2]) Busemann, Drücke auf kegelförmige Spitzen bei Bewegung mit Überschallgeschwindigkeit. Z. a. M. u. M. 1929.

Mit Hilfe dieser Beziehung zeichnet man die Stromlinie im Geschwindigkeitsplan bis der Winkel β zwischen Geschwindigkeitsrichtung und Kegelachse dem zugehörigen φ gleichgeworden ist. Dort ist $\beta = \varkappa$. Aus dem zugehörigen v_3 findet man den auf der ganzen Kegelfläche konstanten Druck. Wenn $v_3 > a$, kann man den Kegel an jeder beliebigen Stelle unterbrechen, ohne daß bis dorthin die Strömung eine Änderung erleidet. Es ist somit auch die Untersuchung jedes beliebigen anderen Rotationskörpers mit stetigem oder unstetigem Meridian möglich, solange er keine Kompression erfordert. Der praktische Vorgang bei der Anwendung des Verfahrens ist dann etwa folgender:

Zum Zeichnen des Geschwindigkeitsplanes bei gegebenem $\varkappa$ wählt man auf dem $\varkappa$-Strahl eine willkürliche Geschwindigkeit v_3, die der Größenordnung nach jenem Geschwindigkeitsbereich entspricht, den man zu untersuchen gedenkt, zeichnet im Endpunkt v_3 die Senkrechte und trägt darauf ein kleines Δv ab, zeichnet durch dessen End-

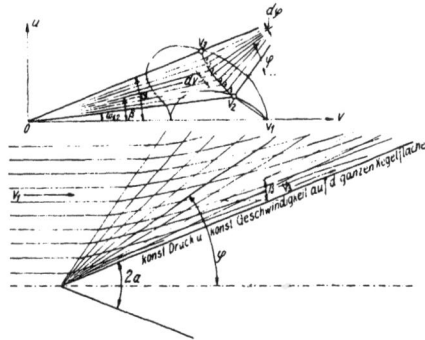

Abb. 61. Drücke auf kegelförmige Spitze bei Bewegung mit Überschallgeschwindigkeit nach Busemann.

punkt und durch 0 den Strahl $\varkappa - \Delta\beta$, errechnet weiters aus der Gleichung für R das $\Delta\varphi$ und zeichnet den Strahl $\varkappa - \Delta\varphi$ ebenfalls vom Endpunkt des Δv ab. Auf diesen senkrecht wählt man ein neues Δv, zeichnet wieder beide Strahlen durch usf., bis φ gleich $\varkappa$, dem Machschen Winkel, des allerdings erst genau zu bestimmenden v_1 geworden ist, womit dann v_2 und $w_{1,2}$ bekannt sind. Aus letzteren errechnet sich nach Meyer schließlich v_1. Die Drucksteigerung beim Verdichtungsstoß von v_1 auf v_2 errechnet sich gleichfalls nach Meyer, die Drucksteigerung bei der Kompression von v_2 auf v_3 ergibt sich aus der Adiabatengleichung.

Zum Zeichnen des Strömungsplanes nimmt man $\varkappa$ und a aus dem Geschwindigkeitsplan, ferner diesen selbst als gegeben an. Alle gerechneten φ-Strahlen werden von der Kegelspitze aus eingezeichnet, eine beliebige, noch ungestörte Stromlinie herausgegriffen und von Strahl zu Strahl als Polygon gezeichnet, wofür die jeweilige Richtung dem Geschwindigkeitsplan entnommen wird.

Eine Formel, die den Formdruckwiderstand und Wellenwiderstand zusammenfaßt, verdankt der Verfasser einer freundlichen brieflichen Mitteilung Dr. Busemanns[1]). Ihr zufolge ist der Überdruck Δp auf einer kegelförmigen Spitze von kleinem Öffnungswinkel $2\varkappa$:

[1]) Siehe auch: Handbuch der Naturwissenschaften, 2. Aufl., Artikel »Flüssigkeits- und Gasbewegung«.

$$\varDelta p = q\,\alpha^2 \ln \frac{4}{\alpha^2\,(v^2/a^2 - 1)}.$$

Daher der Widerstandsbeiwert:

$$c_w = \alpha^2 \ln \frac{4}{\alpha^2\,(v^2/a^2 - 1)}.$$

244. Gesamtwiderstand.

Das eben erläuterte Busemannsche Verfahren zur Ermittlung der theoretischen Drücke auf kegelförmige Spitzen ist für die Berechnung des gesamten Überschallwiderstandes eines axial angeblasenen Rota-

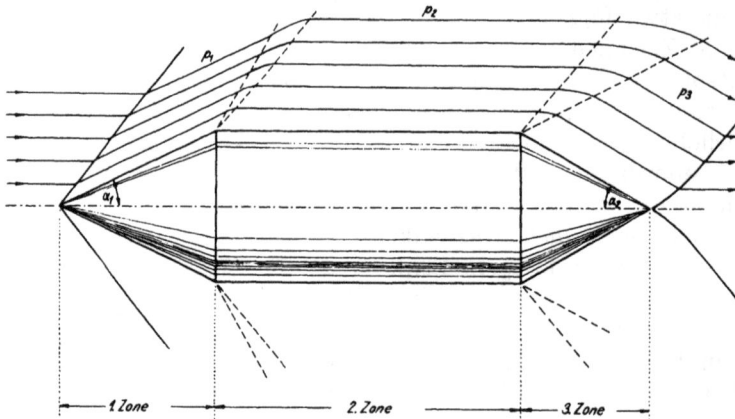

Abb. 62. Überschallströmung um einen Rotationskörper.

tionskörpers, wenn die Reibung vernachlässigt werden darf, von grundsätzlicher Bedeutung.

Seine Erweiterung auf Körper von der Form der Abb. 62 scheint nämlich denkbar, und da durch derartige Formen jeder beliebige Rotationskörper beliebig genau dargestellt werden kann, läßt sich mit seiner Hilfe bis zu gewissen Grenzen der Gesamtwiderstand jedes Rotationskörpers ermitteln.

Die Vorgänge bei der Umströmung des gezeichneten einfachen Grundkörpers, die sich bei einem Körper verwickelterer Meridianform nicht ändern, lassen sich in drei Zonen teilen:

Zone I: Verdichtungsstoß und adiabatische Kompression auf den Druck p_1 in bereits bekannter Art.

Zone II: Expansion auf den Druck p_2 am Beginn der Zone, der dann über der ganzen Zone erhalten bleibt. Diese Expansion könnte näherungsweise als ebener Vorgang betrachtet und mittels der Theorie des ersten Meyerschen Falles (Strömung um konvexe

Ecke um den Ablenkungswinkel x_1) behandelt werden. Die Voraussetzung, daß die ankommende Strömung reine Parallelströmung darstellt, ist allerdings nur mangelhaft erfüllt.

Zone III: Zunächst weitere Meyersche Expansion um den Winkel x_2, berechenbar als näherungsweise ebenes Problem. Der Umlenkungswinkel der Stromlinien muß aber mit abnehmender Entfernung von der Achse wieder kleiner werden, in ganz analoger, aber umgekehrter Weise, wie in Zone I. Also zusätzliche adiabatische Expansion und schließlich am Ende der Zone III ein Verdichtungsstoß, mit dem Stromrichtung und Druck der ungestörten Luft wieder erreicht werden, der für die zu untersuchende Druckverteilung aber nicht mehr in Frage kommt. Die Verfolgung der Strömungsvorgänge in Zone III könnte in Anlehnung an das Busemannsche Verfahren für Zone I durch dessen einfache Umkehrung erfolgen, die nach den Grundsätzen der Überschallströmung zulässig ist. Wieder sind Geschwindigkeit v_3 und Druck p_3 längs der ganzen Zone III konstant. Eine derartige Berechnung der Druckverhältnisse in Zone III hat jedoch nur sehr problematischen Wert, da bei dem angenommenen unstetigen Meridianübergang von II nach III mit voller Sicherheit und auch beim bestgeformten, stetigen Übergang mit größter Wahrscheinlichkeit Strömungsablösung eintritt, die die Druckverhältnisse von Grund aus umgestaltet und rechnerisch unerfaßbar macht. Schließlich verliert das ganze Verfahren, auch für die übrigen Zonen, seine Gültigkeit völlig, sobald die Machsche Welle sich an den Körpermantel anlegt, also $m = x_1$ wird.

2441. Grenz- und Summenkurven des Gesamtwiderstandes.

Für praktische Zwecke erweist sich eine ähnliche Zusammenstellung der einzelnen Widerstandskomponenten zu Grenz- und Summenkurven als zweckmäßig, wie wir sie unter 2219. für den Auftrieb vorgenommen haben.

Der gesamte Luftwiderstand des mit mehr als Schallgeschwindigkeit fliegenden Körpers setzt sich nach dem Bisherigen zusammen aus den vier Komponenten:

1. Reibungswiderstand,
2. Formdruckwiderstand,
3. Formsaugwiderstand,
4. Wellenwiderstand.

Der Reibungsanteil wird nach Voraussetzung aus den Betrachtungen ausgeschlossen, also $c_{wr} = 0$ gesetzt. Der Beiwert des Formdruckwiderstandes ergab sich bei Geschwindigkeiten unter und nicht zu weit über der Schallgeschwindigkeit von der Geschwindigkeit abhängig, während er für sehr große Geschwindigkeiten, wo der größte Teil des Körperkopfes in die ungestörte Anströmung taucht, etwa zu $c_{wfd} = \sin^2 \alpha = k_1$ angesetzt werden kann. Dies ist etwa ab $v = a/\sin \alpha$ möglich. Der Verlauf des c_{wfd} bei kleineren Geschwindigkeiten kann im Anschluß an diesen Grenzwert nach der Prandtlschen Formel für c_2 (siehe 243.) ungefähr festgelegt werden.

Der Beiwert des Saugwiderstandes ergab sich zu $c_{wfs} = 165\,300/v^2$, ab einer Fluggeschwindigkeit von $v > 2{,}23\,a_0$ für Körper mit konkavem Heckabschluß, ab einer entsprechend höheren Grenze für gutgeformte Körperenden. Für kleinere Geschwindigkeiten läßt sich lediglich sagen, daß $c_{wfs} < 165\,300/v^2$.

Der Wellenwiderstandsbeiwert ergab sich nach Sommerfeld zu

$$c_{ww} = k_2/v^2 \cdot (1 - a^2/v^2).$$

Dabei ist zu beachten, daß der Wellenwiderstand bei sehr schlanker, guter Kopfausbildung zu vernachlässigbar geringer Größe zusammenschrumpfen kann.

Am besten läßt sich der Gesamtwiderstand also wieder für sehr große Geschwindigkeiten ($v \gtrless a/\sin \alpha$) abschätzen zu etwa:

$$c_w = k_1 + 165\,300/v^2 + k_2/v^2 \cdot (1 - a^2/v^2).$$

Für ein Geschoß mit ogivalem Kopf von 3 Kaliber Abrundungsradius und scharfer Spitze (Abb. 63) ergibt sich z. B. ein $k_1 = \sin^2 \overline{\alpha} = 0{,}23$, wobei für $\overline{\alpha} = 0{,}85\,\alpha$ gesetzt wurde. Eine genauere Bestimmung des richtigen $\overline{\alpha}$ ist wegen der mit der Geschwindigkeit veränderlichen Druckverteilung an der Geschoßspitze schwierig. Ermittelt man das k_2 schließlich so, daß für $v = 1300$ m/sec die Summenkurve des Widerstandes mit der für dieses Geschoß bekannten Versuchskurve übereinstimmt, so erhält man den in Abb. 64 dargestellten Verlauf des Gesamtwiderstandes und seiner einzelnen Komponenten.

Man ist solcherart in der Lage, durch Verbindung der bis zu begrenzten Geschwindigkeiten möglichen Versuche mit den Summenkurven des Widerstandes mit einiger Wahrscheinlichkeit auf den

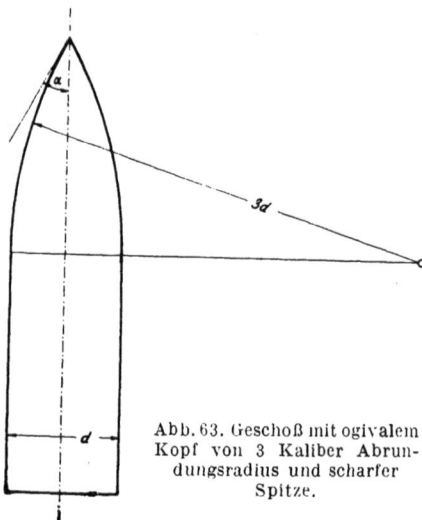

Abb. 63. Geschoß mit ogivalem Kopf von 3 Kaliber Abrundungsradius und scharfer Spitze.

gesamten Verlauf der Widerstandskurve zu schließen und Anhaltspunkte für den wahrscheinlichen Verlauf bei anderen Körperformen zu gewinnen.

Bei der Heranziehung von Versuchsergebnissen ist zu beachten, daß c_w von d nicht in der vorausgesetzten Weise unabhängig ist. Z. B.

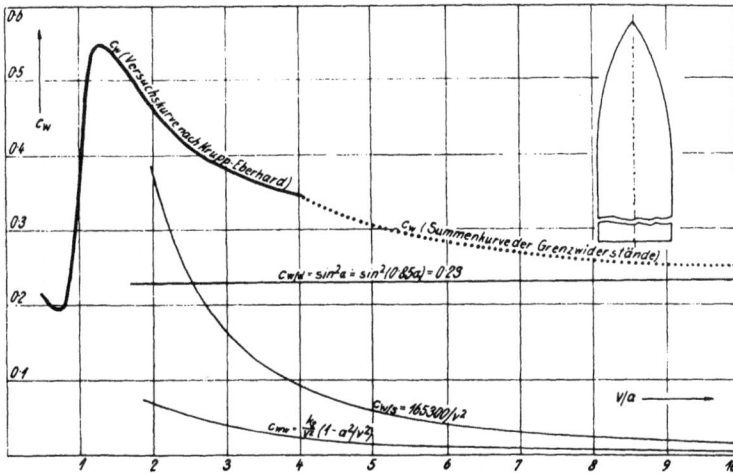

Abb. 64. Widerstandsbeiwerte eines Geschosses mit ogivalem Kopf von 3 Kal. Abrundungsradius und scharfer Spitze.

teilt Eberhardt folgende Abnahme des spezifischen Widerstandes mit zunehmendem Kaliber für das besprochene Ogivalgeschoß von 3 Kaliber Abrundung mit:

$$v = 850 \text{ m/sec; Kal. } 6 \text{ cm} \ldots \ W/F = 1,94 \text{ kg/cm}^2,$$
$$» \quad 10 \ » \ \ldots \ » \ = 1,85 \ »$$
$$» \quad 28 \ » \ \ldots \ » \ = 1,25 \ »$$
$$» \quad 30 \ » \ \ldots \ » \ = 1,06 \ »$$
$$v = 550 \text{ m/sec; Kal. } 6 \text{ cm} \ldots \ W/F = 1,00 \text{ kg/cm}^2,$$
$$» \quad 10 \ » \ \ldots \ » \ = 0,98 \ »$$
$$» \quad 28 \ » \ \ldots \ » \ = 0,62 \ »$$
$$» \quad 30 \ » \ \ldots \ » \ = — \ »$$

Im folgenden besprechen wir die wesentlichsten Versuchsergebnisse über den Überschallwiderstand.

2442. Die Mittelwertkurve von Siacci.

Siacci hat im Jahre 1896 alle bis dahin vorgenommenen Luftwiderstandsversuche zu einem einheitlichen Gesetz zusammengefaßt, das die Mittelwerte der Versuchsergebnisse enthält und für den Geschwindigkeitsbereich von $v = 0$ bis $v = 1200$ m/sec gilt.

Die Siaccische Widerstandsformel lautet:

$$W = 107{,}5 \cdot i \cdot \gamma \cdot F \cdot f(v),$$

worin:

$$f(v) = 0{,}2002\, v - 48{,}05 +$$

$$+ \sqrt{(0{,}1648\, v - 47{,}95)^2 + 9{,}6} + \frac{0{,}0442\, v\,(v - 300)}{371 - (v/200)^{10}}.$$

Zahlentafel 26 stellt $f(v)$ für eine Reihe von v dar. Der Verlauf der in üblicher Art definierten $c_w = 1720 \cdot i \cdot f(v)/v^2$ ist in Abb. 65 dargestellt. Die Kurve hat einen Wendepunkt bei $v = 340$ m/sec und ein Maximum bei $v = 480$ m/sec.

$i = 1$ für Ogivalgeschosse von 0,9 bis 1,1 Kal. Spitzenhöhe.

$i = 0{,}865$ für Normalgeschosse von 2 Kal. Abrundungsradius oder 1,3 Kal. Spitzenhöhe.

Zahlentafel 26.

c_w-Werte nach Siacci.

v [m/sec]	c_w	v [m/sec]	c_w	v [m/sec]	c_w
20	0,193	420	0,533	820	0,485
40	0,194	440	0,545	840	0,480
60	0,194	460	0,552	860	0,473
80	0,194	480	0,557	880	0,468
100	0,194	500	0,558	900	0,462
120	0,194	520	0,560	920	0,455
140	0,194	540	0,558	940	0,450
160	0,196	560	0,557	960	0,443
180	0,196	580	0,554	980	0,437
200	0,197	600	0,549	1000	0,432
220	0,199	620	0,544	1020	0,427
240	0,202	640	0,540	1040	0,420
260	0,209	660	0,535	1060	0,417
280	0,225	680	0,528	1080	0,411
300	0,276	700	0,523	1100	0,405
320	0,350	720	0,517	1120	0,400
340	0,412	740	0,511	1140	0,395
360	0,460	760	0,504	1160	0,390
380	0,493	780	0,498	1180	0,386
400	0,519	800	0,492	1200	0,382

2443. Die Luftwiderstandstafeln von Krupp.

Als genaueste Messungen über die Widerstände von Körpern bei sehr großen Geschwindigkeiten gelten gegenwärtig die von Krupp, Cranz, Becker und Eberhardt durchgeführten Schießversuche mit Gewehrgeschossen und Artilleriegeschossen.

In der flugtechnischen Schreibweise lautet das Kruppsche Widerstandsgesetz:

$$W = c_w \cdot \gamma/2\,g \cdot F \cdot v^2.$$

Es zeigt sich, daß — im Gegensatz zur üblichen Unterschallrechnung — zu jeder Körperform ein eigenes Luftwiderstandsgesetz gehört, daß es also keinen von der Geschwindigkeit unabhängigen Formfaktor gibt. Eberhardt hat den Luftwiderstandsbeiwert c_w in zwei Faktoren gespalten, wovon der eine (i) von Geschwindigkeit und Form, der zweite (k) aber nur von der Geschwindigkeit abhängt.

Daher ist also $c_w = i \cdot k$.

Die Werte für i sind im folgenden für eine Reihe von Geschoßformen angegeben:

$1/i = 1$ für Kruppsche Normalgeschosse von 2 Kal. Abrundungsradius der ogivalen Spitze und vorderer Abflachung von 0,36 Kal.

$1/i = 1,3206 - 58,2/v - 0,0001024\,v$ für Geschosse mit 3 Kal. Abrundungsradius und 0,36 Kal. Abflachung.

$1/i = 1,4362 - 73,4/v - 0,0001128\,v$ für Geschosse mit 5,5 Kal. Abrundungsradius und 0,36 Kal. Abflachung.

$1/i = 1,1959 - 40,6/v + 0,0001467\,v$ für Geschosse mit 3 Kal. Abrundungsradius und 0,26 Kal. Abflachung.

$1/i = 1,1311 - 47,7/v + 0,0003166\,v$ für Geschosse mit 3 Kal. Abrundungsradius und scharfer Spitze.

$1/i = 1,410 - 122,68/v + 0,0005915\,v$ für S-Geschosse.

Die Werte für k sind in der Widerstandstabelle Zahlentafel 27 zusammengestellt. Die c_w-v-Kurve besitzt einen Buckel bei etwa $v = 480$ m/sec und nähert sich für große Geschwindigkeiten asymptotisch der Horizontalen, so daß dort das quadratische Gesetz wieder gilt.

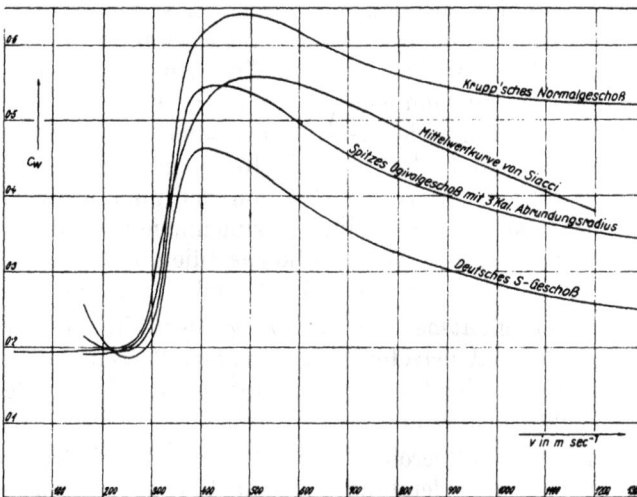

Abb. 65. Versuchsergebnisse über den Luftwiderstand von Geschossen bei hohen Fluggeschwindigkeiten.

Zahlentafel 27.

k-Werte nach Krupp.

v	k	v	k	v	k	v	k
40	—	360	0,550	680	0,592	1000	0,533
60	—	380	0,598	700	0,585	1020	0,532
80	—	400	0,618	720	0,580	1040	0,529
100	—	420	0,628	740	0,576	1060	0,528
120	—	440	0,637	760	0,570	1080	0,526
140	—	460	0,641	780	0,567	1100	0,525
160	0,191	480	0,642	800	0,562	1120	0,523
180	0,191	500	0,642	820	0,558	1140	0,522
200	0,192	520	0,640	840	0,555	1160	0,522
220	0,193	540	0,635	860	0,552	1180	0,521
240	0,197	560	0,630	880	0,548	1200	0,521
260	0,204	580	0,625	900	0,546	1220	0,521
280	0,219	600	0,618	920	0,543	1240	0,521
300	0,250	620	0,612	940	0,540	1260	0,520
320	0,323	640	0,604	960	0,538	1280	0,520
340	0,453	660	0,597	980	0,535	1300	0,520

Neuere Versuche stammen von französischer Seite[1]).

245. Formen günstigen Überschallwiderstandes.

Im Geschwindigkeitsbereich überwiegender Reibungskräfte, das ist bei Reynoldsschen Zahlen bis etwa $R = 10^6$ ($v \doteq 0,05\,a$) haben Körper kleinster Oberfläche den kleinsten Widerstand zu erwarten. Mit Rücksicht auf das zu beherbergende Volumen werden also Kugelähnliche als Formen kleinsten Reibungswiderstandes anzusprechen sein.

Im Geschwindigkeitsbereich überwiegender statischer Druckkräfte, das ist von der früher genannten Grenze bis etwa $0,6\,a$ bei gedrungenen bis $0,8\,a$ bei schlanken Formen, ergab die Erfahrung als Körper kleinsten Luftwiderstandes Spindelähnliche mit rundem Kopf und schlankem, spitzauslaufendem Ende. Die Gesamtschlankheit ist dabei eine Funktion der Geschwindigkeit, derart, daß (Reibungswiderstand + Formwiderstand) ein Minimum wird. Also von der günstigsten Reibungsform (Kugel) mit der Geschwindigkeit zunehmende Schlankheit. Bei $v = 30$ m/sec wird für große Luftschiffkörper die günstigste Schlankheit bekanntlich etwa 5. Bei größeren Geschwindigkeiten noch mehr.

Im Geschwindigkeitsbereich überwiegender Trägheitskräfte und beginnender örtlicher Überschreitung der Schallgeschwindigkeit ($v = 0,8\,a$ bis $v = 1,2\,a$) empfiehlt sich Zuspitzung des Kopfes, große Schlankheit, spitz auslaufendes Ende.

Im reinen Überschallbereich ($v = 1,2\,a$) sind die Maßregeln zur Erzielung geringsten Luftwiderstandes demnach schon vorauszusehen.

---

[1]) Dubuis, Mém. de l'art. française VII, 3. 613, 1928.

Es handelt sich um die Formgebung eines Rotationskörpers, dessen mittlerer Teil aus praktischen Gründen meist zylindrisch oder leicht tonnenförmig ist und dessen flugtechnisch günstigster vorderer (Kopf) und rückwärtiger (Heck) Abschluß festgestellt werden soll. Dadurch gliedert sich die Aufgabe von selbst in zwei Teile: Formgebung des Kopfes und des Endes.

I. Die Formgebung des Kopfes wird im Überschallbereich durchwegs als die weitaus wichtigere betrachtet, da sich Wellen- und Formdruckwiderstand durch die Kopfform außerordentlich beeinflussen lassen. Die Aufgabe an sich, jene Form der Erzeugenden des Kopfes zu finden, bei der der Widerstand in der Richtung der Längsachse ein Minimum wird, geht auf Newton zurück und stellt im Wesen ein Problem der Variationsrechnung dar.

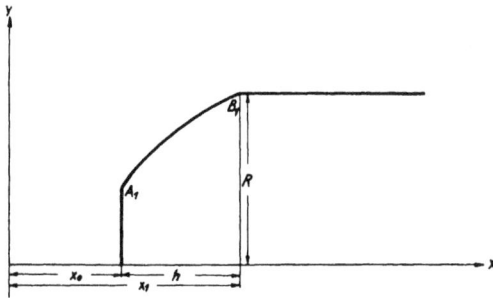

Abb. 66. Formgebung des Kopfes.

Unter ausschließlicher Berücksichtigung des Newtonschen Formdruckwiderstandes wurde die Aufgabe von August[1]) gelöst und führt für die Meridiankurve A_1—B_1 (Abb. 66) auf:

$$x = c\,[3/4 \cdot (d\,x/d\,y)^4 + (d\,x/d\,y)^2 - \ln\,(d\,x/d\,y) + c_1],$$
$$y = c \cdot d\,y/d\,x \cdot [1 + (d\,x/d\,y)^2]^2,$$

worin c und c_1 aus den Randbedingungen folgen:

$$x = x_1,\ y = R,$$
$$x = x_0,\ d\,y/d\,x = 1.$$

Aus einer Reihe von Gründen, insbesondere wegen des von y unabhängig angenommenen Normaldruckes, legt man der Lösung keine praktische Bedeutung bei.

Auf ähnlichen Annahmen beruhen auch die unmittelbaren Berechnungen der Spitzenkoeffizienten i für Ogivale und kegelförmige Köpfe.

Nach Hélie[2]) ist der Spitzenkoeffizient ogivaler Geschosse proportional sin α, was durch zahlreiche Versuche erhärtet sein soll.

Nach Hamilton ist der Mittelwert der Neigungswinkel des Meridians gegen die Längsachse maßgebend, so daß sich die i wie die Kehrwerte der Kopfoberflächen verhielten.

---

[1]) Cranz, Ballistik.
[2]) Cranz, Ballistik. 1. Bd., 2. Aufl., S. 81.

Wählt man $i = 1$ für ein Ogival mit $n = 4$, so folgt daraus:

$n =$	4	6	8	10	12	14
$i =$	1,00	0,82	0,71	0,64	0,58	0,54.

Unter den gleichen Annahmen für $i = 1$ erhält man auf Grund des Newtonschen Elementargesetzes für den Formdruckwiderstand allein:

$n =$	1	2	3	4	5
$i =$	4	2	1,34	1	0,8.

Die Héliesche Annahme liefert unter gleichen Voraussetzungen:

$n =$	4	5	6	8	10	12	14
$i =$	1	0,91	0,84	0,73	0,66	0,60	0,56.

Eine ähnliche Reihe gibt Heydenreich aus deutschen Schießversuchen:

$n =$	1	1,4	2	3	4	6	8	12	16
$i =$	1,42	1,26	1,16	1,05	1	0,89	0,84	0,73	0,68,

deren Genauigkeit jedoch in Zweifel gezogen wird.

Die Abweichungen der einzelnen Annahmen sind für schlanke Köpfe also recht unbedeutend, so daß die Umrechnung des c_w auf andere Schlankheiten eines ogivalen Kopfes mit einiger Wahrscheinlichkeit erfolgen kann, solange die Schlankheit groß ist.

Nach Hélie ergibt sich die Umrechnung mittels der Beziehung:

$$i_1/i_2 = \frac{n_2 \mid 2\,n_1 - 1}{n_1 \mid 2\,n_2 - 1}, \text{ wenn } n > 4.$$

Größtmögliche Schlankheit der Spitze ist nach alledem auch die Grundforderung geringer Widerstände. Daß ein möglichst kleiner durchschnittlicher Neigungswinkel des Meridians gegen die Achse zu kleinen Formdruckwiderständen führt, haben wir schon früher erkannt. Daß die mit dieser Forderung im Einklang stehende spitze Ausbildung des Kopfes und die Vermeidung aller vor- oder einspringenden Kanten oder sonstigen Unregelmäßigkeiten zu einem Minimum an Wellenwiderstand führt, geht aus der Erfahrung und besonders deutlich aus den Machschen Strömungsbildern hervor.

Der Forderung nach minimalem Druckwiderstand würde nach diesen Ausführungen bei gegebener Kopfhöhe am besten der an den mittleren Zylinder koaxial angesetzte Kegel entsprechen. Die Unstetigkeit im Meridian an der Vereinigungsstelle von Kegel und Zylinder hätte dort aber lebhafte Wellenbildung, also erhöhten Wellenwiderstand zur Folge. Außerdem wäre die entstehende Form weder für eine geeignete Ausbildung des inneren Nutzraumes günstig, noch böte sie ein ästhetisch befriedigendes Bild. Aus diesen Gründen scheint die von Geschossen her bekannte Kopfform für die hier zu verfolgenden Zwecke am günstigsten. Das Ogival gestattet weiterhin in seinem

Inneren bequeme Unterbringung von Nutzräumen, so daß diese vom zylindrischen Mittelteil bis tief in den Kopf ausgedehnt werden können, was wieder der erwünschten sehr schlanken Ausbildung des Kopfes Vorschub leistet.

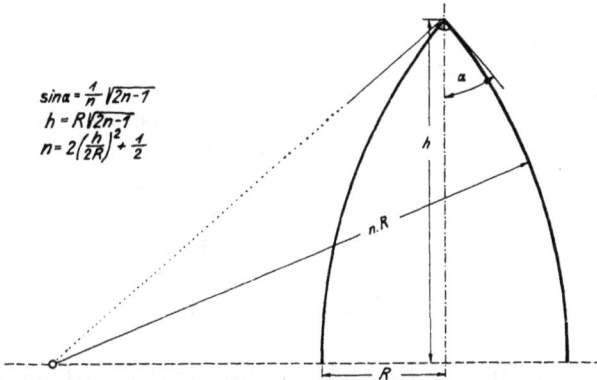

$$\sin\alpha = \tfrac{1}{n}\sqrt{2n-1}$$
$$h = R\sqrt{2n-1}$$
$$n = 2\left(\tfrac{h}{2R}\right)^2 + \tfrac{1}{2}$$

Abb. 67. Geometrische Eigenschaften des Kopfogivales.

II. Der Formgebung des Körperendes wurde an Überschallkörpern bisher mit gewisser Berechtigung wenig Aufmerksamkeit gewidmet, da gegenüber den Kopfwiderständen der relativ wenig günstig geformten Geschoßköpfe der Sog kaum zur Geltung kam. Bei den hier zu untersuchenden Körperformen liegen die Verhältnisse insofern anders, als bei ihnen solche Kopfschlankheiten noch praktisch durchaus diskutabel erscheinen, daß der Kopfwiderstand ein kleiner Bruchteil des von einem stumpfen Ende zu erwartenden Soges wird, solange die Fluggeschwindigkeiten unter etwa $v = a/\sin\alpha$ bleiben.

Damit ergibt sich von selbst die Forderung, auch das Körperende zu einer langausgezogenen Spitze auszubilden und große Krümmungsradien des Meridians anzuwenden, um die Strömungsablösung solange als möglich hinauszuziehen.

Dadurch kann wenigstens im Bereich $v = a$ bis etwa $v = a/\sin\varkappa$, wo α der durchschnittliche Neigungswinkel des Heckmeridians gegen die Achse ist, das gerade in diesem Bereich erhebliche c_{wfs} zum Großteil erspart werden, um so mehr, als der mit der Länge des Heckes zunehmende Reibungswiderstand hier nicht in die Waagschale fällt.

Ein gewisses Bild über die Wirkung der Neigungswinkel des Heckmeridians gegen die Achse auf die dortigen Unterdruckverhältnisse können uns die Briggsschen Versuche über Druckverteilungen an Tragflügeln bei Überschallgeschwindigkeit und bei verschiedenen Anstellwinkeln geben. Für sehr große Überschallgeschwindigkeiten ($v > a/\sin\varkappa$) ändert sich dieses Bild insofern, als dort der Beiwert des Soges jeden-

11*

falls unter die Größe des c_{wfd} zu fallen beginnt, also die Heckausbildung an Bedeutung verliert.

Man kann also für sehr große Überschallgeschwindigkeit in ähnlicher Allgemeinheit wie für Überschallflügel sagen, daß die wahrscheinlich günstigste Körperform bei vorgegebener Körperschlankheit der gerade Kreiskegel mit der Spitze voraus darstellt.

Solcherart kommen wir rein theoretisch hinsichtlich günstigster Luftkräfte bei sehr großen Überschallgeschwindigkeiten zu dem in Abb. 68 dargestellten grotesken Schema des Höchstgeschwindigkeitsflugzeuges mit kegelförmigem Rumpf und ebenen Flügeln.

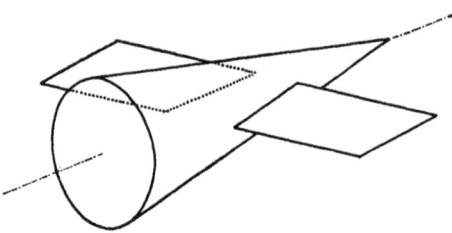

Abb. 68. Schema der gasdynamisch günstigsten Form eines Höchstgeschwindigkeitsflugzeuges.

25. Rumpf- und Flügelform des Raketenflugzeuges.

Es ist die nähere Formgebung zweier Körper von grundsätzlich verschiedener Aufgabe zu behandeln.

1. Solcher Körper, die im Inneren einen Nutzraum bestimmter Abmessungen enthalten sollen und die gleichzeitig bei der Bewegung in Luft den kleinstmöglichen Widerstand erfahren. Solche Körper mögen weiterhin einfach »Rumpf« heißen, ihre einzelnen Abschnitte Rumpfkopf, Rumpfmitte, Rumpfheck.

2. Solcher Körper, die im Inneren gar keinen Nutzraum enthalten brauchen und die bei der Bewegung in Luft neben geringstmöglichem Widerstand einen größtmöglichen Auftrieb ergeben sollen. Derartige Körper bezeichnen wir wie bisher als »Flügel«.

251. Formgebung des Rumpfes.

Die unter 24. hergeleiteten Grundsätze verlangen bei gegebenem Querschnitt der Rumpfmitte möglichst schlanken Kopf und ebensolches Ende. Da die gesamte Rumpfschlankheit jedoch vor allem aus statischen Gründen, ferner wegen der Vermeidung überflüssigen Rumpfmehrgewichtes und schließlich wegen des mit der Rumpfschlankheit zunehmenden Reibungswiderstandes nach oben begrenzt ist, bildet die Festlegung ihrer optimalen Größe ein recht verwickeltes Problem.

Ohne hier auf diesbezügliche theoretische Erörterungen näher einzugehen, nehmen wir eine Gesamtschlankheit des Rumpfes von $l/d = 10$ als konstruktiv noch durchführbar an.

Wählen wir weiterhin für die Form des Rumpfkopfes nach den Erläuterungen des vorigen Abschnittes das Ogival, so erkennen wir, daß bei den hier in Frage kommenden Ogivalhöhen der rückwärtige Teil des Ogivals derart geräumig ist, daß wir ihn zur Aufnahme des Nutzraumes verwenden können, so daß ein eigentlicher zylindrischer Rumpfmittelteil ganz entfallen könnte.

An den Kopf setzt sich somit unmittelbar und stetig der zunächst gleichfalls ogival angenommene Heckteil an. Bei der Entscheidung, wohin innerhalb der Rumpflänge von $10d$ die Grenze zwischen Kopf und Heck fallen soll, spielen statische und Raumanordnungsgründe nur mehr eine untergeordnete Rolle. Auch auf die Größe der allfälligen Reibungskräfte ist diese Hauptspantlage ohne wesentlichen Einfluß, so daß die Lage dieser Grenze zunächst lediglich durch das Minimum an Luftwiderstandsarbeit über der ganzen Flugbahn bestimmt scheint. Dabei ist zu beachten, daß die kopf- und heckseitigen Widerstandskomponenten sich mit veränderlicher Fluggeschwindigkeit sehr stark in dem Sinn verschieben, daß bei wachsenden Geschwindigkeiten der Sog einen verhältnismäßig immer kleineren Anteil am Gesamtwiderstand ausmacht, so daß für diese hohen Geschwindigkeitsbereiche ein möglichst nach rückwärts verlegter Größtspant wichtig ist.

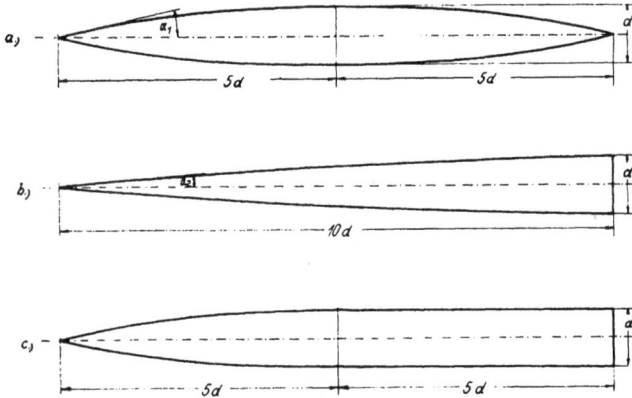

Abb. 69. Die Formgebung des Rumpfes.

Praktisch steht die Wahl offenbar im Bereich zwischen etwa der Längenmitte (Abb. 69a) und dem rückwärtigen Ende (Abb. 69b) offen, wobei für sehr große Überschallgeschwindigkeiten die zweite Form jedenfalls den kleinsten Gesamtwiderstand gibt.

Die Sinusse der beiden Ogivalwinkel verhalten sich in diesen beiden Fällen wie:

$$\sin \alpha_1 / \sin \alpha_2 = 1{,}98,$$

d. h., wenn wir der Hélieschen Beziehung bei diesen extremen Verhältnissen noch trauen dürfen, ist die Summe aus Formdruck- und Wellenwiderstand im zweiten Fall die Hälfte von jener im ersten Fall.

Da wir bei der letzten Form ab etwa $v = 2,3\,a$ fast mit dem vollen Vakuumsog zu rechnen haben und das $(c_{wfd} + c_{ww})$ bei der hier sehr günstigen Formgebung des Kopfes auch bei großen Geschwindigkeiten (bis etwa $v = 4\,a$) noch kleiner als dieses c_{wfs} bleibt, da weiters der Rumpf auch bei Unterschallgeschwindigkeit günstige Widerstandsbeiwerte besitzen soll, könnte man, von ästhetischen Momenten ganz abgesehen, an die Anbringung eines schlankverlaufenden Heckteiles nach Art einer Zwischenform von Abb. 69 a und b denken.

Nun ist für die gesamte Energiewirtschaft einer Raketenflugbahn aber die schädliche Luftwiderstandsarbeit im allgemeinen von geringerem Einfluß, als ein allfälliger geringerer innerer Wirkungsgrad des Raketenmotors. Nach 14. verlangen hohe innere Motorwirkungsgrade aber möglichst große Düsenmündungsquerschnitte, die natürlich nur in Rümpfen von der Form der Abb. 69 b untergebracht werden können.

Da das Verhältnis des vom Kopf und vom Heck herrührenden Widerstandes von der Geschwindigkeit abhängt, also wenn beide Teile genau berechenbar wären, die Ermittlung der Hauptspantlage unter Einbeziehung des inneren Raketenwirkungsgrades auf Grund des minimalen Energieaufwandes über der ganzen Flugbahn zu erfolgen hätte, wollen wir von tiefergehenden zahlenmäßigen Formgebungsrechnungen hier wieder absehen und ohne streng mathematische Begründung einen geschoßförmigen Rotationskörper von der Form der Abb. 69 c betrachten.

Der Kopf ist ein reines Ogival von der Höhe 5 d, der Hauptspant liegt in der Rumpfmitte, das an den Kopf unmittelbar und stetig anschließende Heck besteht aus einem geraden Kreiszylinder von gleichfalls der Höhe 5 d, so daß das Heck in der zur Unterbringung ausreichender Düsenendquerschnitte erwünschten Weise stumpf abschließt.

Die Abschätzung der Widerstände dieses Rumpfes kann mit Hilfe der von Geschossen her bekannten Beziehungen erfolgen.

Der Ogivalwinkel des Kopfes ergibt sich zu:

$$n = 2\,(h/d)^2 + 1/2 = 50,5,$$

$$\sin \alpha = 1/n \cdot \mathbin{|} 2\,n - 1 = 0,198.$$

Aus den Kruppschen Widerstandstafeln ergibt sich nach Umrechnung auf die hier vorliegende Kopfform mittels der Eberhardtschen und der Hélieschen Beziehung bei $v = 1300$ m/sec $= 3,83\,a$:

$$c_w = i \cdot k,$$

$$k = 0,520 \text{ (aus der Tafel).}$$

i folgt nach Eberhardt für das Ogivalgeschoß, von $n = 6$ zu:

$$1/i' = 1,1311 - 47 \cdot 7/v + 0,0003166\,v,$$

daraus i' bei $v = 1300$ m/sec zu $i' = 0,664$.

Dieser Formkoeffizient ist nach Hélie noch im Verhältnis der Ogivalwinkelsinusse abzumindern

$$\sin \alpha_{\mathrm{krupp}} = 1/6 \cdot | \; 11 = 0,555,$$
$$\sin \alpha = 0,198,$$

daher

$$i = 0,664 \cdot 0,198/0,555 = 0,237,$$

also

$$c_w = i \cdot k = 0,237 \cdot 0,520 = 0,123.$$

Mit Hilfe der im betrachteten Geschwindigkeitsbereich wahrscheinlich schon ziemlich zutreffenden Grenzwertformel kommen wir zu einem ähnlichen Wert:

$$c_{wfs} \cdot 165300/v^2 = 0,098.$$

c_{wfd} folgt bei einem maßgeblichen Ogivalwinkel von $\sin \alpha' = \sin (0,85 \; \alpha)$ $= 0,171$

$$c_{wfd} : \sin^2 \alpha' = 0,029,$$

womit

$$c_w = c_{wfs} + c_{wfd} = 0,127,$$

wenn wir den Wellenwiderstand bei der theoretisch sehr günstigen und baulich entsprechend sorgfältigen Formgebung des Kopfes gegenüber den anderen Widerständen bei der betrachteten Geschwindigkeit vernachlässigen.

Mit diesem etwas ungünstigeren Wert wollen wir weiterhin rechnen. Der gesamte Verlauf des Widerstandsbeiwertes läßt sich nun näherungsweise nach Abb. 70 angeben. Der Umstand, daß sich in der Gegend knapp über der Schallgeschwindigkeit der vernachlässigte Wellenwiderstand stärker bemerkbar macht, mag sich dabei mit dem dort sicher nicht mehr der Grenzwertformel gehorchenden, geringeren Sog kompensieren. Übrigens spielt er bei der Art des Entwurfes der Abb. 70 keine Rolle.

Die c_w-Kurve ist dort für $v > 4a$ durch Addition der c_{wfs}- und c_{wfd}-Grenzwertkurven entstanden. Für $v < 4a$ wurde die Krupp-Eberhardtsche Versuchskurve benützt und die c_w-Kurve durch verhältnismäßige Abminderung dieser Versuchskurve konstruiert. Dieser Kurventeil darf natürlich nur mit großer Vorsicht benützt werden, wie der unstetige Anschluß an die Grenzwertkurve schon andeutet.

Damit sind die Widerstandsverhältnisse des als Rumpf ausersehenen Rotationskörpers einigermaßen übersehbar, und weiters ist die Güte seiner Form beurteilbar.

Die überragende Bedeutung des c_{wfd} und damit der größtmöglichen Kopfschlankheit bei sehr großen Überschallgeschwindigkeiten tritt trotz der gasdynamisch denkbar ungünstigsten Heckausbildung wieder klar hervor.

Eine allfällige Verminderung des Soges in den energetisch sehr einflußreichen Geschwindigkeiten im Bereich der Schallgrenze auf Kosten des Raketendüsenquerschnittes wäre Sache eingehender Vergleichsentwürfe.

Hier soll weiterhin mit den ermittelten Werten gerechnet werden. Insbesondere wird unter Flugbahnen für die Geschwindigkeiten bis über der Schallgeschwindigkeit mit dem aus Abb. 70 oder genaueren Wind-

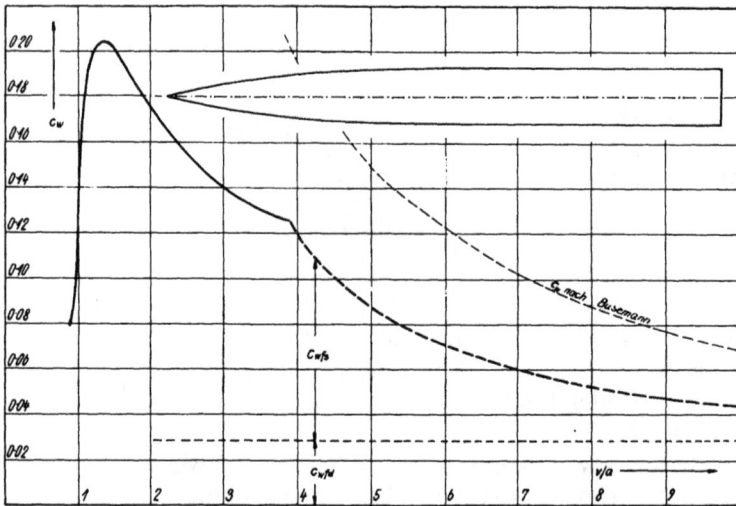

Abb. 70. Mutmaßlicher Verlauf der Widerstandsbeiwerte des Rumpfes.

kanalversuchen bei mäßigen Geschwindigkeiten gefundenen konstanten Widerstandsbeiwert $c = $ konst. $\doteq 0,08$ gerechnet, während für die höheren Geschwindigkeiten sogleich die Grenzwertformel

$$c_w \doteq 165\,300/v^2 + \sin^2 \alpha$$

angewendet wird.

Die Grenze zwischen beiden Bereichen ist durch die Gleichheit der c_w-Werte aus beiden Formeln bestimmt.

Schließlich ist in Abb. 70 noch der Verlauf des Widerstandsbeiwertes angegeben, wie er aus den Busemannschen Annahmen über Reibung, Druck und Sog folgen würde:

$$c_w \doteq 0,003 \, M/F + \alpha^2 \ln \frac{4}{\alpha^2 \, (v^2/a^2 - 1)} + \frac{2}{\varkappa} \, a^2/v^2,$$

worin M die Mantelfläche des Rumpfes bedeutet. Für die vorliegenden Abmessungsverhältnisse ergäbe sich etwa:

$$c_w \doteq 0,045 + 0,17^2 \ln \frac{4}{0,17^2 \, (v^2/a^2 - 1)} + 1,4 \, a^2/v^2.$$

Der Verlauf ist dem aus unserer Grenzwertformel sehr ähnlich, nur kommt die hohe Einschätzung des festen Reibungsbeiwertes zum Ausdruck.

252. Formgebung der Flügel.

Für die Formgebung des Raketenflügels sind die beiden Tatsachen maßgebend, daß das Raketenflugzeug mit sehr kleinen Unterschallgeschwindigkeiten (etwa $v = 0,1\,a$) in der Art heute üblicher Flugzeuge landen und starten muß, während es den größten Teil seiner Reiseflugbahn mit sehr hohen Überschallgeschwindigkeiten zurücklegt. Der Raketenflügel soll also vor allem bei geringer Unterschallgeschwindigkeit ausreichende Auftriebsbeiwerte und bei hoher Überschallgeschwindigkeit hohe Güte aufweisen.

Zur Unterbringung der beiden widersprechenden Forderungen steht die Wahl des Flügelprofiles und des Flügelumrisses offen.

2521. Formgebung des Flügelprofiles.

Nach den aerodynamischen Erfahrungen erreicht man hohe Auftriebsbeiwerte bei mäßigen Geschwindigkeiten durch stark gewölbte Profile mit verdickter Profilnase.

Nach den Untersuchungen in 22. erreicht man die höchstmögliche Flügelgüte bei sehr hohen Überschallgeschwindigkeiten durch den Flügel von der Form einer ebenen unendlich dünnen Platte, also bei einem Flügelprofil in Form der geometrischen Geraden.

Beide Idealprofile haben also zunächst eine wenig ermunternde Unähnlichkeit. Doch ist das reine »Geraden«-Profil aus konstruktiven Gründen unmöglich, und wir werden als äußerste Schlankheit t/d des Profiles etwa 20 betrachten dürfen, bei der wir unter den vorliegenden Sonderverhältnissen (insbesondere der Flügelschlankheit) das Tragwerk im Flügelinnern unterbringen können. Wählt man an dem so entstehenden endlich dicken Profil die Druckseite eben (siehe 223.), die Saugseite konvex, so erhält das ganze Profil eine mäßige mittlere Krümmung, die der Unterschallforderung entgegenkommt.

Auf der anderen Seite haben dünne Platten als Unterschallflügel zwar schlechte Güteeigenschaften, aber schon bei der geringsten Wölbung Auftriebsbeiwerte, die auch hinter denen guter Unterschallprofile nicht wesentlich zurückbleiben.

Damit scheint in großen Zügen der Weg für die erste Formgebung des Profiles festgelegt.

Mit den weiteren, schon unter 223. entwickelten Forderungen (scharfkantige Profilnase, möglichst kleiner Winkel zwischen den Eintrittstangenten) kommen wir unter Berücksichtigung konstruktiver Ansprüche ziemlich zwangsläufig zur Profilform der Abb. 71. Bei Vernachlässigung der Unterschallforderung (mittlere Profilwölbung) kämen wir in gewisser Analogie zum günstigsten Überschallwiderstandskörper (Rumpf) zu einer keilförmigen Schneide mit stumpfem Rückende als praktisch ausführbarem, bestem Überschallflügel.

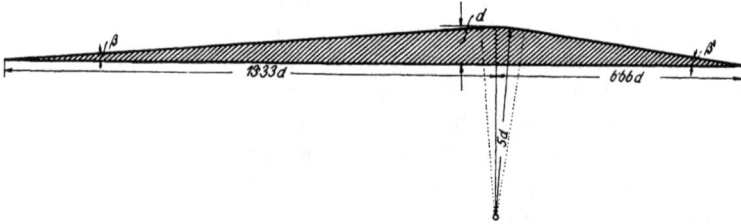

Abb. 71. Flügelprofil des Raketenflugzeuges (Überschallprofil).

Allerdings hätte auch bei dieser Profilform die verfügbare Holmhöhe schon wieder Einbuße erlitten. Es scheint aber ungerechtfertigt, die ohnehin ungewissen Start- und Landeeigenschaften um einer geringfügigen Güteverbesserung im Reiseflug willen mehr als unbedingt nötig aufs Spiel zu setzen.

Das Profil stellt im Wesen ein Dreieck dar, dessen Höhe auf die größte Seite $1/20$ der Länge dieser Seite beträgt und sie im Drittelpunkt ihrer Länge trifft. Die zu dieser Höhe gehörige stumpfe Ecke ist abgerundet mit dem Radius $5d$. Die für die gasdynamischen Eigenschaften wesentlichen Eintritts- und Austrittswinkel betragen:

$$\operatorname{tg} \beta = 1/13{,}33 = 0{,}075, \text{ also } \beta = 4^0 \, 17',$$
$$\operatorname{tg} \beta' = 1/ \, 6{,}66 = 0.150, \text{ also } \beta' = 8^0 \, 32'.$$

Im folgenden wollen wir uns mit den aero- und gasdynamischen Eigenschaften dieses, im wesentlichen schon von Ziolkowsky-Kaluga vorgeschlagenen Überschallprofiles beschäftigen. Wir führen die Profiluntersuchung zur Ermittlung der Beiwerte c_a, c_w und c_m für alle in Frage kommenden Geschwindigkeiten, also von $v = 0$ bis $v = 8000$ m/sec durch, und zwar:

1. Im Unterschallbereich durch Windkanalversuche,
2. im Bereich von $v = a$ bis $v = 5a$ nach dem Meyer-Ackeretschen Verfahren,
3. im Bereich über $v = 5a$ mittels der Grenzwertformeln

und stellen die Ergebnisse schließlich in mehreren eingehenden Schaubildern zusammen.

25211. Überschallprofiluntersuchung im Unterschallbereich.

Die Profileigenschaften im aerodynamischen Bereich konnten Dank dem liebenswürdigen Entgegenkommen des Vorstandes am aeromechanischen Institut der Technischen Hochschule Wien, Herrn Oberbaurat Doz. Ing. Katzmayr, im Windkanal dieses Institutes festgestellt werden. Zur Messung wurde ein Holzmodell in den Abmessungen 900/ 180/9 mm benützt. Die Ergebnisse sind in der Polaren Abb. 72 niedergelegt. Wie man ihr entnimmt, liegt die beste Gleitzahl bei etwa 3^0 Anstellwinkel und beträgt dort $1/\varepsilon \doteq 5,5$. Die geringe Güte im Unterschallbereich ist bei der Kürze des in diesem Bereich zurückzulegenden Reiseweges und bei den verfügbaren großen Startkräften bedeutungslos, ja für den Landevorgang geradezu günstig. Der größte gemessene Auftriebsbeiwert betrug $c_{a\,max} = 0,82$ bei einer Anstellung von $\alpha = 15^0$ und kann als ausreichend bezeichnet werden.

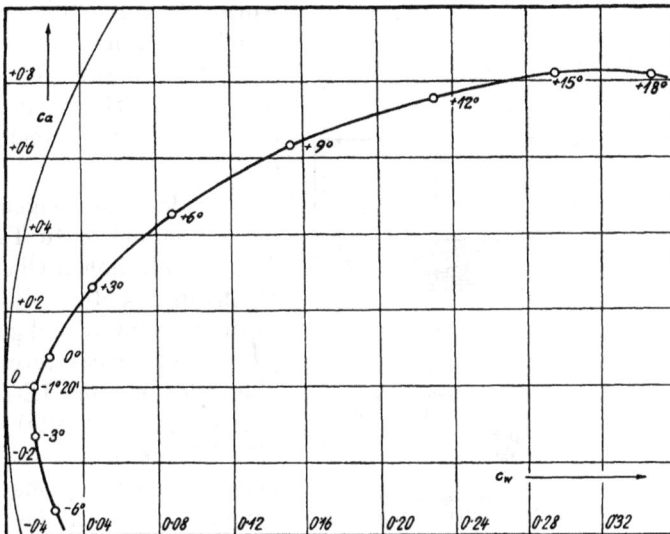

Abb. 72. Unterschallpolare des Überschallprofiles.

25212. Überschallprofiluntersuchung im Überschallbereich.

Wir führen diese Untersuchung nach Ackeret-Meyer systematisch für die Geschwindigkeiten von $v = a$ bis $v = 5\,a$ durch. Da wir uns das ganze Profil durchwegs aus Saug- und Druckseiten ebener Platten aufgebaut denken können, kommen die unter 2216. besprochenen Rechenverfahren unmittelbar zur Anwendung. Da wir weiters jeweils nur die saug- oder druckseitige Komponente des Auftriebes bzw. Widerstandes brauchen, können wir hier von den A.B.-Gleichungen keinen Gebrauch machen, sondern sind auf die Rechnungen nach den Grundströmungen angewiesen, die überdies den Vorteil größerer Genauigkeit haben. Ihre zahlenmäßige Durchführung erfolgt wie unter 2216., die Ergebnisse

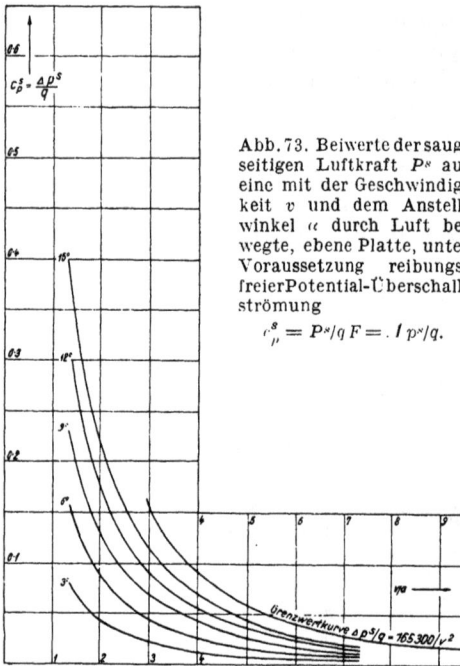

Abb. 73. Beiwerte der saugseitigen Luftkraft P^s auf eine mit der Geschwindigkeit v und dem Anstellwinkel α durch Luft bewegte, ebene Platte, unter Voraussetzung reibungsfreier Potential-Überschallströmung

$$c_p^s = P^s/q\,F = \varDelta\,p^s/q.$$

Abb. 74. Beiwerte der druckseitigen Luftkraft P^d auf eine mit der Geschwindigkeit v und dem Anstellwinkel α durch Luft bewegte ebene Platte, unter Voraussetzung reibungsfreier Potential-Überschallströmung

$$c_p^d = P^d/q\,F = \varDelta\,p^d/q$$

(Strichliert: Werte nach der Newtonschen Grenzbeziehung $c_p^d = \sin^2\alpha$).

haben wir in den beiden Meßbildern Abb. 73 und Abb. 74 zusammengestellt. Dort bedeuten c_p^s und c_p^d die wie üblich definierten Beiwerte der gesamten saugseitigen bzw. druckseitigen Luftkräfte (senkrecht zur Platte), also:

$$c_p^s = P^s/F\,q = \varDelta\,p^s/q$$

und

$$c_p^d = P^d/F\,q = \varDelta\,p^d/q,$$

worin P^s und P^d die gesamten Luftkräfte selbst und $\varDelta\,p^s$ und $\varDelta\,p^d$ die spezifischen Unter- bzw. Überdrücke gegenüber dem jeweiligen Atmosphärendruck sind.

Beide Bilder zeigen wieder die schon bekannte Tatsache, daß bei sehr hohen Überschallgeschwindigkeiten die Luftkräfte der Unterdruckgegenden (Saugseite) zurücktreten gegenüber denen der Überdruckgegenden (Druckseite). In Abbild. 74 sind jene Geschwindigkeiten kenntlich gemacht, bei denen der Machsche Winkel gleich dem Anstellwinkel wird, also die Voraussetzungen des Meyerschen Rechenverfahrens teilweise nicht mehr erfüllt sind.

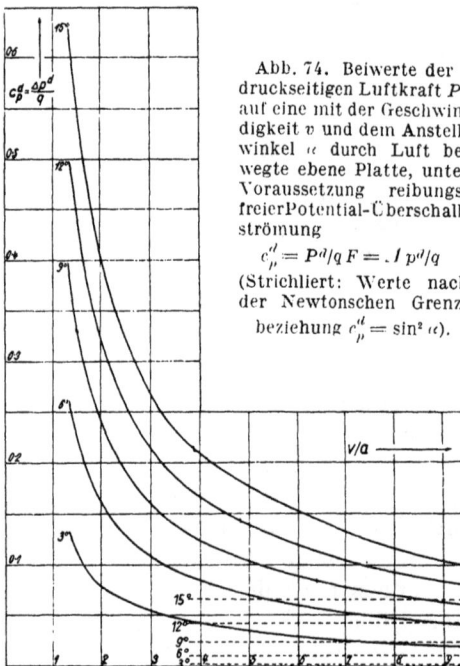

Schließlich sind in Abb. 75 die Werte c_p der gesamten (saug- und druckseitigen) Luftkräfte senkrecht zur ebenen Platte zusammengestellt. Diese c_p-Werte sind für die hier vorzunehmenden Profiluntersuchungen zwar unmittelbar nicht von Bedeutung, doch stellen sie eine gute

Ergänzung des unter 2216. Gesagten dar.

Aus den Meßbildern Abbild. 73 und 74 können nun die Eigenschaften unseres Profiles mühelos abgeleitet werden.

Bezeichnen wir der Reihe nach die drei Oberflächenebenen (der Druckseite, der vorderen Saugseite und der rückwärtigen Saugseite) mit F_1, F_2 und F_3, so ergibt sich für eine bestimmte Geschwindigkeit v/a und einen bestimmten Anstellwinkel α (letzterer immer auf die Druckseite bezogen):

Abb. 75. Beiwerte der gesamten Luftkraft P auf eine mit der Geschwindigkeit v und dem Anstellwinkel α durch Luft bewegte ebene Platte, unter Voraussetzung reibungsfreier Potential-Überschallströmung
$$c_p = P/q\,F = .1\,p/q$$
(Strichliert: Werte nach den Grenzbeziehungen $c_p = 165\,300/v^2 \cdot \sin^2 \alpha$).

$$c_a = c^d_{p\,(\alpha)} \cos \alpha +$$
$$+ c^s_{p\,(\alpha-\beta)} \cos (\alpha - \beta)\, F_2/F_1 +$$
$$+ c^s_{p\,(\alpha+\beta')} \cos (\alpha + \beta')\, F_3/F_1,$$

$$c_w = c^d_{p\,(\alpha)} \sin \alpha +$$
$$+ c^s_{p\,(\alpha-\beta)} \sin (\alpha - \beta)\, F_2/F_1 + c^s_{p\,(\alpha+\beta')} \sin (\alpha + \beta')\, F_3/F_1,$$

$$c_m = c^d_{p\,(\alpha)} \cdot 1/2 + c^s_{p\,(\alpha-\beta)}\, F_2^2/2\,F_1^2 +$$
$$+ c^s_{p\,(\alpha+\beta')} \cdot F_3\,[F_2 \cos (\beta + \beta') + F_3/2]/F_1^2$$

oder auf die in unserem Profil gewählten geometrischen Verhältnisse bezogen:

$$c_a = c^d_{p\,(\alpha)} \cos \alpha + 0{,}666\, c^s_{p\,(\alpha-\beta)} \cos (\alpha - \beta) +$$
$$+ 0{,}334\, c^s_{p\,(\alpha+\beta')} \cos (\alpha + \beta'),$$

$$c_w = c^d_{p\,(\alpha)} \sin \alpha + 0{,}666\, c^s_{p\,(\alpha-\beta)} \sin (\alpha - \beta) +$$
$$+ 0{,}334\, c^s_{p\,(\alpha+\beta')} \sin (\alpha + \beta'),$$

$$c_m = 0{,}500\, c^d_{p\,(\alpha)} + 0{,}222\, c^s_{p\,(\alpha-\beta)} + 0{,}272\, c^s_{p\,(\alpha+\beta')}.$$

Die Winkel, auf die die einzelnen c^d_p und c^s_p bezogen werden, sind ihnen in Klammer beigesetzt.

Die Zahlenwerte der Formeln sind unmittelbar in die Kennkurven unter 25214. eingetragen.

Bei Verwendung der Formeln für kleinere Anstellwinkel als $\alpha = 4^0 17'$ ist auf die veränderte Vorzeichensetzung zu achten.

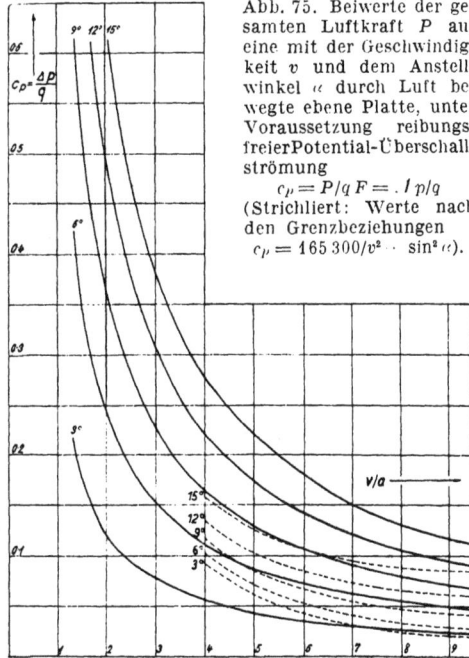

25213. Überschallprofiluntersuchung im Höchstüberschallbereich.

Bei den verwendbaren Anstellwinkeln bis zu höchstens etwa $\alpha = 9^0$ wird das Ackeretsche Rechenverfahren bei Geschwindigkeiten über etwa $v = a/\sin\alpha$ unbequem und unverläßlich, da es weder die zu erwartenden saugseitigen Ablöseerscheinungen, noch das druckseitige Anlegen der Machschen Welle an die Flügeloberfläche erfaßt.

Im Bereich dieser hohen Überschallgeschwindigkeiten kann die Behandlung wieder näherungsweise nach den Grenzwertformeln erfolgen.

Da die Anstellwinkel der Saugseiten darin nicht vorkommen, ergeben sich die Beiwerte für Auftrieb und Widerstand einfach zu:

$$c_a = 165\,300\cos\alpha/v^2 + \sin^2\alpha\cos\alpha,$$
$$c_w = c_a \,\mathrm{tg}\,\alpha,$$
$$c_m = 0{,}5\,c_a.$$

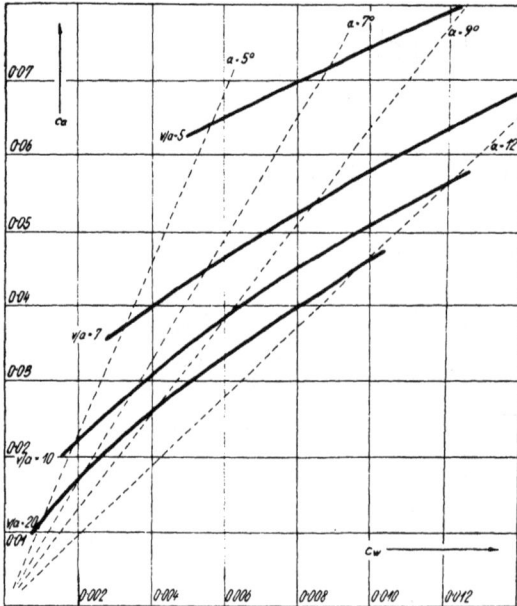

Abb. 76. Polaren des Überschallprofiles im Höchstüberschallbereich.

Die Formeln gelten naturgemäß nur für $\alpha > 4^0\,17'$.

Die nach diesen Formeln entworfenen Polaren zeigt Abb. 76.

25214. Kennkurven des Überschallprofiles.

Die Eigenschaften des Überschallprofiles sind durch seine Polare in Abb. 77 in großen Zügen festgelegt.

Um für die Flugbahnuntersuchungen einen einfachen mathematischen Ausdruck der zu erwartenden Auftriebskräfte verwenden zu können, benützen wir dort, wie unter 2219. schon betont, im Geschwindigkeitsbereich bis über der Schallgeschwindigkeit den im Windkanal gefundenen Auftriebsbeiwert

$$c_a = f(\alpha),$$

während für die höheren Geschwindigkeiten sogleich die Grenzwertformel

$$c_a = 165\,300\cos\alpha/v^2 + \sin^2\alpha\cos\alpha$$

zur Anwendung gelangt.

Die Grenze zwischen beiden Bereichen ist durch den aus

$$165\,300 \cos \alpha / v^2 + \sin^2 \alpha \cos \alpha = f(\alpha)$$

folgenden Wert für v bestimmt.

Dieser Wert ist fernerhin gleichzeitig als untere Grenze des »reinen Überschallbereiches« verstanden.

Es wird hier nochmals betont, daß alle Untersuchungen ohne Berücksichtigung des Reibungswiderstandes erfolgten.

2522. Formgebung des Flügelumrisses.

Die behandelten theoretischen Beziehungen am Überschallflügel lassen zunächst der Formgebung des Flügelumrisses jeden Spielraum, da der Randwiderstand im Überschallbereich keinen Einfluß hat.

Indirekt fordern sie jedoch Flügel geringer Spannweite insofern, als sie möglichst dünne Flügelprofile verlangen, die aus konstruktiven Gründen nur bei geringer Flügelschlankheit herstellbar sind.

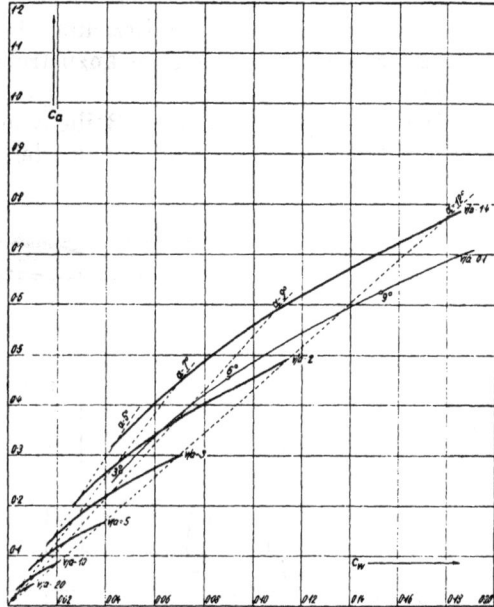

Abb. 77. Polaren des Überschallprofiles (Raketenprofiles).

Wegen der wichtigen Forderung nach entsprechenden Start- und Landeeigenschaften kommen bei der Umrißformgebung auch die Unterschalleigenschaften des Flügels zur Geltung. Diese verlangen wieder möglichst schlanke Flügel.

Tatsächlich wird man daher am zweckmäßigsten bei der gegenwärtig an Unterschallflugzeugen üblichen Flügelschlankheit von etwa $b^2/F \cdot 5$ bleiben, da bei ihnen die im Überschallbereich unbekannten Randauftriebsverluste wahrscheinlich auch in mäßigen Grenzen bleiben.

Hinsichtlich der geometrischen Gestalt des Umrisses wird man, solange nicht durch Erfahrung etwas anderes gefunden ist, einfach Rechteckähnliche wählen.

Weitere Erwägungen, etwa hinsichtlich Pfeilform, V-Form, Schränkung usw. fallen bereits völlig ins Gebiet der Sicherheitsgrundlagen (Stabilität), das neben den hier vorzugsweise zu behandelnden Leistungsgrundlagen nicht näher erörtert werden kann.

Konstruktiv wird für derartige Flügel jedenfalls eine vielholmige Bauart in Frage kommen, für deren genauere Berechnung theoretische Ansätze vorhanden sind[1]).

253. Äußere Formgebung des Raketenflugzeuges.

Man begegnet vielfach der Ansicht, für das Raketenflugzeug sei die Nurflügelform, die zur Erzielung höchster aerodynamischer Güte für die Troposphärenflugzeuge anzustreben ist, die einzige brauchbare Bauform.

Dagegen lassen sich eine Reihe von Einwendungen machen. Zunächst setzt das Nurflügelflugzeug, der »Nutzraumflügel«, sehr dicke

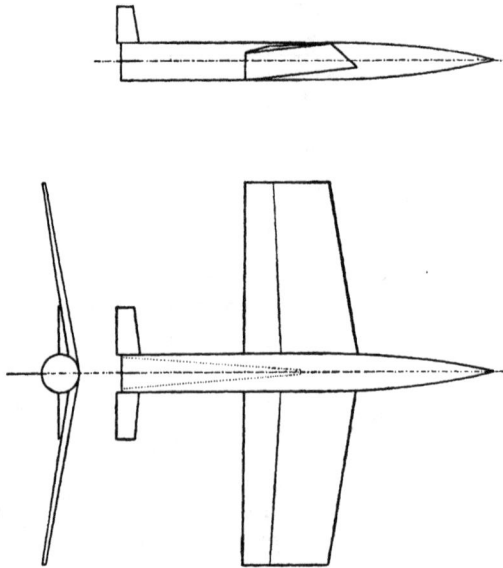

Abb. 78. Schema der äußeren Gestalt des den Bahnberechnungen zugrunde gelegten Raketenflugzeuges.

Profile voraus, die zu diesem Zweck von Prof. Junkers ja eigens geschaffen wurden. Die außerordentlich ungünstigen Überschalleigenschaften dicker Profile sind uns aber bekannt. Mit ihnen läßt sich die angestrebte hohe aerodynamische Güte jedenfalls nicht erreichen. Wählt man aber das hier behandelte Profil, mit der vielleicht noch möglichen

---

[1]) Siehe u. a.: E. Sänger, Zur genauen Berechnung vielholmig-parallelstegiger, ganz- und halbfreitragender, mittelbar und unmittelbar belasteter Flügelgerippe. ZFM 1931, Heft 20. — E. Sänger, Zur genäherten Berechnung vielholmig-parallelstegiger, ganz- und halbfreitragender, mittelbar und unmittelbar belasteter Flügelgerippe. ZFM 1932, Heft 9.

Dicke von $t/20$, so ergibt sich bei einer praktischen Mindestdicke von 1,50 m eine Flügeltiefe von 30 m und eine Spannweite von 150 m, also Abmessungen, die für keinen Versuchsbau und wohl auch niemals für eine Serienausführung von Raketenflugzeugen in Frage kommen. Ein anderer Umstand, den man vielleicht zu wenig beachtet, ist, daß der von Menschen besetzte Nutzraum des Raketenflugzeuges während des Höhenfluges unter einem inneren Überdruck von 10000 kg/m² steht, die Tankanlagen sogar unter noch höheren Drücken, die man mit anderen als zylindrischen (kesselartigen) Bauformen wohl kaum wird wirtschaftlich beherrschen können.

Aus diesen und einer Reihe weiterer Gründe scheint jedenfalls für einen Versuchsbau und wahrscheinlich auch für endgültige Ausführungen die bisher üblichste Anordnung mit besonderem Rumpf und Tragflügeln am besten.

Ohne damit irgendwelche bestimmte Bauvorschläge machen zu wollen, die den Rahmen dieses Buches weit übersteigen würden, soll den weiteren theoretischen Überlegungen eine äußere Flugzeugform vom Schema der Abb. 78 vorschweben.

3. Flugbahnen.

Literatur zum Abschnitt Flugbahnen.

Soweit über das hier behandelte Thema umfassendere Literatur bekannt geworden ist, deckt sie sich mit der zum Abschnitt 1 angegebenen.

Einige besondere Literaturhinweise sind als Fußnoten angeführt.

Bedeutung der wichtigsten, regelmäßig gebrauchten Formelzeichen im Abschnitt Flugbahnen [Einheiten].

$\varrho_h, \gamma_h, p_h, R_h, T_h, \varkappa_h, c_h$ usw. ... Dichte, Einheitsgewicht, Druck, Gaskonstante, absolute Temperatur, Adiabatenexponent, Schallgeschwindigkeit der Luft in der Flughöhe h [kgsec²/m⁴], [kg/m³], [kg/m²], [m/⁰], [⁰], [—], [m/sec].

$\varrho_0, \gamma_0, p_0, R_0, T_0, \varkappa_0, c_0$ ... Dieselben Größen der Luft in der Flughöhe Null (Normalzustand).

A ... Aerodynamischer (gasdynamischer) Auftrieb [kg].

W ... Aerodynamischer (gasdynamischer) Widerstand, Luftwiderstand [kg].

F ... Flügelfläche wie in 2. oder bahnnormale Trägheitskraft (Fliehkraft) [kg].

G ... Fluggewicht [kg].

G_0 ... Anfangsfluggewicht [kg].

P ... Raketenschub [kg].

R ... Erdradius (Mittelwert: $6{,}37755 \cdot 10^6$ m) [m].

T ... Trägheitskräfte (meist bahntangentialer Richtung) [kg].

c_a ... Auftriebsbeiwert wie in 2. [—].

c_{a0} ... Auftriebsbeiwert bei der Fluggeschwindigkeit in Bodennähe.

g ... Erdbeschleunigung [m/sec²], Mittelwert 9,81 m/sec².

g_0 ... Erdbeschleunigung an der Erdoberfläche [m/sec²].

g_h ... Erdbeschleunigung in der Flughöhe h [m/sec²].

h ... Flughöhe [m].

M ... Flugzeugmasse [kgsec²/m].

r ... Krümmungsradius der Flugbahn (meist $r \cdot R$) [m].

s ... Flugwege [m oder km].

t ... Flugzeit [sec].

v ... Fluggeschwindigkeit [m/sec].

v_0 ... Fluggeschwindigkeit in Bodennähe [m/sec].

v_a ... Grenzfluggeschwindigkeit zwischen Unterschall- und reinem Überschallbereich [m/sec].

ε ... Gleitzahl des Flugzeuges wie in 2. [—].

ϱ ... An einigen Stellen der Krümmungsradius der Flugbahn [m].

30. Flugbahnen. Allgemeines.

Der Flug der hier behandelten Raketenflugzeuge spielt sich etwa nach folgendem Schema ab:

Das Flugzeug startet von Land oder Wasser in üblicher Weise (etwa mit einem Raketenschub gleich dem halben Startgewicht, also sehr rasch) gegen den Wind, fliegt dann eine Kurve in die gewünschte Flugrichtung und steigt hierauf mit ziemlich gleichbleibender Raketenkraft, wobei der Schub schließlich das Fluggewicht übertreffen kann.

Das mit Motorkraft steigende Flugzeug durchläuft nun eine von der nach oben abnehmenden Luftdichte und der rasch anwachsenden Fluggeschwindigkeit zunächst so abhängige Aufstiegsbahn, daß der Auftrieb der Flügel fast konstant bleibt.

Mit der wachsenden Fluggeschwindigkeit macht sich allmählich die Krümmung der Flugbahn (hauptsächlich durch deren Anschmiegung an den Verlauf der Erdoberfläche) insofern bemerkbar, als die aus ihr entspringenden Trägheitskräfte (Fliehkräfte) im gleichen Sinn wie der Auftrieb der Flügel wirken, also die Flügel entlasten.

Die Flugbahn wird in diesem Bereich im wesentlichen so weitergeführt, daß die Summe aus der mit der Geschwindigkeit rasch anwachsenden Fliehkraft und dem Flügelauftrieb jeweils gleich dem mit der Zeit wegen des hohen Brennstoffverbrauches abnehmenden Fluggewicht ist. Die Flügelkräfte dürfen daher jetzt rasch kleiner werden, was wegen der vorgeschriebenen Geschwindigkeit nur durch Aufsuchen größerer Höhen mit dünnerer Luft möglich ist. Im selben Maß nimmt dabei der Staudruck und der durch einen Teil der Motorkraft zu überwindende Luftwiderstand ab, bis das durch die Flügel zu tragende Flugzeuggewicht nur noch einen ganz geringen Prozentsatz des restlichen, wirklichen Fluggewichtes beträgt. In diesem Augenblick ist die erforderliche Fluggeschwindigkeit und Flughöhe erreicht, der Motor wird gedrosselt, der Aufstieg ist beendet.

Der allenfalls anschließende Höhenflug ist fast eine reine Gravitationsbewegung um den Erdmittelpunkt und erfordert als solche zur Zurücklegung beliebiger Reisewege keine Antriebskraft. Tatsächlich bewegt sich das Flugzeug aber noch in der, wenn auch außerordentlich dünnen Atmosphäre, es entsteht also noch ein sehr geringer Luftwiderstand, der dauernd durch einen ebenso geringen Raketenschub ausgeglichen werden muß. Der dazu erforderliche Brennstoffverbrauch ist, wie wir sehen werden, beliebig und außerordentlich klein.

Zugleich verbleibt eine geringe Tragwirkung der Flügel, die sich im Flugzeug als noch gering fühlbares Gewicht der Gegenstände und Personen äußert und zusammen mit der weit überwiegenden Fliehkraft der Bahnkrümmung die Höhenlage des Flugzeuges gegenüber der Erdoberfläche dauernd gleich hält.

In angemessener Entfernung vor dem Reiseziel wird der Motor völlig gedrosselt und der Abstieg beginnt. Der Abstieg vollzieht sich als reiner Gleitflug über sehr großen Strecken, da die sehr beträchtliche potentielle und kinetische Energie des Flugzeuges an dem besonders anfangs sehr geringen Luftwiderstand totzulaufen ist.

Wird im Höhenflug die geringe Schubkraft des Motors völlig abgestellt, so wirkt der ebenfalls nur geringe Luftwiderstand verzögernd auf die Fluggeschwindigkeit ein. Mit der verminderten Fluggeschwindigkeit sinkt in geringem Maß der an sich geringe Flügelauftrieb und in stärkerem Maß die Fliehkraftwirkung, beide Kräfte halten dem Gewicht nicht mehr voll das Gleichgewicht, das Flugzeug beginnt zu sinken.

Das sinkende Flugzeug gerät in dichtere Luftschichten, der verzögernde Luftwiderstand wächst, die Fluggeschwindigkeit sinkt rascher. Solcherart werden die Flügel immer mehr und mehr belastet, die Fliehkraftwirkung verschwindet schließlich praktisch ganz, das Flugzeug bekommt seine volle Steuerfähigkeit in etwa 30 km Höhe und landet endlich wie das heute übliche Troposphärenflugzeug im Gleitflug am Zielhafen.

Sowohl Start- als Landelänge sind dabei gering, erstere wegen des zum Start verfügbaren hohen Motorschubes, letztere wegen der bei der Landung nach verbrauchten Betriebsstoffen nur mehr geringen Flächenbelastung und der schlechten Gleitzahl des Flugzeuges im Unterschallbereich.

Die rechnerische Verfolgung dieser Flugbahnen in Abhängigkeit von ihren Erzeugenden, den auf das Flugzeug wirkenden Kräften, bildet den Hauptinhalt der folgenden Abschnitte.

Es muß dabei besonders betont werden, daß die im folgenden gebrachten zahlenmäßigen Ergebnisse nur einen möglichst anschaulichen Überblick über die zu erwartenden Verhältnisse geben sollen, daß sie sich aber bei der außerordentlichen Unsicherheit der Rechengrundlagen tatsächlich nicht unerheblich verschieben können.

Die Ergebnisse der folgenden Überlegungen sind daher in erster Linie qualitativ und nur mit Vorsicht quantitativ zu bewerten. Ähnlich werden die beschriebenen Erscheinungen in Wirklichkeit jedenfalls auftreten, wieweit sie sich den gefundenen Zahlenwerten nähern, wird der Versuch lehren.

Aus diesem Grunde wurde bei Verfolgung der teilweise recht verwickelten Verhältnisse weit mehr Gewicht auf übersichtliche als auf mathematisch exakte Rechenverfahren gelegt.

31. Aufbau der Atmosphäre. Allgemeines[1]).

Die Grenzen des Raketenflugreiches sind gegeben auf der einen Seite durch die feste oder flüssige Erdoberfläche, auf der anderen Seite

[1]) Hann-Süring, Lehrbuch der Meteorologie. 4. Aufl. 1923. — Geiger-Scheel, Handbuch der Physik. Bd. XI. 1926.

durch jene Höhe in der Atmosphäre, wo die Luftdichte so geringe Werte erreicht hat, daß die Fluggeschwindigkeit zur Erzielung des im Grenzfall dort noch nötigen aerodynamischen Auftriebes gleich der dortigen Zirkulargeschwindigkeit eines frei um die Erde gravitierenden Körpers geworden ist. Der Bereich des Raketenfluges stellt also einen erheblichen Teil der Atmosphäre dar, mit deren Aufbau wir uns daher zunächst zu beschäftigen haben.

311. Zusammensetzung und allgemeine Eigenschaften der Atmosphäre.

Setzt man die am Grunde des Luftmeeres bekannte Zusammensetzung der Atmosphäre aus den hauptsächlichsten Bestandteilen Stickstoff und Sauerstoff auch für alle Höhen der Atmosphäre voraus, so kommt man nach Wegener zu folgenden Luftdrücken in verschiedenen Atmosphärenhöhen in mm Quecksilbersäule:

Zahlentafel 28.

Flughöhe in km . . .	0	20	40	60	80	100	120	140
Luftdruck in mm Hg .	760	41,7	1,9	0,087	0,0042	0,0001	—	—

Die Atmosphäre hätte demnach in etwa 100 km Höhe praktisch ihre Grenze erreicht. Diese Anschauung ist unvereinbar mit einer großen Reihe von Beobachtungstatsachen. Z. B. wurde das Aufflammen der Meteore in Höhen bis zu 600 bis 1000 km beobachtet, weiters wurden Polarlichter in Höhen bis zu 750 km gemessen, ferner erweist sich die Atmosphäre nach den Dämmerungserscheinungen bis in 600 km Höhe als lichtreflektierend usw., so daß man in diesen Höhen noch mit dem Vorhandensein einer, wenn auch sehr dünnen Atmosphäre rechnen muß.

Tatsächlich besteht auch die Atmosphäre schon in Erdnähe aus geringen Mengen leichter Gase, wie Wasserstoff, Helium usw. Nach dem Daltonschen Gesetz verhält sich nun jedes Gas so, als ob alle anderen Gase gar nicht vorhanden wären. Wenn zwischen den verschiedenen Gasen Diffusionsgleichgewicht herrscht, was oberhalb der ständig durchmischten Troposphäre angenommen werden kann, nimmt der Partialdruck jedes Gases nach seinem eigenen Gesetz ab. Die Druckabnahme mit der Höhe ist aber um so geringer, je leichter das Gas ist. Daher muß in großen Höhen der Partialdruck der leichten Gase überwiegen, so daß diese zwischen etwa 70 und 80 km Höhe die überwiegendsten Bestandteile der Atmosphäre werden.

Die Anreicherung der leichten Gase konnte schon in den oberen Teilen der Troposphäre tatsächlich festgestellt werden.

Über die Natur dieser notwendig vorhandenen leichten Gase ist man sich noch nicht einig. Vorherrschend ist die Anschauung, daß es sich vorzüglich um Wasserstoff und geringe Mengen Helium handle, doch hat auch die Wegenersche Hypothese viel Anklang gefunden, der nach ein noch wesentlich leichteres, aus Atomresten bestehendes »Elektronengas«, ähnlich wie das Koronium der äußeren Sonnenatmosphäre, die oberen Schichten der Erdatmosphäre bilde. Dieses Geokoronium glaubt man durch seine Spektrallinien bereits nachgewiesen zu haben. Unter seiner Voraussetzung berechnet Wegener die Zusammensetzung der Atmosphäre nach Zahlentafel 29. Beschränkt man sich auf die bekannten Gase Wasserstoff und Helium, so ergibt sich nach Hann und Humphreys die Zusammensetzung nach Zahlentafel 30.

Zahlentafel 29.

Bestandteile der Atmosphäre in Volumsprozenten nach Wegener.

Flughöhe in km	Geokoronium	Wasserstoff	Helium	Stickstoff	Sauerstoff	Argon
0	0,00058	0,0033	0,0005	78,1	20,9	0,94
20	0	0	0	85	15	0
40	0	1	0	88	10	0
60	4	12	1	77	6	0
80	19	55	4	21	1	0
100	29	67	4	1	0	0
120	32	65	3	0	0	0
140	36	62	2	0	0	0

Zahlentafel 30.

Bestandteile der Atmosphäre in Volumsprozenten nach Hann und Humphreys.

Flughöhe in km	Wasserstoff	Helium	Stickstoff	Sauerstoff	Argon
0	0,003	0,0005	78,1	20,9	0,94
15	0	—	79,5	19,7	0,8
20	0	—	81,2	18,1	0,6
30	0,2	—	84,2	15,2	0,3
40	0,7	—	86,5	12,6	0,2
50	2,9	0,03	87,5	10,3	0,1
100	96,4	0,6	3,0	0,0	0,0

In dieser enthält die Wasserstoffspalte angenähert die Summe der Volumprozente von Wasserstoff und Geokoronium der Zahlentafel 29. Schließlich bestehen über die Natur des Höhengases noch andere Anschauungen, die z. B. eine Stickstoffkristallatmosphäre u. ä. voraussetzten.

Die Luftdrücke unter den beiden Annahmen der Zahlentafeln 29 und 30 ergeben sich nach Zahlentafel 31.

Sie sind in 100 km Höhe also um mehr als 100% größer als nach Zahlentafel 28.

Zahlentafel 31.

Luftdrücke in verschiedener Höhe in mm Hg.

Flughöhe in km	0	20	40	60	80	100	120	140
nach Hann-Humphreys .	760	41,7	1,9	0,101	0,0175	0,0091	0,0072	0,0058
nach Wegener	760	41,7	1,92	0,106	0,0192	0,0128	0,0106	0,0090

Außer dem Luftdruck und der Luftzusammensetzung ändert sich auch die Lufttemperatur mit der Höhe erheblich, und zwar sinkt sie von der Erdoberfläche beginnend mit der Höhe konstant um etwa $5{,}5^0$ C je km Höhendifferenz bis in etwa 11 km Höhe, von wo ab die Lufttemperatur zunächst konstant etwa —55 bis —60^0 C bleibt. Durch diese Unstetigkeit in der Temperaturabnahme ist die Grenze zwischen der unteren Schicht, der Troposphäre, in der sich die Witterungsvorgänge und ständige Vertikalbewegungen abspielen, und der Stratosphäre gegeben, die frei von Witterungsvorgängen und vertikalen Luftbewegungen ist. Die Höhe der unteren Stratosphärengrenze ist jedoch nicht nur von Ort zu Ort verschieden, wie Zahlentafel 32 zeigt, liegt

Zahlentafel 32.

Höhe der Stratosphärengrenze an verschiedenen Erdorten nach Wegener.

Ort	Batavia	Subtropen	Kanada	Norditalien	Mitteleuropa	Nördl. Lappland	Spitzbergen
Geogr. Breite	7^0 S	30^0 N	43^0 N	45^0 N	50^0 N	68^0 N	77^0 N
Höhe d. Grenze in km	17	14	11,7	11,1	10,5	10,4	10~11
Temp. an d. Grenze .	— 85	— 63	— 61	— 59	— 56	— 57	—

über den Polen also etwa 9 km, über dem Äquator etwa 17 km hoch, sondern sie schwankt am selben Ort auch zeitlich, in Mitteleuropa zwischen z. B. 9,4 km im März und 11,3 km im August. Weiters hebt sie sich vor Zyklonen um etwa 2 km über und sinkt hinter diesen um 3 bis 4 km unter die Normalhöhe.

Die konstante Stratosphärentemperatur von etwa —55 bis —60^0 C ist durch Messungen bis in 30 km Höhe festgestellt. Für noch höhere Schichten nimmt man neuerdings auf Grund von Schallausbreitungserscheinungen und Sternschnuppenbeobachtungen im Gegensatz zur bisherigen Meinung teilweise an, daß über 30 km Höhe die Atmosphäre wieder wärmer wird, derart, daß sie in 40 km Höhe etwa 0^0 C, in 50 km Höhe $+ 15^0$ C und in 60 km Höhe $+ 30^0$ C Temperatur besitzt. Vorläufig ist dies eine nicht allgemein anerkannte Hypothese. Zwischen 20 und 40 km Höhe vermutet man ferner teilweise eine Ozonatmosphäre, die das plötzliche Abreißen des Sonnenspektrums bei 2950 Ångström erklären würde. In etwa 60 bis 70 km Höhe liegt die obere

Grenze der Stratosphäre, an der sich die Zusammensetzung der Atmosphäre rasch ändert.

Darüber breitet sich die mit dem vorläufig unbekannten Höhengas erfüllte letzte Atmosphärenschichte aus, die wahrscheinlich ohne deutliche Grenze in die gasige Materie des Weltraums übergeht. Eine Gleichgewichtshöhe zwischen der Erdanziehung und der abschleudernden Wirkung der Zentrifugalkraft aus der Erdumdrehung, die sich bei konstanter Winkelgeschwindigkeit aller Atmosphärenschichten in etwa 35000 km Höhe einstellen würde, besteht tatsächlich nicht, da die obersten Atmosphärenschichten infolge des Reibungswiderstandes an der Materie des Weltraumes die Erddrehung nicht mitmachen, wie der schon in etwa 30 km Höhe einsetzende, regelmäßige und kräftige Ostwind beweist. Von einer oberen Grenze der Atmosphäre kann somit praktisch nicht gesprochen werden.

312. Abhängigkeit der Luftdichte von der Flughöhe.

Da das Raketenflugzeug den zum Betrieb seiner Motore erforderlichen Sauerstoff selbst mitführt und die Besatzung in einer luftdichten Kabine untergebracht wird, sind Luftzusammensetzung und Luftdruck von geringem Interesse gegenüber der Luftdichte, die die Luftkräfte am Raketenflugzeug ausschlaggebend beeinflußt. Ihre Größe ist bei bekanntem Luftdruck aus den Bodenwerten mit Hilfe der Gaszustandsgleichung leicht berechenbar nach der Beziehung:

$$\frac{\varrho}{\varrho_0} = \frac{\gamma}{\gamma_0} = \frac{p}{p_0} \frac{R_0 T_0}{R T},$$

wozu also in der fraglichen Höhe Luftdruck, Lufttemperatur und Luftzusammensetzung bekannt sein müssen. Für jenen Bereich, wo diese Größen einwandfrei bekannt sind, wurde die Luftdichte durch die internationale Einheitsatmosphäre der Convention international de navigation aérienne (»Cina«) als Berechnungsgrundlage genormt zu folgenden Werten:

Einheitswerte am Boden:

1. $p_0 = 10332$ kg/m²,
2. $T_0 = 288^0$,
3. daher $\gamma_0 = 1{,}2249$ kg/m³.

Temperaturgefälle τ je 1000 m Höhe:

1. für $0 < h < 11000$ m . . . . $\tau = -6{,}5^0$ C,
2. für $11000 < h < 22000$ m . . $\tau = 0$, daher $T = -56{,}5^0$ C.

Erdbeschleunigung konstant, $g = 9{,}80$ m/sec².

Damit ergibt sich für die Einheitsgewichte der Luft:

$$0 < h < 11\,000 \text{ m (Troposphäre) } \gamma/\gamma_0 = [(288 - 0{,}0065\,h):288]^{4{,}253},$$

$$11\,000 < h < 22\,000 \text{ m Stratosphäre } \log \gamma/\gamma_0 = (h - 11\,000)/14\,600.$$

Die aus diesen Formeln folgenden Luftgewichte sind in Zahlentafel 33, Spalte 1 für einige Höhen zusammengestellt.

Zahlentafel 33.

Einheitsgewicht γ [kg/m³] der Luft in verschiedenen Flughöhen h [km].

Flughöhe	Einheits-atmosphäre nach Cina	nach Hann-Humphreys	nach der Hohmannschen Formel
0	1,2249	1,293	1,293
1	1,1116		1,15
2	1,0064		1,00
3	0,9091		0,90
4	0,8191		0,80
5	0,7361		0,70
6	0,6597		0,62
7	0,5895		0,54
8	0,5252		0,48
9	0,4664		0,424
10	0,4127		0,375
12	0,3108		0,290
14	0,2267		0,225
16	0,1640		0,175
18	0,1208		0,135
20	0,0878	0,0885	0,105
22	0,0638		0,081
25			0,055
30			0,0283
35			0,01464
40		0,00403	0,0074
45			0,00376
50			0,00187
55			0,000915
60		0,00018	0,000448
65			0,000217
70			0,0001025
75			0,0000497
80		0,0000103	0,0000230
85			0,0000106
90			0,0000049
95			0,0000022
100		0,0000019	0,00000098

In Spalte 2 derselben Zahlentafel sind die aus Zahlentafel 30 und 31 nach der hier eingangs erwähnten Beziehung folgenden Einheitsgewichte der Luft in größeren Höhen angegeben.

Eine für alle Flughöhen einheitliche und geschlossene Formel für die Luftdichte in verschiedenen Höhen, die sich trotz ihrer Handlichkeit den bekannten und theoretisch genau errechneten Werten mit genügender Genauigkeit anschließt, leitet Hohmann in »Die Erreichbarkeit der Himmelskörper« ab zu:

$$\gamma/\gamma_0 = (1 - h/400\,000)^{49}.$$

Wir haben die aus dieser einfachen Formel folgenden Werte in Zahlentafel 33, Spalte 3 für eine Reihe von Flughöhen zusammengestellt.

Wegen der für unsere Zwecke vollständig ausreichenden Genauigkeit und ihrem einfachen Bau werden wir die Hohmannsche Luftdichtenformel in unseren weiteren Flugbahnberechnungen ausschließlich benützen, obwohl sie nur durch ihren zahlenmäßigen Anschluß an die wirklichen Verhältnisse berechtigt erscheint. Zur weiteren Verbesserung dieses Anschlusses könnten daher ihre Festwerte beliebig verändert werden.

313. Abhängigkeit der Schallgeschwindigkeit von der Flughöhe[1]).

Da die Schallgeschwindigkeit nach Abschnitt 2 für die Luftkräfte von erheblicher Bedeutung ist, interessiert hier die allfällige Veränderlichkeit der Schallgeschwindigkeit in Luft mit der Flughöhe. Aus der allgemeinen Beziehung für die Schallgeschwindigkeit in einem Gas

$$c = \sqrt{\varkappa\, p/\varrho}$$

folgt in erster Näherung, daß die Schallgeschwindigkeit in der Atmosphäre in jeder Höhe dieselbe Größe hat, da nach Boyle-Mariotte Druck und Dichte proportional sind, also p/ϱ konstant ist. Dabei ist in jeder Höhe dieselbe Lufttemperatur T, derselbe Adiabatenexponent $\varkappa$ und dieselbe Gaskonstante R vorausgesetzt.

Tatsächlich ist, wie wir unter 311. sahen, die Temperatur und die Gaskonstante mit der Höhe veränderlich.

Ist die Schallgeschwindigkeit am Boden:

$$c_0 = \sqrt{\varkappa\, p_0/\varrho_0},$$

so folgt aus der Zustandsgleichung der Gase für die Schallgeschwindigkeit in beliebiger Höhe h mit der Temperatur T und der Gaskonstanten des dortigen Gasgemisches R:

$$c_h = \sqrt{\varkappa\, p/\varrho} = c_0 \sqrt{R\,T/R_0\,T_0},$$

da

$$p/\varrho = p_0/\varrho_0 \cdot R\,T/R_0\,T_0.$$

Da innerhalb der Troposphäre $R = R_0$ gesetzt werden kann, die Temperatur aber von dem normalen Bodenwert $T = 273^0$ auf die normale

---

[1]) U. a.: B. Gutenberg, Die Geschwindigkeit des Schalles in der Atmosphäre. Physik. Zeitschrift 1926.

Stratosphärentemperatur $T = 218^0$ abfällt, so sinkt die Schallgeschwindigkeit aus diesen Gründen in der Stratosphäre gegenüber jener am Boden auf das $\mid 218/273 = 0,894$ fache, also ziemlich unbedeutend.

Über die Temperaturverhältnisse in sehr großen Stratosphärenhöhen sind wir nicht näher orientiert, doch dürften kaum erhebliche Einflüsse auf die Schallgeschwindigkeit zu erwarten sein. Erst jenseits der oberen Stratosphärengrenze ändert sich die Gaskonstante erheblich und steigt, wenn wir Wasserstoffatmosphäre voraussetzen, auf den 14 fachen Bodenwert, so daß in diesen Höhen, vom Temperatureinfluß abgesehen, die Schallgeschwindigkeit auf den $\sqrt{14} = 3,7$ fachen Bodenwert anwächst.

Ähnlich liegen die Verhältnisse mit der allfälligen Veränderlichkeit des zweiten Faktors, des Adiabatenexponenten $\varkappa$. Die Natur der die Atmosphäre aufbauenden Gase ändert sich nach 311. mit der Höhe zwar grundlegend, doch sind die maßgeblichen Komponenten immer wieder zweiatomige Gase, mit einem $\varkappa = 1,40$, so daß $\varkappa$ in jeder Höhe konstant zu erwarten wäre. Eine gewisse Änderung wäre nur aus abnormalen Gaszuständen, etwa zu Ozon verdichtetem Sauerstoff oder völlig dissoziierten Gasen in den höheren Stratosphärenschichten möglich. Sehen wir vom Geokoronium ab, das auch nach Wegeners eigenen Angaben in der für raketenflugtechnische Zwecke benützten Stratosphärenhöhe noch keine Rolle spielt, so könnte $\varkappa$ auf 1,3 sinken bzw. auf 1,6 steigen und damit die Schallgeschwindigkeit geringfügige Veränderungen auf das 0,96 fache bzw. 1,07 fache des Bodenwertes erleiden.

Praktisch kann für die folgenden Untersuchungen also tatsächlich die Schallgeschwindigkeit als konstant und von der Flughöhe unabhängig betrachtet werden.

314. Abhängigkeit der Schwerebeschleunigung von der Flughöhe.

Mit der Erdmasse $5,98 \cdot 10^{27}$ g und der allgemeinen Gravitationskonstanten $\Gamma = 6,67 \cdot 10^{-8}$ cm^3 g^{-1} sec^{-2} folgt die auf eine Masse m_1 an der Erdoberfläche (mittl. Erdradius = 6378000 m) wirkende Schwerebeschleunigung aus dem Newtonschen Gravitationsgesetz $K = \Gamma \cdot m_1 \cdot m_2/r^2$ zu:

$$g = k/m_1 = 980,665 \text{ cm/sec}^2 \quad \cdot \ 9,81 \text{ m/sec}^2.$$

Entsprechend der Erdabplattung von insgesamt etwa 20 km ist die Erdbeschleunigung am Äquator kleiner (9,78 m/sec^2) und an den Polen größer (9,83 m/sec^2) als diese mittlere Erdbeschleunigung.

Nach dem Gravitationsgesetz nimmt diese mittlere Erdbeschleunigung mit zunehmendem Abstand vom Erdmittelpunkt rasch ab.

Auf die Flughöhe h über der oben angenommenen mittleren Erd-oberfläche bezogen, beträgt sie:

$$g_h = g_0 \left(\frac{R}{R+h} \right)^2 .$$

In der für die Zwecke des Raketenfluges äußerstenfalls in Frage kom-menden Höhe von $h = 60$ km beträgt die Schwerebeschleunigung

$$g_{60} = 9,81 \cdot 0,993 = 9,73 \; \text{m/sec}^2 .$$

Wir werden diese geringfügige Abminderung in den folgenden Rechnungen gleichfalls nicht näher berücksichtigen und mit einer konstanten Schwere-beschleunigung von $g = 9,81$ m/sec² rechnen.

32. Der Höhenflug.

Der Höhenflug des Raketenflugzeuges ist dadurch gekennzeichnet, daß in lotrechter Richtung der aerodynamische Auftrieb A plus der Fliehkraft der Bahnkrüm-mung F jeweils gleich dem restlichen Fluggewicht G ist, so daß die Flughöhe dauernd beibehalten wird. Der nach der Flugzeuggleitzahl zu A gehörige Luft-widerstand W muß dauernd durch einen gleichgroßen Raketenschub kompensiert werden. Bei entsprechend großen Fluggeschwindig-keiten ist $F \gg A$, damit wird der erforderliche Ra-ketenschub sehr klein und der damit verbundene Be-triebsstoffverbrauch uner-heblich.

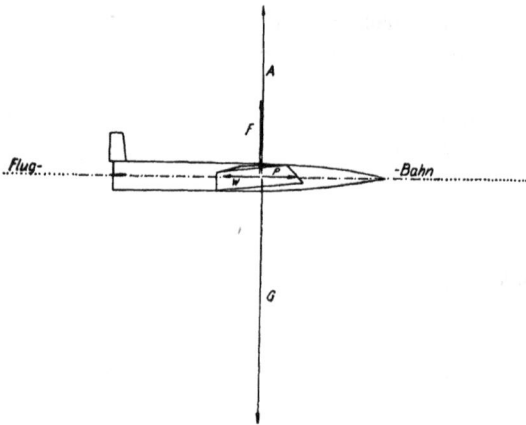

Abb. 79. Die äußeren Kräfte am Raketenflugzeug während des Höhenfluges.

Wir untersuchen zunächst einzeln die Größe der drei lotrechten, am Flugzeug angreifenden Kräfte.

321. Die Fliehkraft.

Da im Höhenflug die Flughöhe konstant vorausgesetzt wird, kommt als Ursache der Fliehkraft nur jene Bahnkrümmung in Frage, die aus dem Anschmiegen der Flugbahn an den Verlauf der Erdoberfläche folgt.

Setzen wir die mittlere Krümmung dieser Erdoberfläche mit $R = 6{,}37755 \cdot 10^6$ m in Rechnung, so folgt für die Fliehkraft:

$$F = \frac{M\,v^2}{\varrho} = \frac{G\,v^2}{g_h\,(R+h)} = \frac{G\,v^2\,(R+h)}{g \cdot R^2} \cdot \frac{G\,v^2}{g\,R}.$$

Die Größe dieser Fliehkraft je Gewichtseinheit, die »Fliehkraftentlastung« F/G, ist im Schaubild Abb. 80 des nächsten Abschnittes in Abhängigkeit von der Fluggeschwindigkeit dargestellt.

Wird die Fliehkraft so groß, daß sie die Größe des Gewichtes G erreicht, die Fliehkraftentlastung also 100%, so heißt die zugehörige Fluggeschwindigkeit Zirkulargeschwindigkeit und ihre Größe folgt aus $G = F$ zu:

$$v_{\text{zirk}} = R\,\sqrt{\frac{g}{R+h}}.$$

Zahlentafel 34 gibt die Werte der Zirkulargeschwindigkeit in verschiedenen Flughöhen. Die Fluggeschwindigkeit des Raketenflugzeuges

Zahlentafel 34.

Zirkulargeschwindigkeit in verschiedenen Flughöhen.

Flughöhe [km]	Zirkulargeschw. [m/sec]
0	7908
10	7902
20	7896
30	7890
40	7884
50	7878
60	7872
70	7865
80	7859
90	7853
100	7847

kann die Zirkulargeschwindigkeit nicht dauernd überschreiten, da die überwiegende Zentrifugalkraft sonst das Flugzeug von der Erde weg in den Weltraum trägt.

Die Zirkulargeschwindigkeit stellt also nach gegenwärtiger technischer Voraussicht die höchstmögliche irdische Reisegeschwindigkeit dar.

322. Der aerodynamische Auftrieb.

Dieser errechnet sich allgemein nach der bekannten Beziehung:

$$A = c_a \cdot \gamma/2\,g \cdot F \cdot v^2.$$

Die Luftdichte nimmt voraussetzungsgemäß mit der Höhe ab nach der

Gleichung:

$$\gamma = (1 - h/400\,000)^{49}\,\gamma_0.$$

Für den Auftriebsbeiwert setzen wir bei den ausschließlich in Frage kommenden Fluggeschwindigkeitsbereichen über der 1,5 fachen Schallgeschwindigkeit die Grenzwertformel

$$c_a = 165\,300/v^2 + 0{,}01$$

(wobei für α etwa 6^0 gesetzt wurde).

Damit folgt der aerodynamische Auftrieb:

$$A = (165\,300/v^2 + 0{,}01) \cdot (1 - h/400\,000)^{49} \cdot \gamma_0/2\,g \cdot F \cdot v^2.$$

Aus den Flugverhältnissen in Bodennähe wird:

$$A_0 =: G_0 = c_{a\,0} \cdot \gamma_0/2\,g \cdot F \cdot v_0^2,$$

daraus

$$\gamma_0/2\,g \cdot F = G_0/c_{a\,0}\,v_0^2.$$

Wird weiteres das Fluggewicht in der Höhenflugbahn gleich dem k_1 ten Teil des Anfangsfluggewichtes G_0 gesetzt (siehe 323.), so folgt:

$$\gamma_0/2\,g \cdot F = k_1 G/c_{a\,0}\,v_0^2 = k \cdot G, \text{ wenn: } k = k_1/c_{a\,0}\,v_0^2$$

und schließlich der gesuchte Auftrieb:

$$A = \bar{k} \cdot G \cdot (165\,300/v^2 + 0{,}01)\,(1 - h/400\,000)^{49} \cdot v^2,$$

worin also $\bar{k}$ hauptsächlich durch die Flugverhältnisse in Bodennähe und durch das Verhältnis der Betriebsstoffladung zum Anfangsfluggewicht bestimmt ist.

323. Das Fluggewicht.

Das Anfangsfluggewicht G_0 des Raketenflugzeuges nimmt während des Aufstieges in die Höhen der Höhenflugbahn durch den außerordentlichen Betriebsstoffverbrauch der arbeitenden Rakete auf einen Bruchteil ab. Das beim Erreichen der Höhenflugbahn vorhandene restliche Fluggewicht G ist aber dann praktisch konstant, da der weitere Betriebsstoffverbrauch unerheblich ist. Wir setzen daher das Fluggewicht in der Höhenflugbahn mit

$$G = G_0/k_1 = \text{konst.}$$

in Rechnung.

324. Höhe und Fluggeschwindigkeit der Höhenflugbahn.

Aus der Gleichsetzung der besprochenen drei lotrechten Kräfte

$$A + F = G$$

folgt die Beziehung zwischen der Höhenlage der Höhenflugbahn und der dort nötigen konstanten Fluggeschwindigkeit zu:

$$k \cdot G \cdot (165\,300/v^2 + 0{,}01)\,(1 - h/400\,000)^{49} \cdot v^2 + G\,v^2/g_0\,R^2 \cdot (R + h) = G,$$

daraus:

$$v = \sqrt{\frac{1 - k\,(1 - h/400\,000)^{49}\,165\,300}{0,01\,k\,(1 - h/400\,000)^{49} + (R + h)/g_0\,R^2}}.$$

Mit $k = {}^1/_{1000}$ (entsprechend etwa einer erdnahen Fluggeschwindigkeit von 80 m/sec und einer Betriebsstoffladung von 80% des Anfangsfluggewichtes) ergeben sich nach dieser Formel die zu jeder Höhe zwangsläufig nötigen Fluggeschwindigkeiten, wie Abb. 80 zeigt.

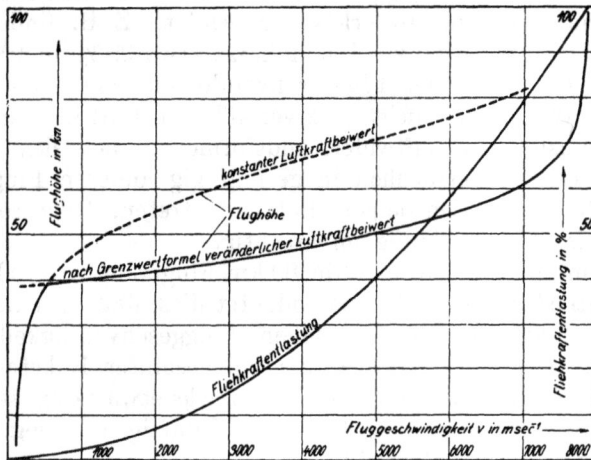

Abb. 80. Flughöhe und Fliehkraftentlastung der Höhenflugbahn,
abhängig von der Fluggeschwindigkeit.

Weiters ist in diesem Schaubild die Höhenlage der Höhenflugbahn eingetragen für den Fall, daß der Auftriebsbeiwert für alle Geschwindigkeiten konstant ist, was bis etwa $v = 1,5\,a$ einigermaßen zutrifft.

Aus beiden Kurven ergibt sich, daß der Flug mit reiner Überschallgeschwindigkeit erst über etwa 40 km Höhe möglich ist, daß also der in jüngster Zeit vielfach angestrebte Stratosphärenflug mit geringeren Flughöhen als 40 km zu verhältnismäßig nicht sehr hohen Fluggeschwindigkeiten führen kann. Wegen des starken Abfalles der Auftriebsbeiwerte bei reiner Überschallströmung nehmen mit weiter wachsender Fluggeschwindigkeit die Flughöhen nur sehr langsam zu, so daß im Höhenbereich zwischen 40 und 60 km die Fluggeschwindigkeit von etwa 700 m/sec auf 7000 m/sec anwächst.

Bei Fluggeschwindigkeiten über etwa 7600 m/sec nimmt die Fluggeschwindigkeit mit zunehmender Höhe wieder nur mehr sehr langsam zu, da wegen der dort schon überwiegenden Fliehkraftentlastung nur mehr sehr geringe aerodynamische Auftriebe notwendig sind, die bei der gewaltigen Fluggeschwindigkeit wieder nur in außerordentlichen Flughöhen mit ihrer geringen Luftdichte möglich sind.

Schließlich ist die Kurve der Fliehkraftentlastung eingetragen, die angibt, wieviel Prozente des Fluggewichtes von der Fliehkraft der Bahnkrümmung getragen werden und wieviel restliche Prozente daher noch von den Flügeln getragen werden müssen und Motorantrieb erfordern.

Von besonderem Interesse sind die Flughöhen über 80 km, wo die Fliehkraftentlastung bis nahe an 100 % beträgt und der Höhenflug fast eine reine Planetenbewegung wird, also die Zurücklegung beliebiger Reisewege nahezu ohne Motorleistung erfolgt. Z. B. findet man die Fliehkraftentlastung in 80 km Flughöhe zu etwa 99 %, in 100 km Höhe zu etwa 99,9 %, bei einer Fluggeschwindigkeit von etwa 7800 bzw. 7840 m/sec. Wegen der nicht ganz verläßlichen Luftdichtenformel und der ebenso unsicheren Luftwiderstandsformel können sich die geschilderten Verhältnisse tatsächlich in geringfügig anderen Flughöhen abspielen, qualitativ müssen sie jedenfalls so eintreten. Übergroße Rechengenauigkeit ist hier vorläufig unberechtigt.

Entnimmt man der Abb. 80 in 80 km Flughöhe bei 7800 m/sec eine Fliehkraftentlastung von 99 %, so bedeutet dies, daß bei einer Gleitzahl von $\varepsilon = 1/5$ trotz der phantastischen Fluggeschwindigkeit nur eine Motorleistung von etwa 260 PS oder ein gesamter Raketenschub von 2 kg je Tonne Fluggewicht erforderlich ist, was etwa einem sekundlichen Betriebsstoffverbrauch von $1/50$ kg (einem Fünfzigstel Kilogramm) Benzin-Sauerstoffgemisch entspricht.

Zur Veranschaulichung denke man sich etwa ein stärkeres Sportflugzeug mit den genannten Fluggewichts- und Motorleistungszahlen, dessen Gleitzahl auf ein Hundertstel des üblichen Wertes gesunken wäre, so daß es mit derselben Motorleistung die hundertfache übliche Geschwindigkeit erreichen könnte.

Der Höhenflug des Raketenflugzeuges erfolgt in sehr großen Höhen daher tatsächlich mit völlig unerheblichem Betriebsstoffverbrauch über beliebig große Reisewege.

Die Verminderung dieser sehr geringen Antriebsleistung auf den absoluten Nullwert (reine Planetenbewegung) würde eine Vermehrung der Flughöhe auf das 10- bis 20fache erfordern, fällt also ins Gebiet der reinen Raumfahrt, mit der dieses Buch unmittelbar nichts zu tun hat.

Auch der hier geschilderte reine Höhenflug mit dauernder geringer Motorleistung hat für den Raketenflug unmittelbar nur theoretisches Interesse, wie die nächsten Abschnitte zeigen werden. Von großer Bedeutung wären derartige Höhenflugbahnen, wenn auch nur in Höhen von etwa 40 km, für Raketenflugzeuge von der Art des schon erwähnten Gorochoffschen Planes. Würde man etwa im Flugzeug eine Luftkammer

vorsehen, die mit der Außenluft am Kopf des Flugzeuges in Verbindung
steht, so würde wegen des unveränderlichen Staudruckes in dieser
Kammer unabhängig vom Außenluftdruck stets ein durch den Staudruck bestimmter Druck erhalten bleiben. Aus dieser Luftkammer
könnte nun mittels geeigneter Luftverdichter die Luft entnommen und
dem Ofen des Raketenmotors zugeführt werden, wobei der Sauerstoff
der Luft zur Verbrennung des Brennstoffes dient, während die Restgase
der Luft im Sinne der Abb. 2 und der Zahlentafeln 19 und 20 als Stützmassen wirken. Die Auspuffgeschwindigkeit der Verbrennungsgase des
Luft-Benzin-Gemisches dürfte in 40 km Höhe etwa 1300 m/sec betragen,
und ebenso groß können wir dort die Fluggeschwindigkeit annehmen.
Der äußere Raketenwirkungsgrad ist also Eins. Bei einer durchschnittlichen Gleitzahl von $\varepsilon = 0,2$ ist der je Tonne mittlerem Fluggewicht
und Stunde erforderliche Brennstoffbedarf etwa 150 kg, woraus eine
Reichweite von 5 Stunden oder 24500 km bei einer Reisegeschwindigkeit
von etwa 4700 km/h möglich erscheint.

Die Aussichtslosigkeit dieses sehr verlockenden Projektes liegt, wie
schon früher betont, in der Unzulänglichkeit der gegenwärtig verfügbaren Luftverdichter.

In Erdnähe, wo der erforderliche Einbringungsdruck der Luft in
den Ofen leichter erreichbar wäre, sind wieder die Auspuffgeschwindigkeiten höher und die betriebsmäßig erreichbaren Fluggeschwindigkeiten
erheblich kleiner, so daß der äußere Raketenwirkungsgrad sehr abfällt
und das Raketentriebwerk vor dem Schraubentriebwerk keine Vorteile
mehr bietet.

Zur Erleichterung der Frischlufteinbringung, etwa unter Zuhilfe-
nahme des Staudruckes, könnte man an eine intermittierende Arbeitsweise dieser Raketentriebwerke nach Art der Explosionsturbinen (z. B.
Holzwarth-Turbine) denken. Gleichzeitig könnte durch reichlichen
Luftüberschuß bei der Verbrennung die Auspuffgeschwindigkeit wesentlich herabgesetzt werden, so daß der äußere Wirkungsgrad auch bei
geringen Fluggeschwindigkeiten günstige Werte annähme. Eine einfache Überlegung ergibt aber, daß der innere Wirkungsgrad derartiger
Raketentriebwerke, hauptsächlich wegen der Spülverluste, außerordentlich gering ist und mit zunehmendem Luftüberschuß, also wachsendem
äußeren Wirkungsgrad bei kleinen Fluggeschwindigkeiten, immer geringer wird. Die Spülverluste entstehen hauptsächlich beim Einbringen
der Frischluft nach erfolgtem Druckausgleich im Ofen der Rakete durch
Verdrängung der dort noch vorhandenen entspannten, aber heißen Verbrennungsgase. Diese Spülverluste wachsen mit dem Luftüberschuß bei
geringen Auspuffgeschwindigkeiten über jedes erträgliche Maß hinaus.

33. Die Aufstiegsbahn.

330. Die Aufstiegsbahn. Allgemeines.

Nach den Überlegungen in 32. besitzt das in 60 km Höhe fliegende Raketenflugzeug insgesamt etwa $2,6 \cdot 10^6$ kgm gesamter, kinetischer und potentieller, auf den Startplatz bezogener Energie je Kilogramm Fluggewicht. Da 1 kg des ins Auge gefaßten Betriebsstoffgemenges nur etwa $1,0 \cdot 10^6$ kgm Heizwert besitzt, kann diese Endenergie des schließlichen Schiffsgewichtes natürlich nur dadurch erreicht werden, daß die Kraftstoffe selbst vor Erreichung der hohen Geschwindigkeiten zum größten Teil unterwegs ausgestoßen und gar nicht auf die Endgeschwindigkeit und Endhöhe des Flugzeuges mitgenommen werden.

Wenn das Flugzeug am Start je Kilogramm Anfangsfluggewicht etwa $0,8 \cdot 10^6$ kgm chem.-therm. Energie durchschnittlich enthält, und es wird diese Energie schließlich etwa dem fünften Teil des Anfangsgewichtes als Bewegungs- und Lagenenergie übertragen, so beträgt diese eben $4 \cdot 10^6$ kgm je Kilogramm restlichen Fluggewichtes in der Höhenbahn und könnte mit Berücksichtigung der unvermeidlichen Verluste den oben geforderten Wert von $2,6 \cdot 10^6$ kgm/kg immerhin erreichen.

Die Aufstiegsbahn hat demnach den Zweck, dem Raketenflugzeug eine der gewünschten Endflughöhe nach 32. eindeutig zugeordnete gesamte (kinetische und potentielle) Energie zu vermitteln.

Während des Aufstieges muß aus den Kraftstoffen eine größere Energiemenge entnommen werden, um mit Berücksichtigung aller Verluste auf die gewünschte Endenergie des Flugzeuges in der Höhenbahn zu gelangen.

Das Verhältnis der in Form chem.-therm. Kraftstoffenergie aufgewendeten, zur schließlich als Bewegungs- und Lagenenergie vorhandenen Energie des Raketenflugzeuges kann man, unter Berücksichtigung des während der Aufstiegsbahn nutzbringend zurückgelegten Weges, als den Wirkungsgrad des Aufstieges bezeichnen.

Mit seiner Hilfe läßt sich die zu jeder Flughöhe erforderliche gesamte Kraftstoffmenge je Kilogramm Fluggewicht in der Höhenbahn angeben.

Der Wirkungsgrad des Aufstieges ist durch jene Energiebeträge bestimmt, die außer zur Hebung und Beschleunigung des Endfluggewichtes auf die Höhenbahnverhältnisse aus den Heizwertenergien der Kraftstoffe gedeckt werden müssen. Diese sind im wesentlichen:

1. Energieverluste durch die Unvollkommenheit des Raketenmotors als Maschine, die durch den inneren Wirkungsgrad η_i erfaßt wurden.

2. Energieverluste durch die kinetische Energie der Aufpuffgase, wenn diese nach der Ausstoßung relativ zum Startplatz noch Geschwin-

digkeit besitzen. Diese Verluste wurden durch den äußeren Wirkungsgrad η_a des Raketenmotors erfaßt.

3. Energieverluste durch die potentielle Energie der Auspuffgase,
die dadurch entstehen, daß die Kraftstoffe vor ihrem Auspuff einen
Teil der Aufstiegsbahn mit emporgetragen werden müssen.

4. Energieverluste, die durch die verzögernde Wirkung des Erd-
schwerefeldes entstehen und der Zeitdauer des Aufstieges proportional
sind.

5. Schließlich Energieverluste, die durch Überwindung des Luftwiderstandes beim Durchlaufen der Aufstiegsbahn entstehen.

Die beiden letzteren Energiebeträge wurden schon unter dem Wirkungsgrad des Raketenmotors behandelt.

331. Die Differentialgleichung der Aufstiegsbahn.

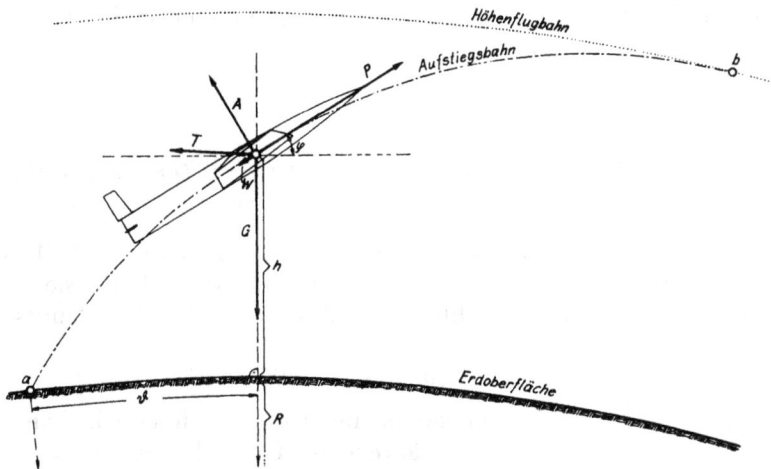

Abb. 81. Die äußeren Kräfte am Raketenflugzeug während des Aufstieges.

In dem Schema der Aufstiegsbahn Abb. 81 sind:

A der aerodynamische Auftrieb,

P die Schubkraft des Raketenmotors,

G das augenblickliche Fluggewicht,

W der Luftwiderstand des Flugzeuges,

T die aus den vier ersten Kräften folgende d'Alembertsche Träg-
    heitskraft.

Wir setzen zur Aufstellung der Bahngleichung zunächst wieder den
Startplatz a als ruhend voraus. Die aus dem tatsächlichen Bewegungszustand des Punktes a folgenden Abweichungen werden wir zum Schluß
summarisch abschätzen.

13*

Die Resultierende der äußeren, am Flugzeug angreifenden Kräfte in bahntangentialer ($-T_t$) und bahnnormaler ($-T_n$) Richtung ergeben sich aus Abb. 81 zu:

$$-T_t = P - G \sin \varphi - W,$$
$$-T_n = G \cos \varphi - A.$$

Die Gesamtresultierende der äußeren Kräfte wird daher:

$$-T = \sqrt{(-T_t)^2 + (-T_n)^2} =$$
$$= \sqrt{A^2 + P^2 + G^2 + W^2 - 2(AG \cos \varphi + PG \sin \varphi - WG \sin \varphi + PW)}.$$

Die Differentialgleichung der Aufstiegsbahn erhalten wir nun aus der dynamischen Grundgleichung

$$-T = M \frac{d\mathfrak{v}}{dt} = M \frac{d^2 \mathfrak{s}}{dt^2}$$

bzw. deren Komponenten in bahntangentialer und normaler Richtung

$$-T_t = M \, dv/dt$$
$$-T_n = M \, v^2/\varrho$$

zu:

$$A^2 + P^2 + G^2 + W^2 - 2(AG \cos \varphi + PG \sin \varphi - WG \sin \varphi + PW) =$$
$$= M^2 (dv/dt)^2 + M^2 (v^4/\varrho^2).$$

Die am Flugzeug angreifenden äußeren Kräfte A, P, G und W sind selbst wieder Funktionen der Bahnelemente, und zwar gilt für sie, wenn wir alle Kräfte auf die Gewichtseinheit des startenden Flugzeuges beziehen:

$$A/G_0 = c_a v^2 / c_{a_0} v_0^2 \cdot (1 - h/400\,000)^{49},$$

worin c_a für Fluggeschwindigkeiten im Unterschallbereich konstant gleich c_{a_0} gesetzt werden kann, während im Überschallbereich zu rechnen ist:

$$c_a = 165\,300/v^2 + 0{,}01.$$

Der spezifische Raketenschub der dauernd konstant arbeitenden Rakete ergibt sich zu:

$$P/G_0 = k_0/g \cdot c,$$

worin k_0 angibt, der wievielte Teil des Anfangsfluggewichtes G_0 je Sekunde durch die Rakete zur Abstoßung gelangt und c die Auspuffgeschwindigkeit der Gase bedeutet.

Das jeweilige Gewicht wäre dann:

$$G/G_0 = 1 - k_0 t.$$

Mit der abnehmenden Flugzeugmasse würde bei derart konstanter Raketentätigkeit die wirksame Flugzeugbeschleunigung schließlich auf

so hohe Werte anwachsen, daß sie die aus biologischen Ursachen vorgegebenen Grenzen überschreitet.

In der Raketentechnik hat es sich daher eingebürgert, mit einer
über der ganzen Aufstiegsbahn möglichst konstanten Beschleunigung
zu rechnen, deren Größe durch den biologischen Grenzwert gegeben ist.
Dann darf nicht P/G_0, sondern muß P/G konstant gleich kc/g sein, die
Rakete muß im Laufe des Aufstieges mehr und mehr gedrosselt werden,
wodurch k_0 den veränderlichen Wert

$$k_0 = k \cdot e^{-kt}$$

annimmt.

Es ist nämlich die sekundliche Gewichtsänderung der Gewichtseinheit konstant gleich k, daher die sekundliche Gewichtsänderung des
ganzen Flugzeuges gleich Gk, nimmt also mit G ab. Die Gewichtsabnahme des ganzen Flugzeuges dG in dem Zeitelement dt ist daher:

$$- dG = G \cdot k \cdot dt,$$

woraus folgt:

$$G/G_0 = e^{-kt},$$

wie sich natürlich auch aus der sog. Raketengrundgleichung unmittelbar
ergeben hätte. Der Raketenschub selbst ist dann:

$$P/G_0 = k\, c/g \cdot e^{-kt}.$$

Aber auch diese Annahme ist für die Zwecke der Raketenflugtechnik
unbrauchbar, da sich keine praktisch mögliche Aufstiegsbahn finden
läßt, auf der bei konstanter Flugzeugbeschleunigung die Luftkräfte
nicht schon nach ganz kurzer Zeit über jedes erträgliche Maß hinauswachsen.

Vielmehr muß die Flugzeugbeschleunigung und damit der Raketen-
schub eine derartige Funktion der Zeit sein, daß auf einer in bestimmten
Grenzen vorgegebenen Aufstiegsbahn die Luftkräfte, insbesondere der
Auftrieb der Flügel, in einem bestimmten Verhältnis zum Flugzeug-
gewicht bzw. zu den nach abwärts wirkenden Kräften stehen. Auf
Einzelheiten dieser Funktion wollen wir hier nicht näher eingehen.

Schließlich ergibt sich der Luftwiderstand zu:

$$W/G_0 = \varepsilon\, c_a\, v^2/c_{a_0}\, v_0{}^2 \cdot (1 - h/400\,000)^{49},$$

worin für die Luftkraftbeiwerte das unter A/G_0 Gesagte gilt.

Damit läßt sich die Differentialgleichung der Aufstiegsbahn auf-
schreiben. Durch ihre zweimalige Integration unter Beachtung aller,
teilweise noch vorzuschreibenden Randbedingungen bekäme man dann
die Gleichung der Aufstiegsbahn selbst, doch sind die rechnerischen
Schwierigkeiten dieser Integration so bedeutende und selbst nach ihrer
Überwindung die allenfalls geschlossene Formel der Aufstiegsbahn voraussichtlich so unhandlich, daß wir hier von einer weiteren genauen

Behandlung, die sich auch sonst wegen zahlreicher Unsicherheiten der Annahmen kaum rechtfertigen läßt, absehen wollen und uns mit einer für unsere Zwecke ausreichenden Überschlagsrechnung begnügen werden.

332. Die genäherte Aufstiegsbahn im Unterschallgebiet.

Wir gehen bei der Berechnung der genäherten Unterschallaufstiegsbahn von der Anschauung aus, daß der Flugzeugführer in dem nur wenige Minuten unter ungünstigen körperlichen Bedingungen dauernden Aufstieg eine verwickelte, mathematisch definierte Flugbahn kaum wird

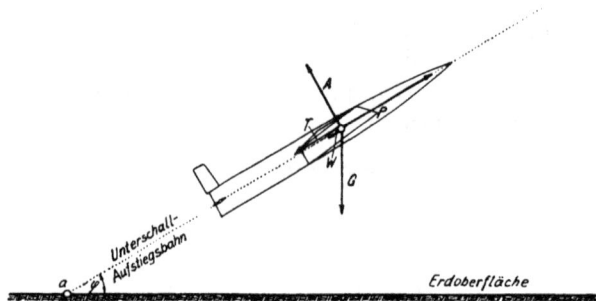

Abb. 82. Die äußeren Kräfte am Raketenflugzeug während einer praktisch günstigen Unterschall-Aufstiegsbahn.

einhalten können, daß dagegen eine näherungsweise gerade Aufstiegsbahn unter gleichzeitigem Regeln des Raketenschubes, etwa nach einem Staudruckzeiger, praktisch leichter möglich sein dürfte.

Demnach setzen wir voraus:

1. Die Unterschallaufstiegsbahn soll eine gegen die näherungsweise eben angenommene Erdoberfläche unter dem konstanten Winkel φ geneigte Gerade sein.

2. Die Geschwindigkeit ist daher auf dieser geradlinigen Aufstiegsbahn so zu führen, daß der Auftrieb der Flügel jeweils gleich der bahnnormalen Komponente des Fluggewichtes ist, so daß resultierende Kräfte und damit Beschleunigungen quer zur geraden Aufstiegsbahn nicht auftreten.

Weiters ist die Unterschallaufstiegsbahn, deren Hauptzweck die Erreichung großer Lagenenergie (Höhe) ist, ausgezeichnet durch die über der ganzen Bahn näherungsweise konstanten Luftkraftbeiwerte c_a und ε.

Zunächst ergibt eine einfache Überlegung, daß unter diesen Voraussetzungen die Überschallgrenze erst in einer Höhe von etwa 35 000 m erreicht werden darf.

Bei $\varphi = 30^0$ ergibt das einen schrägen Aufstiegsweg von $s = h/\sin\varphi$

$= 70$ km und eine durchschnittliche Beschleunigung auf diesem Weg von $\bar{b} = v^2/2\,s = 2$ m/sec^2, also einen sehr geringen Wert.

Tatsächlich muß die Beschleunigung anfangs noch kleiner als dieser Wert sein, um das zu rasche Anwachsen der Luftkräfte zu verhindern, später kann sie ihn übertreffen.

Aus der Nullsetzung der Kraftresultierenden in achsenparalleler und normaler Richtung folgt für den erforderlichen Raketenantrieb:

$$P = G \sin \varphi + W + T,$$
$$A = G \cos \varphi,$$

daraus:

$$P = G (\sin \varphi + \varepsilon \cos \varphi) + T$$

oder:

$$P/G = (\sin \varphi + \varepsilon \cos \varphi + 1/g \cdot dv/dt).$$

Aus der zweiten Gleichgewichtsgleichung und der Beziehung für A aus 331. folgt als weitere Bestimmungsgleichung:

$$(v/v_0)^2 (1 - s \sin \varphi/400\,000)^{49} = G/G_0 \cdot \cos \varphi.$$

Setzen wir in erster Näherung G/G_a konstant gleich k_1, dem Mittelwert des Fluggewichtes über der Unterschallaufstiegsbahn, so folgt für v:

$$v = ds/dt = v_0 \sqrt{k_1 \cos \varphi} \, (1 - s \sin \varphi/400\,000)^{-24,5},$$

worin G_a das Fluggewicht am Beginn der Unterschallbahn ist.

Durch einmalige Integration erhalten wir daraus unter Beachtung der Randbedingungen:

$$t = \frac{15\,700}{v_0 \sqrt{k_1 \cos \varphi} \sin \varphi} \left[1 - (1 - s \sin \varphi/400\,000)^{25,5}\right]$$

bzw.

$$s = 400\,000/\sin \varphi \cdot \left[1 - (1 - v_0\,t \sqrt{k_1 \cos \varphi} \sin \varphi/15\,700)^{1/25,5}\right].$$

Das gesuchte dv/dt ergibt sich mit Hilfe der Grundbeziehung $dv/dt = v \cdot dv/ds$ zu:

$$dv/dt = v_0^2\, k_1 \sin 2\varphi/32\,640 \cdot (1 - s \sin \varphi/400\,000)^{-50}.$$

Damit folgt nun der spezifische Raketenschub zu:

$$P/G = kc/g = \sin \varphi + \varepsilon \cos \varphi +$$
$$+ v_0^2\, k_1 \sin 2\varphi/32\,640\,g \cdot (1 - s \sin \varphi/400\,000)^{-50}$$

bzw.

$$P/G = kc/g = \sin \varphi + \varepsilon \cos \varphi +$$
$$+ v_0^2\, k_1 \sin 2\varphi/32\,640\,g \cdot (1 - v_0 \sin \varphi \sqrt{k_1 \cos \varphi} \cdot t/15\,700)^{-1,96}$$

und

$$k = g/c \cdot [\sin \varphi + \varepsilon \cos \varphi +$$
$$+ v_0^2\, k_1 \sin 2\varphi/32\,640\,g \cdot (1 - v_0 \sin \varphi \sqrt{k_1 \cos \varphi} \, t/15\,700)^{-1,96}].$$

Damit wird weiter die gesamte Gewichtsabnahme auf der Unterschallaufstiegsbahn bis zu jedem Zeitpunkt:

$$dG = -G \cdot k \cdot dt$$

$$G/G_0 = e^{-gt/c \cdot (\sin\varphi + \varepsilon\cos\varphi) - v_0/c \cdot \sqrt{k_1\cos\varphi} \left[(1 - v_0\sin\varphi\sqrt{k_1\cos\varphi} \cdot t/15\,700)^{0,96} - 1\right]}.$$

Am Ende der Aufstiegsbahn muß definitionsgemäß:

$$G/G_0 = 2\,k_1 - 1$$

sein. Daher

$$2\,k_1 - 1 = e^{-gt/c \cdot (\sin\varphi + \varepsilon\cos\varphi) - v_0/c \cdot \sqrt{k_1\cos\varphi} \left[(1 - v_0\sin\varphi\sqrt{k_1\cos\varphi} \cdot t/15\,700)^{-0,96} - 1\right]}.$$

Mit

$$t = \frac{15\,700}{v_0\sqrt{k_1\cos\varphi}\,\sin\varphi}\left[1 - (v_0/v \cdot \sqrt{k_1\cos\varphi})^{1,04}\right] \doteq \frac{15\,700\,(v - v_0\sqrt{k_1\cos\varphi})}{v_0\,v\sin\varphi\sqrt{k_1\cos\varphi}}$$

wird daraus:

$$2\,k_1 - 1 = e^{-\frac{15\,700\,g\,(v - v_0\sqrt{k_1\cos\varphi})(\sin\varphi + \varepsilon\cos\varphi)}{v_0\,v\,c\sin\varphi\sqrt{k_1\cos\varphi}} - \frac{v - v_0\sqrt{k_1\cos\varphi}}{c}} =$$

$$= e^{-\frac{v - v_0\sqrt{k_1\cos\varphi}}{c}\left[\frac{15\,700\,g\,(\sin\varphi + \varepsilon\cos\varphi)}{v_0\,v\sin\varphi\sqrt{k_1\cos\varphi}} - 1\right]}.$$

Man wird den Anstiegswinkel φ der Unterschallbahn zweckmäßig so
legen, daß der Kraftstoffverbrauch ein Minimum, also k_1 ein Maximum
beträgt. Die unter den bisher verwendeten Annahmen

$$v_0 = 80 \text{ m/sec}, \quad v = 530 \text{ m/sec}, \quad c = 3700 \text{ m/sec und } \varepsilon = 0,2$$

in Abb. 83 aufgetragene Beziehung zwischen k_1 und φ zeigt ein flaches
Maximum für k_1 bei etwa $\varphi \cdot 30^0$, welcher Winkel unter den getroffenen
Voraussetzungen demnach als der günstigste Aufstiegswinkel gelten muß. Das Endgewicht beträgt:

$$G \doteq 0,4\,G_0.$$

Für die Aufstiegsbahn charakteristische Größen, wie Fluggeschwindigkeit v, zurückgelegter Weg s, wirksamer Raketenschub P/G und tatsächliche Flugzeugbeschleunigung dv/dt, sind in Abb. 84 in Abhängigkeit von der Zeit aufgetragen für $\varphi = 30^0$ und $k_1 = 0,7$. Die absolute Größe des Raketenschubes P bleibt während der Unterschallaufstiegsbahn ziemlich konstant, wodurch höchstmögliche Ausnützung des Raketenmotors gewährleistet ist.

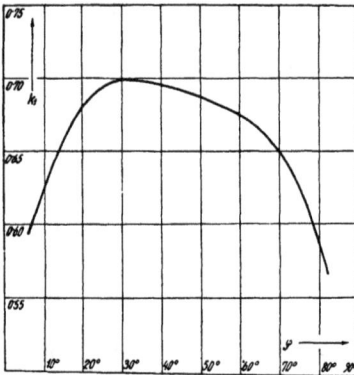

Abb. 83.
Abhängigkeit des Kraftstoffverbrauches
in der Unterschallaufstiegsbahn von deren
Neigungswinkel.

Es fällt vor allem auf, daß die anwendbaren Aufstiegsbeschleunigungen in durchaus mäßigen Grenzen bleiben müssen, wenn verhindert werden soll, daß die Luftkräfte während des Aufstieges über ein erwünschtes Maß hinauswachsen und den Aufstieg eher hindern als fördern.

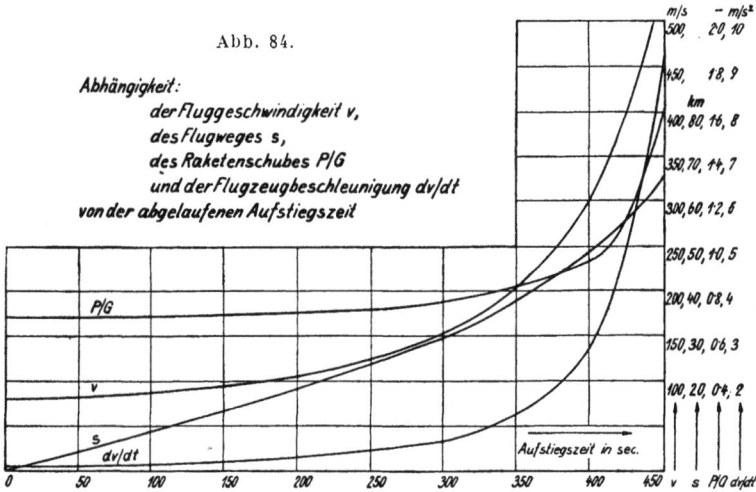

Abb. 84.

Abhängigkeit:
der Fluggeschwindigkeit v,
des Flugweges s,
des Raketenschubes P/G
und der Flugzeugbeschleunigung dv/dt
von der abgelaufenen Aufstiegszeit

Zusammenfassend ist also zu sagen, daß die Unterschallaufstiegsbahn mit ausreichender Näherung als Gerade aufgefaßt werden darf, die mit geringer und so veränderlicher Beschleunigung durchflogen werden muß, daß der Flügelauftrieb gleich der bahnnormalen Fluggewichtskomponente bleibt.

Die geringen Aufstiegsbeschleunigungen bewirken, daß der Aufstiegsvorgang für Führer und allfällige Fluggäste keine Akrobatik unter lebensgefährlichem Andruck bedeutet, daß die Konstruktion des Raketenmotors für den geringen erforderlichen Schub und des Flugzeuges für die geringeren Massenkräfte außerordentlich erleichtert wird und daß schließlich Wandüberhitzungen durch den Fahrtwind leichter vermeidbar sind. Der günstigste Aufstiegswinkel hängt nur von den Flugzeugkennzahlen ab und ist für ein und dasselbe Flugzeug ein Festwert. Im übrigen führen allfällige geringe Abweichungen vom günstigsten Aufstiegswinkel zu keinem wesentlichen Brennstoffmehrverbrauch.

333. Die genäherte Aufstiegsbahn im Überschallgebiet.

Im Gegensatz zur Unterschallaufstiegsbahn erstreckt sich der Überschallast über verhältnismäßig sehr große horizontale Weglängen, denen gegenüber die vertikalen Aufstiegswege zurücktreten. Es kommt hier hauptsächlich auf die Erlangung großer Bewegungsenergie (Geschwindigkeit) an. Entsprechend der geringen Bahnneigung und in Anbetracht der unter 332. erwähnten Schwierigkeiten in der mathematisch genauen Führung des Flugzeuges nehmen wir für den Überschallast der Aufstiegsbahn die Flugzeugachse näherungsweise ständig horizontal an, so daß sich das Kräftebild der Abb. 85 ergibt. Die Größen der einzelnen, am Flugzeug angreifenden und in Abb. 85 eingetragenen Kräfte entnehmen wir aus 331. bzw. 321. zu:

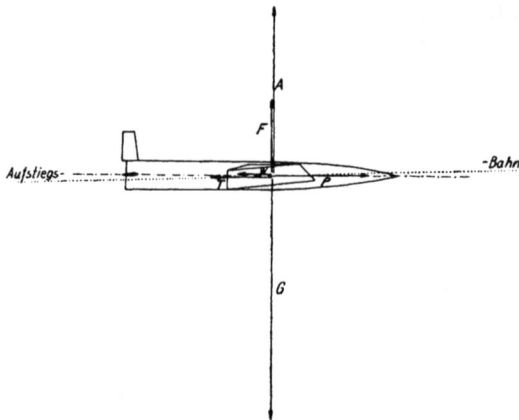

Abb. 85. Die äußeren Kräfte am Raketenflugzeug während einer praktisch günstigen Überschall-Aufstiegsbahn.

$$A/G_0 = v^2/c_{a_0} v_0^2 \cdot (165\,300/v^2 + 0{,}01)\,(1 - h/400\,000)^{49},$$
$$F/G_0 = v^2/g\,R\,e^{kt},$$
$$P/G_0 = k\,c/g\,e^{kt},$$
$$G/G_0 = 1/e^{kt},$$
$$W/G_0 = v^2\varepsilon/c_{a_0} v_0^2 \cdot (165\,300/v^2 + 0{,}01)\,(1 - h/400\,000)^{49},$$
$$T/G_0 = 1/g\,e^{kt} \cdot dv/dt.$$

Dabei ist also im Überschallgebiet ein so abnehmender Raketenschub vorausgesetzt, daß die wirksame Beschleunigung konstant bleibt und dessen Größe überdies durch den am Ende der Unterschallaufstiegsbahn erreichten Wert gegeben sein soll.

Wohl wären beträchtlich höhere Schübe wegen der hier nur mehr langsam mit der Geschwindigkeit anwachsenden Luftkräfte zulässig, doch führen auch die geringeren Flugzeugbeschleunigungen in diesem Gebiet zu keinen erheblichen Verlusten, und es wird die Bemessung des Raketenmotors auf höhere Schübe, als im Unterschallgebiet jedenfalls nötig sind, vermieden.

Durch Nullsetzen der Kraftresultierenden in lotrechter und waagrechter Richtung ergibt sich:

$$\Sigma V = 0 \ldots \ldots v^2/g\,R\,e^{kt} +$$
$$+ v^2/c_{a_0} v_0^2 \cdot (165\,300/v^2 + 0{,}01)\,(1 - h/400\,000)^{49} = 1/e^{kt},$$
$$\Sigma H = 0 \ldots \ldots k\,c/g\,e^{kt} =$$
$$= v^2\varepsilon/c_{a_0} v_0^2 \cdot (165\,300/v^2 + 0{,}01)\,(1 - h/400\,000)^{49} + 1/g\,e^{kt} \cdot dv/dt.$$

Entfernt man aus beiden Gleichungen das h, so ergibt sich die uns vorzüglich interessierende Differentialbeziehung zwischen v und t:

$$dv/dt = kc - \varepsilon g + \varepsilon v^2/R.$$

Durch einmalige Integration folgt daraus:

$$t = \frac{1}{\sqrt{\varepsilon/R \cdot (kc - \varepsilon g)}} \; \text{arc tg} \; \frac{\sqrt{\varepsilon R (kc - \varepsilon g)} \; (v - v_a)}{R (kc - \varepsilon g) + \varepsilon v_a v}$$

bzw.

$$v = \frac{v_a \sqrt{\varepsilon R (kc - \varepsilon g)} + R (kc - \varepsilon g) \, \text{tg} \, t \sqrt{\varepsilon/R \cdot (kc - \varepsilon g)}}{\sqrt{\varepsilon R (kc - \varepsilon g)} - \varepsilon v_a \, \text{tg} \, t \sqrt{\varepsilon/R \cdot (kc - \varepsilon g)}},$$

worin v_a die Grenzfluggeschwindigkeit zwischen Unterschall- und reinem Überschallbereich darstellt und t die Zeit vom Beginn der Überschallbahn ist.

Damit ist zu jedem Zeitpunkt die schon erreichte Fluggeschwindigkeit bekannt.

Die zugehörige Flughöhe ergibt sich mit t und v aus der obigen Gleichung $\Sigma V = 0$ ohne weiteres.

Durch nochmalige Integration der Differentialgleichung folgt der bis zu jedem Zeitpunkt zurückgelegte horizontale Weg. Wir vermeiden jedoch die für s entstehende reichlich unbequeme Formel, die nur den unberechtigten Anschein sehr großer Rechengenauigkeit erwecken könnte und schätzen die während der Überschallaufstiegsbahn zurückgelegten horizontalen Wege, indem wir eine mittlere konstante Flugzeugbeschleunigung voraussetzen von der Größe:

$$dv/dt \cdot \text{konst} = kc - \varepsilon g + \frac{\varepsilon}{R} \left(\frac{v + v_a}{2}\right)^2$$

zu:

$$s \cdot \frac{v^2}{2b} = \frac{v^2}{2 kc - 2 \varepsilon g + \varepsilon/2 R \cdot (v + v_a)^2}.$$

Mit den so gewonnenen Formeln läßt sich die Überschallaufstiegsbahn näherungsweise rechnerisch verfolgen. Es ist dabei zu beachten, daß die Zeit t vom Beginn der Überschallaufstiegsbahn zählt. In Abb. 86 sind die Geschwindigkeiten, die horizontalen Wege der Überschallaufstiegsbahn und der Kraftstoffverbrauch in Abhängigkeit von der abgelaufenen Zeit zusammengestellt unter den Voraussetzungen:

$$\varepsilon = 0{,}2 \text{ und } kc = 15 \text{ m/sec}^2.$$

Wegen der in der genaueren Rechnung vernachlässigten Hubarbeit während der Überschallaufstiegsbahn werden bei der vorausgesetzten Raketentätigkeit die Geschwindigkeiten tatsächlich um einige unerhebliche

Prozente kleiner ausfallen, als Abb. 86 angibt. Die geringfügige Abweichung der genaueren v/t-Kurve von der punktiert eingezeichneten mittleren v/t-Geraden bei konstanter, mittlerer Beschleunigung ist auch im Schaubild ersichtlich. Die Berechtigung der einfachen s/t-Kurve ist dadurch erwiesen.

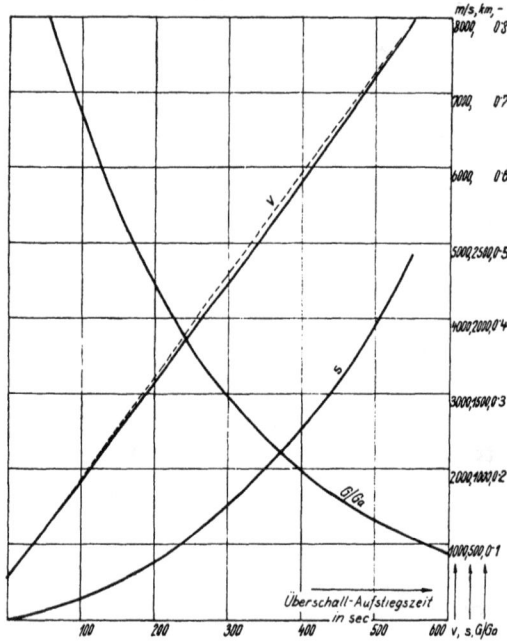

Abb. 86. Abhängigkeit der Fluggeschwindigkeit v, des Überschall-Flugweges s und des Kraftstoffverbrauches G/Ga von der abgelaufenen Überschall-Aufstiegszeit.

334. Der Wirkungsgrad der Aufstiegsbahn.

Während der Unterschallaufstiegsbahn wurde der Gewichtseinheit an ihrem Ende vorhandenen Fluggewichtes an Energie zugeführt:

1. Lagenenergie in 32 km Flughöhe . . . . 32000 kgm/kg
2. Bewegungsenergie bei 530 m/sec Fluggeschwindigkeit 14260 »
3. Nutzbringend aufgewendete Transportarbeit zur Zurücklegung eines horizontalen Weges von 55,5 km bei
   $\varepsilon = 0,2$ . . . . 11100 »

$$\overline{\qquad 57360 \text{ kgm/kg.}}$$

Da am Ende der Unterschallaufstiegsbahn nach 332. gilt: $G/G_0 = 0,4$, wurden je Kilogramm Fluggewicht am Bahnende 1,5 kg Kraftstoffe zu je $1,01 \cdot 10^6$ kgm/kg Energiegehalt, also insgesamt 1,515 ·

10^6 kgm chem.-therm. Kraftstoffenergie aufgewendet. Von dieser gesamten Energiemenge sind dem Flugzeug nach der obigen Zusammenstellung etwa 3,8% zugute gekommen. Gegenüber dem an üblichen Flugzeugtriebwerken vorhandenen gesamten Wirkungsgrad von über 20% scheint dieser Wert sehr gering.

Die Ursache liegt vor allem in dem verhältnismäßig kleinen äußeren Wirkungsgrad des Raketenmotors selbst, der sich bei einer durchschnittlichen Fluggeschwindigkeit von etwa 265 m/sec bei $c = 3700$ m/sec nach 1221. zu 14% ergibt. Mit dem bekannten inneren Wirkungsgrad von $\eta_i = 0,7$ betragen die Verluste aus diesen, von der Art der Aufstiegsbahn unabhängigen Ursachen etwa 90%, woraus zu schließen ist, daß bei den auf Rechnung des Luftwiderstandes, der Verzögerung durch die Erdanziehung usw. gehenden restlichen 6% Verlusten durch eine grundlegend andere Art des Aufstieges kein fühlbar günstigerer Wirkungsgrad erzielbar ist.

Der geringe Wirkungsgrad der Unterschallaufstiegsbahn muß daher, als in der Natur des Raketenantriebes gelegen, hingenommen werden.

Der im selben Sinn definierte Wirkungsgrad der Überschallaufstiegsbahn ist kein Festwert, sondern von der Dauer des Überschallaufstieges abhängig. In Abb. 87 sind die dem jeweiligen Endfluggewicht des Flugzeuges nutzbringend zugeführten Energien getrennt nach ihren drei Komponenten (Lagenenergie, Bewegungsenergie und Transportarbeit) mit Hilfe der Abb. 86 zusammengestellt. Weiters ergibt die G/G_0-Kurve in Abb. 86 den Aufwand an chem.-therm. Brennstoffenergie. Daraus wurde die Wirkungsgradkurve in Abb. 87 ermittelt. Der Wirkungsgrad des Überschallastes der Aufstiegsbahn erweist sich durchwegs als außerordentlich hoch und erreicht bei etwa $v = 4000$ m/sec ein sehr flaches Maximum von 48%. Die Ursache dieses günstigen Verhaltens liegt vor allem an dem hohen äußeren Wirkungsgrad des Raketenmotors in den hier vorkommenden Geschwindigkeitsbereichen.

Ausschlaggebend ist der Wirkungsgrad der gesamten Aufstiegsbahn vom Start bis zur Erreichung der gewünschten Flughöhe und Fluggeschwindigkeit. Er ergibt sich als Verhältnis der gesamten gewonnenen (Bewegungs- + Lagen- + Transport-)Energie je Kilogramm Endgewicht des Flugzeuges zum Energiegehalt der gesamten je Kilogramm Endgewicht verbrauchten Kraftstoffe.

Zahlenmäßig errechnet er sich aus den beiden besprochenen Teilwirkungsgraden, nach deren Reduktion auf gemeinsame Endgewichte leicht zu den in Abb. 87 eingetragenen Werten.

Man entnimmt dem Schaubild z. B., daß zur Erzeugung einer Fluggeschwindigkeit von etwa 6700 m/sec (die nach dem später zu Erörternden genügen würde, von jedem Punkt der Erde dessen Gegenpol im Gleitflug zu erreichen) bei einem Wirkungsgrad der Aufstiegsbahn von

19,3% eine notwendige Benzin-Sauerstoffmenge von etwa 16 kg je Kilogramm Endfluggewicht des Flugzeuges nötig wäre.

Dieser größterreichbare Gesamtwirkungsgrad erscheint zunächst wieder ungerechtfertigt klein gegenüber den unter 12 behandelten Wirkungsgraden des Raketenmotors.

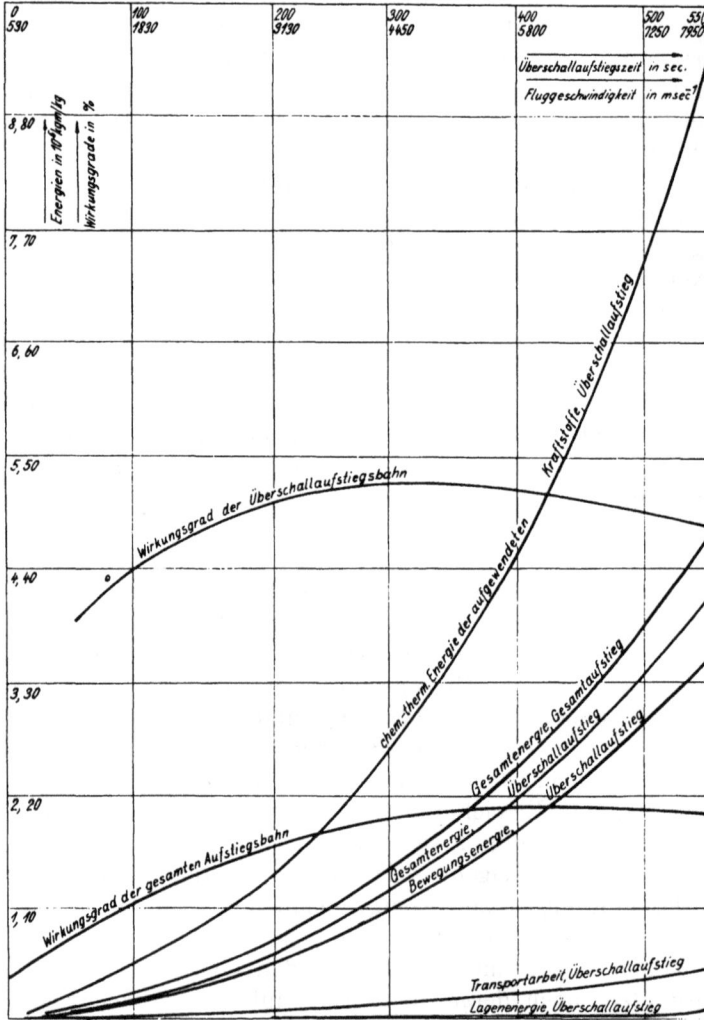

Abb. 87. Energie- und Wirkungsgrad-Verhältnisse der Aufstiegsbahn.

Der größte gesamte Wirkungsgrad beim Flug im schwerefreien, widerstandsfreien Feld ergab sich dort zu 45% bei konstanter Flugzeugbeschleunigung. Im Schwerefeld erfuhr diese Zahl bei aus biologischen Gründen höchstmöglichen Flugzeugbeschleunigungen eine Korrektur auf etwa 38%. Die restlichen 18% Energieverluste gegenüber dem Wirkungsgrad unserer Aufstiegsbahn gehen daher hauptsächlich auf Rechnung der geringeren angewendeten Beschleunigungen und des Luftwiderstandes.

Sie dürften sich aber an einem mit festen Flügeln versehenen Raketenluftfahrzeug durch andere Aufstiegsbahnen kaum erheblich geringer halten lassen.

34. Die Abstiegsbahn.

Wird bei Ausführung des Höhenfluges oder am Ende der Aufstiegsbahn der Antrieb abgestellt, so beginnt das Raketenflugzeug unter dem Einfluß des verzögernden Luftwiderstandes die Abstiegsbahn zu beschreiben. Da der Winkel zwischen Bahntangente und Horizont in den

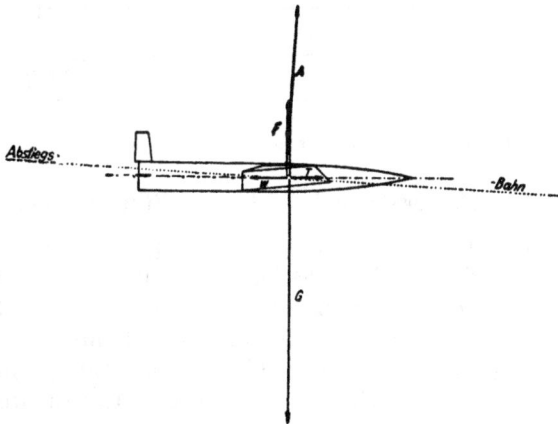

Abb. 88. Die äußeren Kräfte am Raketenflugzeug während der Abstiegsbahn.

erheblichen oberen Teilen der Abstiegsbahn sehr klein ist, können wir das für den Höhenflug gültige Kraftbild zunächst näherungsweise auch zur Untersuchung der Abstiegsverhältnisse verwenden. Dabei tritt nur an die Stelle des Raketenschubes P die Trägheitskraft T, die aus der Verzögerung des Flugzeuges durch den Luftwiderstand entsteht, also aus der Bewegungsenergie der Flugzeugmasse gespeist werden muß.

Somit ist die Abstiegsbahn dadurch gekennzeichnet, daß auf ihr die gesamte kinetische Energie $G/2g \cdot v^2$ und die potentielle Energie $G h$ des Raketenflugzeuges an dem besonders anfangs sehr geringen Luftwiderstand totgelaufen werden muß. Die Abstiegsbahn erstreckt sich entsprechend den verfügbaren Energien über sehr große Reisewege. Unter den der Abb. 80 zugrundeliegenden Verhältnissen ergeben sich die zahlenmäßigen Größen der Bewegungs- und Lagenenergie des Raketenflugzeuges in der Höhenflugbahn je Kilogramm Fluggewicht G zu den in Abb. 89 dargestellten Werten.

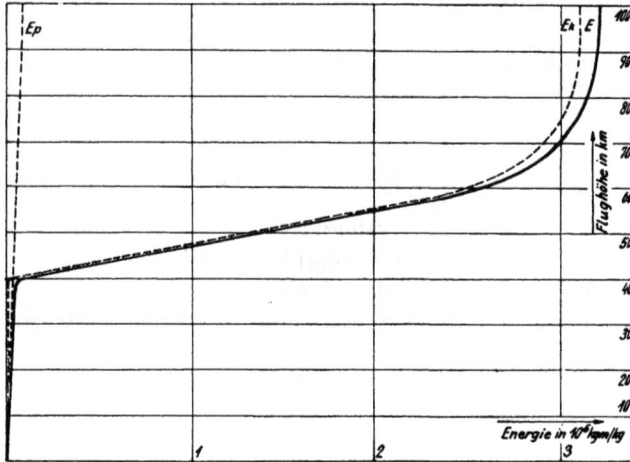

Abb. 89. Für die Abstiegsbahn verfügbare kinetische *(Ek)*, potentielle *(Ep)* und gesamte *(E)* Energie je Kilogramm Fluggewicht in Abhängigkeit von der Anfangsflughöhe.

341. Abstiegsbahn im Überschallflugbereich.

Bei der Geringfügigkeit der Lagenenergie gegenüber der Bewegungsenergie in den fraglichen Anfangsflughöhen und dem sehr schlechten Gleitvermögen des Raketenflugzeuges können wir vorerst die Lagenenergie ganz aus der Betrachtung fortlassen und ihren bahnverlängernden Einfluß nachträglich summarisch abschätzen. Ein genauerer Rechenvorgang hat angesichts der Unsicherheit unserer Luftdichten- und Luftwiderstandsformeln vorläufig wenig praktischen Wert.

Zunächst ergeben sich die einzelnen in Abb. 88 eingezeichneten Kräfte ihrer Größe nach in Anlehnung an 32. zu:

$$F \fallingdotseq G\,v^2/R\,g,$$

$$A = k\,G\,(165\,300/v^2 + 0{,}01)\,(1 - h/400\,000)^{49}\,v^2,$$

$$G = \text{konst} = G,$$

$$W = A \cdot \varepsilon = k\,\varepsilon\,G\,(165\,300/v^2 + 0{,}01)\,(1 - h/400\,000)^{49}\,v^2,$$

$$T = G/g \cdot d\,v/d\,t.$$

Wird die Summe der Kräfte in vertikaler und horizontaler Richtung Null gesetzt, so folgt:

$$\Sigma\,V = 0 \ \ldots \ k\,(165\,300/v^2 + 0{,}01)\,(1 - h/400\,000)^{49}\,v^2 + v^2/g\,R = 1,$$

$$\Sigma\,H = 0 \ \ldots \ k\,\varepsilon\,(165\,300/v^2 + 0{,}01)\,(1 - h/400\,000)^{49}\,v^2 = 1/g \cdot d\,v/d\,t.$$

Durch diese beiden Gleichungen ist die Abstiegsbahn im Fluggeschwindigkeitsbereich der reinen Überschallströmung eindeutig festgelegt.

Wird aus ihnen h entfernt, so ergibt sich zwischen v und t als Differentialbeziehung:

$$g\,\varepsilon - v^2\,\varepsilon/R = d\,v/d\,t = d^2\,s/d\,t^2.$$

Durch einmalige Integration folgt:

$$v = \lvert\,g\,R \;\frac{e^{2\,\varepsilon\,t\,\lvert\,g/R} - (\lvert\,g\,R + v_0)/(\lvert\,g\,R - v_0)}{e^{2\,\varepsilon\,t\,\lvert\,g/R} + (\lvert\,\overline{g\,R} + v_0)/(\lvert\,g\,R - v_0)}$$

oder:

$$t = \frac{1}{2\,\varepsilon\,\lvert\,g/R}\,\ln\frac{(\lvert\,g\,R + v_0)(\lvert\,g\,R - v)}{(\lvert\,g\,R - v_0)(\lvert\,g\,R + v)}\,,$$

worin v_0 die Fluggeschwindigkeit in der Anfangsflughöhe darstellt. Damit ist zu jedem Zeitpunkt die noch vorhandene Fluggeschwindigkeit und dadurch auch die noch vorhandene Flughöhe nach 324. bekannt.

Durch nochmalige Integration der Differentialgleichung folgt der bis zu jedem Zeitpunkt zurückgelegte horizontale Weg zu:

$$s = t\,\lvert\,g\,R + \frac{R}{2\,\varepsilon}\,\ln\left(\frac{1 + (\lvert\,g\,\overline{R} + v_0)/(\lvert\,g\,R - v_0)}{e^{2\,\varepsilon\,t\,\lvert\,g/R} + (\lvert\,g\,R + v_0)/(\lvert\,g\,R - v_0)}\right)^2.$$

Mit den so gewonnenen Beziehungen läßt sich aus jeder Anfangsflughöhe die Abstiegsbahn so lange rechnerisch verfolgen, als die Fluggeschwindigkeit im reinen Überschallbereich bleibt, also das angenommene Luftwiderstandsgesetz mit veränderlichem c_a-Wert genügende Geltung besitzt. Dies trifft im allgemeinen bis herab zu Flughöhen von etwa 40 km zu. Weiters wurde bei diesen Betrachtungen die geringfügige lotrechte Trägheitskraft, die aus der vertikalen Komponente der Abstiegsbahn folgt, vernachlässigt. Wir können ihre bahnverlängernde Wirkung aber genügend genau dadurch abschätzen, daß wir die horizontalen Abstiegswege im Verhältnis der jeweils aufgebrauchten potentiellen zur kinetischen Energie verlängern, beim Abstieg aus 100 km auf 40 km Höhe also um etwa 3%. Wegen der öfters erwähnten Unsicherheit vieler Rechenvoraussetzungen sind diese Verbesserungen jedoch recht überflüssiger Natur.

342. Abstiegsbahn im Unterschallbereich.

Da im Bereich der Abstiegsbahn mit Unterschallgeschwindigkeit die Fliehkraftentlastung praktisch nicht mehr vorhanden ist und die Luftkraftbeiwerte als konstant betrachtet werden, ist der Luftwiderstand über der ganzen restlichen Abstiegsbahn konstant, und die Länge der Abstiegsbahn kann in einfachster Weise aus der verfügbaren Energie und diesem Luftwiderstand errechnet werden.

Zu sonstigen näheren Aussagen über den Unterschallast der Abstiegsbahn müßten wir auf ähnliche Kraftbeziehungen wie in 341. zurückgreifen, doch können wir bei der Kürze dieses zweiten Bahnastes davon absehen und ihn näherungsweise als Gerade betrachten.

343. Eigenschaften der Abstiegsbahn.

Nach Abb. 80 liegt die Grenze zwischen dem Überschall- und dem Unterschallast der Abstiegsbahn in etwa 40 km Flughöhe. Nach Abb. 89 beträgt die gesamte dort verfügbare Energie etwa 60000 kgm je Kilogramm Fluggewicht. Nimmt man für das Raketenflugzeug im Unterschallbereich trotz der nur sehr geringen Flächenbelastung wieder eine Gleitzahl von $\varepsilon = 0,2$ an, so ergibt sich der konstante Luftwiderstand je Kilogramm Fluggewicht zu 0,2 kg und die Länge der Unterschallabstiegsbahn folgt einfach zu:

$$s_u = 60000/0,2 = 300 \text{ km.}$$

Die Fluggeschwindigkeit auf dieser Unterschallabstiegsbahn sinkt von anfangs etwa 1900 km/h auf schließlich etwa 150 km/h in Erdnähe derart, daß der Staudruck trotz der verschiedenen Luftdichte immer konstant bleibt, so daß der ganze Unterschallast in rd. ¾ h durchlaufen wird.

Diese Werte sind ganz unabhängig davon, aus welcher Anfangshöhe der Abstieg unternommen wurde, sofern sie nur eben größer als etwa 40 km war.

Über noch erheblich größere Reisewege erstreckt sich der Überschallast der Abstiegsbahn. Die Abhängigkeit seiner Bahnlänge und der Zeit zur Zurücklegung dieser Bahnlänge von der Ausgangsflughöhe der Höhenbahn ergibt sich mit Hilfe der Abb. 80 und der in 341. abgeleiteten Beziehungen zu den in Abb. 90 zusammengestellten Werten, wenn auch hier ein $\varepsilon = 0,2$ vorausgesetzt wird.

Man erkennt zunächst die ungeheuren Wege, über die sich die Abstiegsbahn aus größeren Höhen erstreckt. Da die größte irdische Reise der Natur der Sache nach nicht größer als etwa 20000 km sein kann, kommen für den irdischen Reiseverkehr zwischen verschiedenen Erdorten höchstens Flughöhen von etwa 58 km in Frage, da die Abstiegsbahn aus dieser Flughöhe sich schon über die gesamte Länge des erforderlichen Reiseweges erstreckt. Die Zeit dieses Abstieges beträgt im Überschallbereich etwa 85 min, im Unterschallbereich weitere 45 min, so daß die ganze Reise samt der Aufstiegszeit etwa 2 h in Anspruch nimmt.

Der Raketenflug wird sich, soweit er dem Verkehr zwischen verschiedenen Erdorten dient, also tatsächlich nur in den beiden unteren

Atmosphärenschichten, der Troposphäre und der Stratosphäre, abspielen, wobei aber nur ganz kurze Bahnteile in die Troposphäre fallen.

Eine besonders kennzeichnende Eigenschaft der Überschallabstiegsbahn ist der Umstand, daß auf ihr das Flugzeug praktisch wenig steuerbar ist. Der Ablauf des Überschallastes ist durch Größe und Richtung

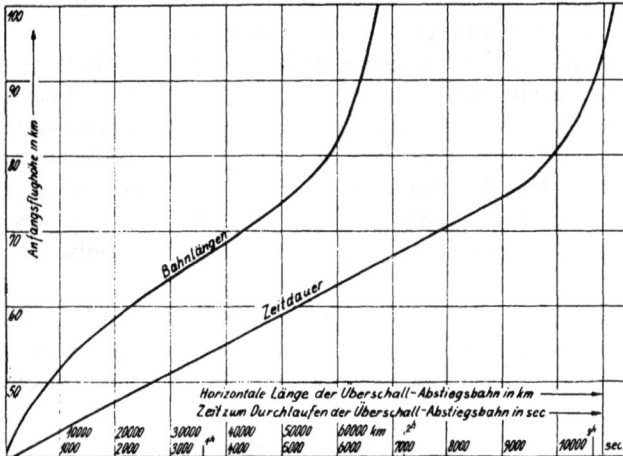

Abb. 90. Bahnlängen und Zeitdauer des Abstieges aus dem Höhenflug bis zur Erreichung der Unterschall-Fluggeschwindigkeit.

der Anfangsfluggeschwindigkeit in der Höhenbahn völlig bestimmt und kann durch den Flugzeugführer mittels Steuerbewegungen kaum beeinflußt werden. Auch die theoretisch wegen der geringen Luftkräfte denkbaren willkürlichen Bahnänderungen werden praktisch beschränkt sein, da durch sie das Flugzeug in bedenkliche Stellungen zur Fortbewegungsrichtung käme, die der Lufterhitzung vor dem Flugzeug Vorschub leisten könnten. Wegen dieser Zwangsläufigkeit läßt sich die Abstiegsbahn in Abhängigkeit von den Anfangsbedingungen eindeutig beschreiben und mit Hilfe der in 324. und 341. abgeleiteten Beziehungen analytisch festlegen.

Die durch Zusammenfassung der Beziehungen zwischen jeweils v/h, v/t und s/t folgende Bahngleichung s/h gibt im Bedarfsfalle alle näheren, erwünschten Aufschlüsse.

Die Steuerverhältnisse ändern sich mit Erreichung des Unterschallastes der Abstiegsbahn, auf dem die kinetische Energie nur mehr eine geringe Rolle spielt und das Flugzeug daher den Steuerbewegungen zu folgen beginnt. Dieser Umstand ist für den eigentlichen Landevorgang sehr wichtig, da er dem Flugzeugführer von etwa 40 km Flughöhe aus gestattet, nach einem passenden Landeplatz im Umkreis von 300 km Ausschau zu halten und den gewählten Landeplatz in üblicher

14*

Art durch Kurven, Spiralen usw. im Gleitflug anzufliegen, wozu ihm eine Zeit von fast 1 h zur Verfügung steht.

35. Die Leistungen des Raketenflugzeuges. Allgemeines.

Die hervorstechendsten Leistungselemente des Raketenflugzeuges sind seine Fluggeschwindigkeit und seine Flughöhe.

In diesen beiden Beziehungen stellt das Raketenflugzeug nicht eine stetige Weiterentwicklung, sondern eine grundsätzliche Vervielfältigung der bisher von Troposphärenflugzeugen erreichten Leistungen dar. Daneben spielt als dritter Leistungsfaktor die Reichweite eine ausschlaggebende Rolle. Die Hauptursachen der Geschwindigkeitsgrenzen von etwa 400 bis 750 km/h üblicher Troposphären- und neuerdings auch Stratosphärenflugzeuge sind bekannt und wurden teilweise schon erwähnt als:

1. Geringe Geschwindigkeitsspanne zwischen Landegeschwindigkeit und Höchstgeschwindigkeit, wodurch letztere in Bodennähe wegen der aus Sicherheitsgründen nicht beliebig steigerbaren Landegeschwindigkeit beschränkt ist.

2. Ungenügende Leistungsfähigkeit der Vorverdichter für Flüge in sehr großer Atmosphärenhöhe, wodurch die Motorleistung infolge des Sauerstoffmangels nicht aufrechterhalten werden kann.

3. Verschlechterung der aerodynamischen Eigenschaften bei Annäherung an die Schallgeschwindigkeit, dadurch erhöhter Leistungsbedarf und verminderter Wirkungsgrad der Luftschraube.

4. Unmöglichkeit beliebiger Steigerung der Schraubendrehzahlen aus Festigkeitsgründen.

5. Überhandnehmen des Motorgewichtes wegen der mit den Fluggeschwindigkeiten anwachsenden nötigen Antriebsleistungen.

Diese Schwierigkeiten sind am Raketenflugzeug umgangen durch:

1. die Verwendung des Raketenantriebes, der keine Luftschraube zur Erzeugung der Triebkräfte benötigt und je Motorgewichtseinheit eine sehr vielfach größere Antriebsleistung entwickelt,

2. die Mitnahme des zur Kraftstoffverbrennung nötigen Sauerstoffes, wodurch das Triebwerk vom Luftsauerstoff unabhängig wird.

Durch diese Baugrundsätze ist es möglich, sehr große Flughöhen unabhängig von einem mangelhaften Vorverdichter aufzusuchen und in diesen Flughöhen theoretisch die nach heutiger technischer Voraussicht endgültig höchstmöglichen Geschwindigkeiten irdischer Verkehrsmittel zu erreichen.

Nach dem bisher Besprochenen bedingen nicht nur Flughöhe und Fluggeschwindigkeit einander sehr enge, es hängt weiter auch die Reichweite des Raketenflugzeuges mit ihnen aufs engste zusammen. Da letztere die praktische Brauchbarkeit des Raketenflugzeuges hauptsächlich bestimmt, soll sie an erster Stelle näher behandelt werden.

351. Die Reichweite des Raketenflugzeuges.

Sie ist ebenso wie die des gewöhnlichen Flugzeuges durch die Menge der mitführbaren Kraftstoffe bestimmt. In dieser Hinsicht stellt das Raketenflugzeug ganz außerordentliche Forderungen an den Konstrukteur, muß doch nach 332. zur Erreichung der reinen Überschallgeschwindigkeit allein die Kraftstoffladung 60% des Anfangsfluggewichtes betragen, ein Wert, der bei unseren leistungsfähigsten Fernflugzeugen noch nicht erheblich überschritten wurde. Anderseits eröffnen das geringe Gewicht des Raketentriebwerkes und die wegen des hohen Startschubes zulässigen sehr hohen Flächenbelastungen und guten Starteigenschaften bisher unbekannte Möglichkeiten.

Nach Erreichung der Überschallgeschwindigkeit und der damit verbundenen Flughöhe stehen dem Flugzeug zwei verschiedene Wege zur Erreichung eines fernen Reisezieles offen.

Einerseits könnte es die einmal vorhandene Fluggeschwindigkeit nur mehr so weit steigern, als zur Sicherung eines ausreichenden Raketenwirkungsgrades nötig ist, nach den bisherigen Annahmen also auf etwa 1850 bis 2000 m/sec, und die Reise nun unter Einhaltung dieser Geschwindigkeit als reinen Höhenflug so lange fortsetzen, bis das Reiseziel im Gleitflug erreichbar ist. Die horizontale Länge dieses Gleitfluges betrüge dabei nach 343. etwa 2000 km.

Anderseits bestünde die Möglichkeit, die erreichte Überschallgeschwindigkeit so lange weiterzusteigern, bis die schon nach wenigen Minuten erreichte hohe Fluggeschwindigkeit ausreicht, um bei vollständig abgestelltem Motor das Reiseziel im Gleitflug vom augenblicklichen Flugzeugstandort aus zu erreichen.

Diese Möglichkeit beruht auf der in 343. erläuterten Tatsache, daß bei einer Fluggeschwindigkeit von etwa 7500 m/sec das Flugzeug imstande ist, die Erde bei schweigendem Motor im Gleitflug einmal vollständig zu umfliegen und bei $v = 6400$ m/sec den Gegenpol des augenblicklichen Flugzeugstandortes ohne Motorkraft im Gleitflug anzulaufen.

Für Reiseziele, die näher als etwa 2400 km vom Startort liegen, entfällt ein eigentlicher Höhenflug jedenfalls, da die Horizontalwege der Auf- und Abstiegsbahn diesen Bereich vollständig decken.

Aber auch für die übrigen größeren Entfernungen fällt die Wahl leicht zugunsten der zweiten Reisemöglichkeit ohne eigentlichen Höhenflug mit konstanter Fluggeschwindigkeit und Motortätigkeit, wenn man

bedenkt, daß nach 324. der Höhenflug mit 2000 m/sec in etwa 42 km Flughöhe mit kaum 7% Fliehkraftentlastung, also praktisch gegen den
vollen Luftwiderstand erfolgt, der bei $\varepsilon = 0{,}2$ und 20000 km gesamtem
Reiseweg im Höhenflug allein etwa 6.10^6 kgm/kg Arbeit erfordert,
gegenüber 3.10^6 kgm/kg nach 333. zur Steigerung der Reisegeschwindigkeit von 2000 m/sec auf 6400 m/sec in 56 km Höhe, wo die Reise großenteils mit über 60% Fliehkraftentlastung, also gegen sehr kleine Luftwiderstände fortgesetzt werden kann. Diese Überlegenheit bleibt auch
auf kürzeren Reisen aufrecht. Außerdem wächst bei der zweiten Reise-
art die Reisegeschwindigkeit nicht unerheblich, der Raketenmotor
braucht weit kürzere Zeit in Tätigkeit zu stehen und der Großteil der
Reise ist vom guten Willen des Motors unabhängig.

Die weiteren Betrachtungen beziehen sich daher ausschließlich auf
solche Fernflüge, die nur aus den beiden Aufstiegsbahnästen und der
unmittelbar anschließenden Abstiegsbahn ohne dazwischenliegendem
Höhenflug bestehen.

Die praktisch geringste Reiseentfernung ergibt sich aus dem Anstieg bis zur Erreichung der reinen Überschallgeschwindigkeit und dem
daranschließenden Abstieg zu etwa 350 km.

Wirtschaftlich sind derart kleine Reisen mit dem Raketenflugzeug
nicht vertretbar.

Eine energetische Überlegenheit des Raketenflugzeuges gegenüber
dem üblichen Troposphärenflugzeug in dem Sinne, daß es zum Transport eines gewissen Endfluggewichtes über eine bestimmte Wegstrecke
geringere Energiemengen benötigt, als ein hochwertiges Schraubenflugzeug, wird sich kaum oder bestenfalls erst jenseits des Aktionsbereiches
der Schraubenflugzeuge ermöglichen lassen. Diese Forderung kann mit
Berechtigung auch nicht gestellt werden, da bisher bei jedem Verkehrsmittel die höhere Reisegeschwindigkeit mit höherer Tonnenkilometerarbeit bezahlt werden mußte. Verhältnismäßig schneidet in dieser Hinsicht das Raketenflugzeug noch außerordentlich günstig ab, da die
Tonnenkilometerarbeit bei großen Fernflügen sich trotz der 30- und
mehrfach größeren Reisegeschwindigkeit in ähnlicher Größenordnung
wie die des Schraubenflugzeuges bewegt. Wir kommen darauf unter
353. noch zurück.

Die Reichweite selbst hängt vorzüglich vom Ladeverhältnis G/G_0,
von der erreichbaren Auspuffgeschwindigkeit c und zum Teil auch von
der aerodynamischen Güte des Flugzeuges ab.

Setzen wir für die beiden letzteren und die sonstigen Einflüsse die
bisherigen Annahmen, so findet sich zwischen Ladeverhältnis G/G_0,
Reichweite s und Höchstfluggeschwindigkeit v der in Abb. 91 dargestellte Zusammenhang. Abb. 91 läßt sich mit Hilfe der in 32., 33. und 34.
hergeleiteten Beziehungen leicht entwerfen. Es ist zu beachten, daß

die im Unterschallbereich zurückgelegten Wege von der gesamten Reiselänge unabhängig etwa 370 km betragen, wobei etwa 70 km auf die
Unterschallaufstiegsbahn und etwa 300 km auf die Unterschallabstiegsbahn entfallen. Die Hauptreisewege werden daher mit Überschallgeschwindigkeit zurückgelegt. Die Überschallaufstiegsbahn erstreckt
sich nur bei Endgeschwindigkeiten über $v = 5000$ m/sec auf mehr als
1000 km Weg, so daß der allergrößte Teil der zurückgelegten Reisewege
aus Überschallabstiegsbahn besteht.

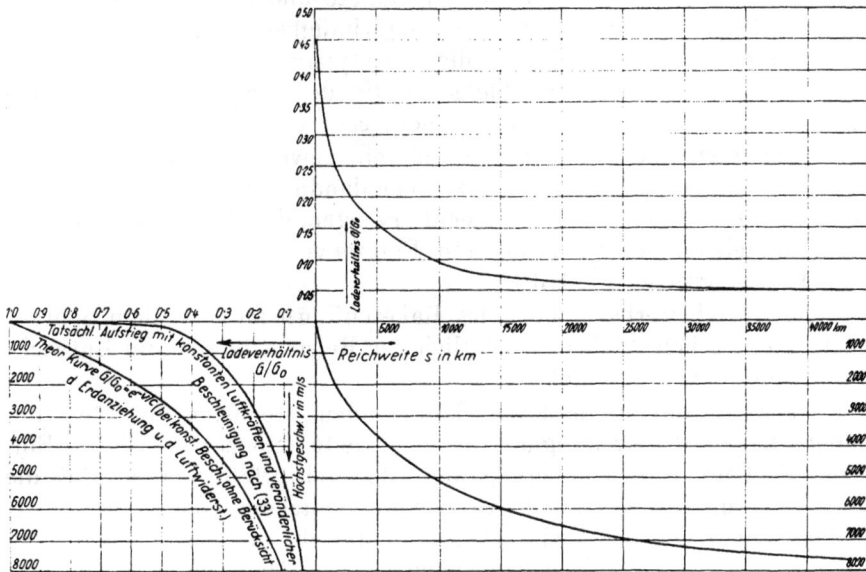

Abb. 91. Zusammenhänge zwischen : Ladeverhältnis G/G_0; Reichweite s
und Höchstgeschwindigkeit v.

Mit dem an heute üblichen Flugzeugen vereinzelt schon erreichten
Ladeverhältnis $G/G_0 = 0{,}3$ betrüge die Reichweite nach Abb. 91 kaum
etwa 1000 km horizontalen Weges. Zur Erreichung der von Schrauben-
flugzeugen erzielten größten zwischenlandungslosen Reisewege wären
Ladeverhältnisse von etwa $G/G_0 = 0{,}15$ bis $0{,}13$ nötig, die sich der
Grenze des konstruktiv Erreichbaren wahrscheinlich schon sehr stark
nähern. Von einer irgendwie gewichtigen Nutzlast kann dabei natürlich
keine Rede sein.

Die Erzielung einer angemessenen Reichweite wird daher für den
Konstrukteur von Raketenflugzeugen zunächst die wichtigste Aufgabe
darstellen.

Wenn man von besonders umwälzenden Entdeckungen auf dem
Gebiet der Kraftstoffe absieht, wird es sich also vorzüglich um die Auf-

gabe handeln, zwischen folgenden, zum Teil widerstreitenden Einflüssen ein Optimum zu finden:

Mit der Verwendung energiereicherer Kraftstoffe wächst im allgemeinen nicht nur deren Gefährlichkeit, es wachsen vor allem die zur Unterbringung im Flugzeug erforderlichen Vorkehrungen und damit das Leergewicht G. Über ein gewisses Maß hinaus wird daher trotz der höheren Auspuffgeschwindigkeit die Reichweite wieder sinken.

Mit der Verwendung sehr großer Raketenmündungsquerschnitte wächst der innere Wirkungsgrad der Rakete und damit bei gegebenen Kraftstoffen gleichfalls die Auspuffgeschwindigkeit c, es sinkt aber mit der stumpfen Heckausbildung die aerodynamische Güte des Flugzeuges, besonders im Unterschallgebiet (in dem wenigstens $3/4$ der gesamten Brennstoffe verbraucht werden) sehr erheblich.

Aber auch mit den hier verwendeten, gewiß nicht sehr günstigen Zahlenannahmen läßt sich eine zwischenlandungslose Reichweite von etwa 4000 bis 5000 km mit Zuversicht erwarten, die also den Flugbereich der allermeisten unserer bekannten Flugzeuge, insbesondere aber den schneller Flugzeuge übertrifft.

Die Wettbewerbsfähigkeit des Raketenflugzeuges mit dem Schraubenflugzeug scheint daher hinsichtlich der Reichweite auch im Entwicklungsstadium bereits glaubhaft.

In dem vorerst in Frage kommenden Höchstgeschwindigkeitsbereich hat die Erddrehung auf die Reichweite keinen wesentlichen Einfluß. Er kann jedoch näherungsweise dadurch erfaßt werden, daß die in die Bahnrichtung fallende Geschwindigkeitskomponente des Startplatzes zur Höchstgeschwindigkeit algebraisch addiert und mit dem Summenwert in die Abb. 91 eingegangen wird. Dadurch ergibt sich für Ost-West-Flüge eine etwas größere Reichweite als für Flüge in umgekehrter Richtung.

Bei den vorläufig kaum erreichbaren Flugweiten über 20000 km wirkt sich die Erddrehung jedoch sehr stark aus, sie wird dann voll berücksichtigt werden müssen.

352. Die Reise- und Höchstgeschwindigkeit des Raketenflugzeuges.

Die gewaltigste Überlegenheit des Raketenflugzeuges gegenüber dem Schraubenflugzeug liegt in der Fluggeschwindigkeit.

Die Höchstfluggeschwindigkeiten selbst sind durch das Ladeverhältnis G/G_0 begrenzt und begrenzen ihrerseits die Reichweiten nach Abb. 91. Die Höchstfluggeschwindigkeit beträgt auf einem 5000-km-Flug z. B. etwa 3700 m/sec oder 13300 km/h.

Diese Geschwindigkeit ist aber nur während sehr kurzer Zeit am Ende der Aufstiegsbahn vorhanden. Die durchschnittliche Reisegeschwindigkeit des 5000-km-Fluges errechnet sich aus dem Zeitbedarf für die einzelnen Bahnäste.

Nach 332. dauert der Unterschallaufstieg rd. 400 sec. Nach 333. dauert der Überschallaufstieg bis zur Erreichung von $v = 3700$ m/sec etwa 240 sec.

Nach 343. dauert die Überschallabstiegsbahn aus dieser Geschwindigkeit etwa 1600 sec und die anschließende Unterschallabstiegsbahn etwa $\frac{3}{4}$ h, also 2700 sec.

Insgesamt spielt sich der 5000-km-Flug in daher rd. 5000 sec oder mit einer durchschnittlichen Reisegeschwindigkeit von 1000 m/sec oder 3600 km/h ab.

Die Reisegeschwindigkeit des Raketenflugzeuges beträgt bei dieser Reiseweite somit das 10- bis 20fache der gegenwärtig üblichen Flugreisegeschwindigkeiten. Diese Reisegeschwindigkeiten würden mit den — vorläufig allerdings noch nicht ohne weiteres erreichbaren — größeren

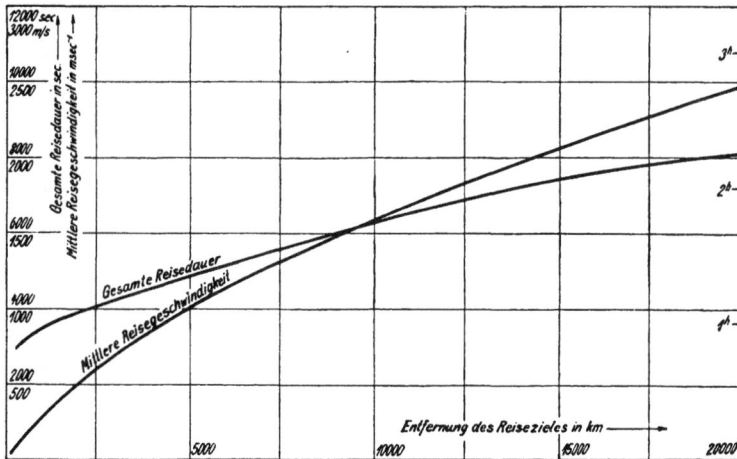

Abb. 92. Abhängigkeit der gesamten Reisedauer und der mittleren Reisegeschwindigkeit von der Entfernung des Reiszieles.

Reiselängen noch beträchtlich zunehmen. In Abb. 92 ist eine Übersicht über die mittleren Reisegeschwindigkeiten in Abhängigkeit von der Länge des zwischenlandungslosen Reiseweges gegeben.

Zugleich sind die daraus unmittelbar folgenden Reisedauern in Abhängigkeit von der Entfernung des Reiszieles eingetragen.

353. Die Flughöhen des Raketenflugzeuges.

Die in diesem Buche behandelten Flugbahnen dienen vorzüglich der Transportaufgabe zwischen verschiedenen Erdorten. Es werden auf ihnen daher nur jene Flughöhen durchflogen, die für eine bestimmte Fluggeschwindigkeit nötig sind.

Die errechneten Zahlen haben daher mit der Gipfelhöhe des Raketenflugzeuges unmittelbar nichts zu tun.

Zur Erzielung äußerster Gipfelhöhen müßte das Flugzeug nach etwas anderen Gesichtspunkten entworfen werden, als sie den vorliegenden Berechnungen zugrunde liegen, auf die wir hier jedoch nicht einzugehen brauchen.

Die für die Transportzwecke des Raketenflugzeuges nötigen Flughöhen hängen in erster Linie mit den erreichbaren Höchstgeschwindigkeiten und daher weiterhin mit der Reiselänge zusammen. Trotzdem ist ihr Bereich ein verhältnismäßig enger. Da das Flugzeug erst in 35 bis 40 km Höhe den reinen Überschallgeschwindigkeitsbereich erreicht, liegen die Flughöhen durchwegs über dieser Zahl. Da aber weiterhin im reinen Überschallbereich die Luftkräfte nur mehr langsam mit der Geschwindigkeit wachsen, sind nach 324. für die in absehbarer Zeit erreichbaren Höchstgeschwindigkeiten kaum größere Flughöhen als 50 km erforderlich, so daß die auf den großen Fernflügen erreichten Gipfelhöhen sich zwischen den beiden Grenzen 35 und 50 km bewegen werden. Der genauere, zu jeder Flugweite gehörige Wert kann aus den Abb. 90 und 80 leicht abgelesen werden.

Namen- und Sachverzeichnis.

Wege zur Raumschiffahrt

Von Prof. H. Oberth

3. Auflage, 442 Seiten, 159 Abbildungen. 8⁰. 1929. Broschiert M. 15.50.
in Leinen gebunden M. 18.—.

Inhalt: 1. Teil: Vorbemerkungen. I. Einleitung. II. Das Rückstoßprinzip. III. Allgemeine Beschreibung. IV. Verbesserungen und Ergänzungen. 2. Teil: Physikalischtechnische Fragen. V. Die Ausströmungsgeschwindigkeit. VI. Der ideale Antrieb. VII. Das Massenverhältnis. VIII. Die günstigste Geschwindigkeit. IX. Der Andruck. (Erklärung. Berechnung des Andrucks. Erscheinungen des Andrucks. Verhalten des Menschen erhöhtem Andruck gegenüber. Andrucklosigkeit. Die Wirkungen geringen oder gänzlich fehlenden Andrucks auf den Menschen. Kritische Bemerkungen.) X. Tragweite. Überwindung der Erdschwere. XI. Weitere Aufstiegsberechnungen. (Der senkrechte Aufstieg einer bemannten Rakete. Wirkung des Luftwiderstandes bei freifliegenden Registrier- und Fernraketen. Einiges über die schräge Fahrt mit Tragflächen versehener Rückstoßflugzeuge. Der schräge, geradlinige Aufstieg des Modells E.) XII. Energetische Betrachtungen. (Impuls und Arbeit. Das Synergieproblem. Die Synergiekurve.) XIII. Steuerungsfragen. (Die Stabilität des Pfeiles. Die Stabilität des Pfeiles. Die Stabilität der Rakete. Die aktive Steuerung. Gasflossen. Andere Steuerungsmöglichkeiten. Steuerung der Geschwindigkeit. Das Raketengeschoß. Orientierung des Ätherschiffs im Raum. Die automatische Einhaltung der günstigsten Geschwindigkeit.) XIV. Die Landung. 3. Teil: Konstruktive Fragen. XV. Die Alkoholrakete des Modells B. (Vorbemerkungen. Die Alkoholrakete.) XVI. Die Wasserstoffrakete des Modells B. (Allgemeines. Beschreibung. Präzisionsinstrumente.) XVII. Diskussion der Arbeitsweise und Leistungsfähigkeit von Raketen mit flüssigen Brennstoffen. (Die Hilfsrakete des Modells B. Der Aufstieg des Modells C. Größe und Luftwiderstand. Vergleiche zwischen A. R. und H. R. Innendruck im Ofen und Verbrennung. Form des Zerstäubers. Bedeutung der Pumpen. Teilung der Düse. Start bemannter Raketen. Raketenraumschiffe. Füllung der H. R. Ingangsetzung des Modells B. Steighöhe. Bewertung der Brennstoffe. Die Vorteile flüssiger Brennstoffe. Vereinfachung beim Modell B. Zusammenfassung.) 4. Teil: Verwendungsmöglichkeiten. XVIII. Verwendungsmöglichkeiten der Raketendüse für flüssige Brennstoffe auf der Erde. (Die senkrecht aufsteigende Rakete. Die Fernrakete. Das Raketenflugzeug.) XIX. Das Modell E. XX. Stationen im Weltraum. XXI. Reisen auf fremde Weltkörper. (Der Mond. Die Asteroiden. Der Mars. Die Venus. Die übrigen Körper unseres Sonnensystems.) XXII. Das elektrische Raumschiff.

Die Erreichbarkeit der Himmelskörper

Untersuchungen über das Raumfahrtproblem

Von Dr.-Ing. Walter Hohmann

93 Seiten, 28 Abbildungen. Gr.-8⁰. 1925. Brosch. M. 4.—.

„Die vorliegende Arbeit will durch nüchtern-rechnerische Verfolgung aller scheinbar im Wege stehenden naturgesetzlichen und Vorstellungsschwierigkeiten zu der Erkenntnis beitragen, daß das Raumfahrtproblem durchaus ernst zu nehmen ist und daß bei zielbewußter Vervollkommnung der bereits vorhandenen technischen Möglichkeiten an seiner schließlichen erfolgreichen Lösung gar nicht mehr gezweifelt werden kann.

Ohne uns im einzelnen mit der mathematisch-physikalischen Behandlung des umfassenden Problems hier auseinandersetzen zu wollen, darf gesagt werden, daß der Verfasser das sich gesetzte Ziel im Rahmen des Möglichen erreicht zu haben scheint, wenigstens soweit es in diesem Umfang durchzuführen ist. Das Werk gliedert sich in fünf Abschnitte, nämlich: Loslösung von der Erde, Rückkehr zur Erde, die freie Fahrt im Raum, das Umfahren anderer Himmelskörper und schließlich die Landung auf unseren Himmelskörpern. Für denjenigen, der sich mit diesen weitgesteckten Problemen beschäftigt, oder sich mit Fragen außerhalb der üblichen mechanischen Vorgänge erdgebundener Transportmittel beschäftigen will, kann das kleine Werk warm empfohlen werden.   (Illustrierte Flugwoche.)

Prof. Oberth in seinem Werk: . . . daß ich die Arbeiten Hohmanns in manchen Punkten für grundlegend halte und daß ich vieles daraus gelernt habe . . .

Die Raketenfahrt

Von Max Valier

6. Auflage. 248 Seiten, 72 Abbildungen. 8⁰. 1930. In Leinen geb. M. 4.80.

Inhalt: Die zu überwindenden Hindernisse. Der Bannkreis der Schwere. Theorie der Fahrten im Weltenraum. Der Mantel des Luftkreises. Der menschliche Organismus. Unsere Kampfmittel: Wurfmaschinen. Abschnellmaschinen. Geschütze. Raketen. Von der Leuchtrakete zum Raumschiff: Die geschichtliche Entwicklung der Rakete. Geschichte des Raumfahrtgedankens. Die Projekte der Gegenwart. Raketentechnik. Raketenfahrt. Die Zukunft des Raketenflugzeuges.

Der Luftweg: . . . „Der Verfasser untersucht in gemeinverständlicher Form die Möglichkeiten, aus dem Schwerbereich der Erde herauszukommen und in den Weltenraum, zu Mond und Sternen vorzustoßen. Nach Prüfung der Verwendbarkeit von Wurfmaschinen und Geschützen zu diesem Zwecke, kommt Valier zu dem Schluß, daß die Verwendung einer Rakete, die in Goddard-Oberthschem Sinne als Raumschiff gedacht ist, zu dem erstrebten Ziele führen muß. Besonders zu begrüßen ist die Sachlichkeit des Buches, das als ernsthafter Beitrag zu dem Thema der Raumschiffahrt angesehen werden muß."

Illustrierte Flugwoche: . . . „Die Schrift des bekannten Astronomen Valier dient zu dem Zwecke, der Allgemeinheit einen Überblick über den Stand der Probleme der Raumschiffahrt an Hand der Oberthschen Projekte zu verschaffen. Man muß sagen, daß dieser Zweck mit einer guten Phantasie und mit einer fesselnden Darstellung begabten Astronomen über Erwarten gelungen ist. An den Leser werden keinerlei Anforderungen gestellt. Wir glauben sicher, daß niemand das Werkchen aus der Hand legen wird, ohne es mit Spannung zu Ende gelesen und ohne eine wesentliche Bereicherung seines Wissens davongetragen zu haben. Das Werk kann weiten Kreisen nur empfohlen werden."

R. OLDENBOURG • MÜNCHEN 1 UND BERLIN

9 783486 767445